U0257888

中国社会科学院创新工程学术出版资助项目

中国城市低碳发展蓝图

集成、创新与应用

A BLUEPRINT FOR LOW-CARBON DEVELOPMENT
FOR CHINESE CITIES:

Integration, Innovation and Application

庄贵阳 等 / 著

社会科学文献出版社
SOCIAL SCIENCES ACADEMIC PRESS (CHINA)

本书为"十二五"国家科技支撑计划"城镇碳排放清单编制方法与决策支持系统研究、开发与示范"课题（2011BAJ07B07）的主要成果。

成果作者名单

课题组长：

庄贵阳　中国社会科学院城市发展与环境研究所　研究员、博导

课题协调人：

朱守先　中国社会科学院城市发展与环境研究所　副研究员

核心作者：

庄贵阳　中国社会科学院城市发展与环境研究所　研究员、博导

朱守先　中国社会科学院城市发展与环境研究所　副研究员

白卫国　中国社会科学院城市发展与环境研究所　博士后

张晓梅　中国社会科学院研究生院　博士生

谢海生　中国社会科学院研究生院　博士生

周枕戈　中国社会科学院研究生院　博士生

刘学敏　北京师范大学资源学院　教授

丛建辉　北京师范大学资源学院　博士

朱　婧　北京师范大学资源学院　博士

潘晓东　中国 21 世纪议程管理中心　副局级调研员

张巧显　中国 21 世纪议程管理中心社会发展处　处长

王志强　中国 21 世纪议程管理中心社会发展处　副处长

马建平　中华女子学院　讲师

贡献作者:

刘德润　广元市科学技术普及开发交流中心　主任

周　勇　广元市低碳发展局　专职副局长

卢一富　济源市环境科学研究所 所长、高级工程师

汤争争　济源市环境科学研究所　工程师

刘　倩　济源市环境科学研究所　工程师

孔无敌　济源市科技局　科长

杨　军　杭州市下城区科学技术局　局长

林　波　杭州市下城区科学技术局　局长助理

薛志中　杭州市下城区科学技术局　调研员

熊　娜　中国社会科学院城市发展与环境研究所　博士后

王礼刚　中国社会科学院城市发展与环境研究所　博士后

黄基伟　中国社会科学院城市发展与环境研究所　博士后

目　录

第三部分　济源篇

第四部分　下城篇

引言："三位一体"构筑城市低碳发展蓝图

　　全球气候变化是人类面临的共同挑战，积极应对气候变化是全世界的共同责任。随着国际气候变化谈判进程的不断推进，各国对温室气体（Greenhouse Gas，GHG）减控的重视与日俱增，低碳经济转型成为各国应对气候变化、实现社会经济可持续发展、提升国家竞争力的重要途径。

　　当今世界总体上仍然延续着工业革命以来的城市化进程，城市人口越来越多、城市规模越来越大，城市化的加速使得保障能源供应安全和减控温室气体排放的压力加大。城市是实现低碳经济转型的关键主体，这是因为一方面，城市是全球温室气体排放的主要贡献者，本身也容易受到气候变化的影响；另一方面，城市有能力在解决气候变化问题上发挥重要的作用。同时，发展低碳城市可以协同解决众多的"城市病"，并且带来新的发展机遇。低碳发展已经成为世界主要城市的共同选择，成为城市软实力的重要组成部分。

　　目前，国内外很多城市在低碳发展的道路上积极探索，自发地开展了很多自下而上的实践，对推动和支撑国家行动、促进全球温室气体减排协议的达成都起到了积极的作用。从 2010 年 7 月起，国家发改委先后开展了两批共 42 个省区市的低碳试点工作，明确要求试点地区编制低碳发展规划，建立以低碳、绿色、环保、循环为特征的低碳产业体系，建立温室气体排放数据统计和管理体系，建立控制温室气体排放目标责任制，积极倡导低碳、绿色的生活方式和消费模式。从第一批国家发改委低碳试点开始，地方低碳工作已经进行了超过四年的探索，试点地区的经验和成效亟待总结推广。

每个城市都有着自身的资源禀赋、经济结构和发展阶段特点，城市决策者需要一个科学完整的分析框架来指导制定适合自己城市的低碳发展策略。低碳城市试点示范既是应对气候变化顶层设计的重要内容，也是"摸着石头过河"的主要举措。"摸着石头过河"应该与顶层设计形成互动，通过好的做法与实践的探索总结，推动城市层面的低碳发展。

事实上，中国政府在城市层面已经开展了多种形式、多个领域的试点示范工作。为实现应对气候变化的目标，很多城市都已绘制了低碳发展蓝图。低碳发展蓝图是一个城市低碳发展的战略构想。为落实低碳发展蓝图，一个城市必须有一个清晰的低碳发展路线图。低碳发展路线图是城市为实现低碳发展而制定的战略目标、实施路径和相应的制度安排。其绘制与实施一般需要四个步骤：①温室气体清单的编制与现状分析；②未来排放情景分析与低碳发展目标的设定；③技术需求评估与所面临障碍分析；④重点任务（行业分析）与保障措施。

纵观城市低碳发展路线图绘制与实施的四个基本步骤，城市温室气体清单编制和技术需求评估是两个最重要环节。低碳发展路线图的设计需要以城市温室气体清单的编制为基础，而最终实现要靠低碳技术的应用。从实践来看，很多城市在没有温室气体清单的前提下绘制低碳发展蓝图，这样做虽然有积极意义，但由于基础欠扎实，其路径选择与目标设定的科学性容易受到质疑。还有一些城市，虽然有了城市温室气体清单作为基础，但其低碳发展蓝图没有给出实现的技术路径，这也在一定程度上影响蓝图的实际实施。因此，理想的城市低碳发展蓝图应该包括三个相辅相成的部分：温室气体清单、低碳发展路线图和低碳适用技术需求评估。

本书主要内容包括城市温室气体清单编制方法、城市低碳发展路线图设计的技术路线、城市低碳发展路线图实现的技术选择。本书的创新点在于把城市低碳发展蓝图设计按照"城市温室气体清单—城市低碳发展路线图—城市低碳适用技术需求评估"三者之间进行了有机的连接，形成了一个有机的整体。清单作为数据支撑，是构建路线图的基础，而技术需求评估则又向前进了一步，为城市低碳发展蓝图落地提供了技术支撑，它同时也为行政部门决策及企业技术研发方向调整提供了参考。各环节环环相扣、缺一不可，撇开任何一环都将会有某种逻辑框架上的缺失。

（1）清单编制。城市级别温室气体排放清单的编制是整个低碳规划的基础。它既是城市分析未来情景、制定政策工具的必要依据，也是城市之间横向对比的必要指标依据。城市温室气体清单是对城市排放水平、结构以及趋势的一个判断，它有助于识别城市的主要排放源，既能为城市设定低碳发展目标奠定基础，又能为城市间比较提供定量数据参考。

随着低碳城市试点工作的不断推进，越来越多的国内城市开始编制温室气体排放清单。这些城市主要依据《省级温室气体清单编制指南（试行）》和《ICLEI城市温室气体排放清单指南》进行清单编制。还有一些城市在编制城市低碳发展路线图时没有详细的碳排放清单，只给出了简单的碳排放核算结果。普遍的做法是直接用全市的能源消耗量乘以二氧化碳的排放因子得到碳排放总量，这是一种比较不精确的估计手段。

城市温室气体排放清单详细记录了一个城市各部门的碳排放状况，它有助于确定城市温室气体减排和增汇的重点领域，是摸清城市碳排放"家底"的重要基础性工作。本书在充分比较、借鉴《省级温室气体清单编制指南（试行）》和《ICLEI 城市温室气体排放清单指南》在中国城市应用的适用性和局限性的基础上，结合《中国城镇温室气体清单指南》编写的需求，并基于在广元市、杭州市下城区和济源市应用的经验，力求为中国城市编制温室气体排放清单提供一套一般性的解决方案与方法。在研究方法的最后，将城市清单与省级清单进行对接，使温室气体清单编制工作更加具有现实意义。

（2）低碳发展路线图。在城市温室气体清单和现状分析的基础上，编制城市低碳发展路线图并进行情景分析。情景分析作为一种在国际上被广泛采用的方法，能够帮助城市确定不同政策下的减排潜力，然后以此为基础构建城市的低碳策略与技术路线图。根据不同的情景分析结果设定详细的城市低碳发展愿景目标，根据愿景目标提出具体的政策，并为未来的成果考核提供明确依据。

国内城市的低碳发展目标必须服从上级部门更高一级规划，并与五年规划中的目标相协调，这意味着低碳发展目标在中国往往代表着政治意愿。与国外城市往往使用自愿性的绝对减排量作为低碳发展指标不同的是，国内城市一般使用碳强度，即单位 GDP 二氧化碳排放量作为指标。当然，目前的中国低碳试点城市都被要求提出碳排放达到峰值的时间。

（3）低碳适用技术需求评估。重点行业分析与技术路线图是城市低碳规划中非常有价值的内容，旨在识别城市减排的主要发力点，并为决策者提供切实可行的减排方案。由于多数国内城市的低碳规划更接近于政策文件而非技术研究，此类规划往往会对重点行业提出指导性的要求或期望，技术路线图中技术经济分析等专业性较强的内容往往不会出现在其中。

"重点领域低碳适用技术需求评估"旨在为城市低碳发展提供技术支撑，从行业领域角度对城市低碳发展的适用技术需求进行评估。然而必须说明的是，低碳技术的研发、采用、推广、升级、淘汰都应该是以市场为导向的，在竞争日益激烈的市场之中，只有经过市场选择的技术才能生存并发展，不符合市场规律的低碳技术的发展必将受阻。但这并不妨碍低碳适用技术的需求评估，更不意味着技术需求评估毫无意义。事实上，政府主导的技术推广也有一定的积极意义。各城市自身情况千差万别，正是通过运用一整套规范、完善的技术需求评估方法与流程，才能识别出城市当前适用的低碳技术和科技发展方向，技术需求评估的目的并不在于主导技术发展路径（这取决于市场和其他因素的共同作用），而是通过提炼城市低碳发展的科技支撑方向、节能低碳适用技术需求内容和发展重点为城市低碳发展提供智力支持。

本书作为"十二五"国家科技支撑计划课题"城镇碳排放清单编制方法与决策支持系统研究、开发与示范"（编号：2011BAJ07B07）的重要成果，由中国社会科学院城市发展与环境研究所，中国21世纪议程管理中心，北京师范大学，广元市、济源市和杭州市下城区三地国家可持续发展实验区的团队合作完成。本书采用"三位一体"的研究方法，把"温室气体排放清单"、"低碳发展远景目标"和"低碳适用技术需求评估"三个主要环节有机结合起来，分别建立相应的方法与应用指南，既有方法学上的学术价值，也有三个试点城市（广元市、济源市、杭州市下城区）的实际应用案例，具有重要的实践参考价值。

第一部分

方法篇

第一章　中国城市温室气体清单
编制方法

　　编制温室气体清单是应对气候变化、建设低碳城市的重要基础性工作，可为城市制定低碳发展规划和考核评估提供决策依据。虽然国内外有关城市温室气体清单编制的研究取得了很大进展，但在实践方面尚缺乏统一、规范的指导。本章通过梳理和分析目前国内外城市温室气体清单编制的研究进展和实践现状，对《省级温室气体清单编制指南（试行）》和《ICLEI城市温室气体排放清单指南》进行比较；针对城市温室气体清单编制过程中组织工作、方法学规范指导和编制技术方面的一些关键问题试图给出答案；尝试构建适用于一般意义上中国城市的温室气体清单编制实践体系，旨在推动中国城市层面温室气体清单编制工作的研究和实践工作。

一　城市温室气体排放清单编制方法研究进展

　　温室气体排放清单研究始于 20 世纪 90 年代政治意愿[①]达成一致、

---

① 1991 年，政府间谈判委员会成立，正式启动《联合国气候变化框架公约》（以下简称《公约》）的谈判进程。1992 年在巴西里约热内卢召开了环境与发展大会，会上 155 个与会国签署通过《公约》，规定每年召开一次缔约方大会。1997 年在日本京都召开的《公约》缔约方第三次大会最为重要，会议期间通过了《京都议定书》，为缔约方规定了具有法律约束力和时间表的减排义务，这代表着经济和环境政策的全球化合作，即政治意愿达成一致。

世界各地低碳行动逐步开展的时期。经过近二十年的探索，国际（国内）机构组织、科研院所对温室气体排放清单编制方法学的研究，已形成相对规范、具有较强影响力的两大类别。其中一个类别是从地理边界来讲的标准和规范，以《IPCC 国家温室气体清单指南》《省级温室气体清单编制指南（试行）》《ICLEI 城市温室气体排放清单指南》《GRIP 温室气体地区清单议定书》为代表，概要介绍见表 1-1；另一个类别是从组织运营边界来说的标准和规范，以《温室气体核算体系：企业核算与报告标准》《ISO14064 系列标准》《PAS2050 指南》《标准 PAS2060》为代表，概要介绍见表 1-2。表中，温室气体编制模式分为生产模式和消费模式：生产模式是指在清单边界内生产商品和服务所产生的温室气体排放；消费模式是指在清单边界内消费商品和服务所导致的清单边界外的温室气体排放。

表 1-1　地理边界的温室气体排放清单编制方法一览表

指南名称	开发机构	编制模式	目　的	适用范围	应用
《IPCC 国家温室气体清单指南》	政府间气候变化专门委员会	生产	为不同国家和地区温室气体排放清单比较提供核算口径基本一致的框架和方法	国家及地区	148 个缔约国的大部分国家信息通报
《省级温室气体清单编制指南(试行)》	中国国家发改委	生产	摸清省域温室气体排放状况,以落实控制温室气体排放中长期规划分解指标工作	地区（省级）	中国低碳试点省份
《ICLEI 城市温室气体排放清单指南》	国际地方环境理事会	生产+消费	明晰主要温室气体排放源,进行国内外比较,明确发展重点,制定低碳路线图	城市	世界 1200 个城市及地区
《GRIP 温室气体地区清单议定书》	英国曼彻斯特大学	生产+消费	为政府统计监测温室气体排放,进行城市之间和年度之间比较,充分挖掘减排潜力,提供依据	城市	欧洲 18 个城市及地区

表 1-2 组织运营边界的温室气体排放清单编制方法一览表

指南名称	开发机构	编制模式	目 的	适用范围	应用
《温室气体核算体系:企业核算与报告标准》	世界资源研究所/世界可持续发展工商理事会	生产+消费	将企业温室气体排放加入会计报表,是许多行业、企业等温室气体行动计划的基础	企业	企业、行业
《ISO14064 系列标准》	国际标准化组织	生产+消费	强调标准的要求,至于如何达成这些要求只是给出一般性的指导意见	企业、项目	企业、项目
《PAS2050 指南》	英国标准协会	生产+消费	核算产品或服务的全生命周期——从原材料到生产(或服务供给)各个环节的温室气体排放	产品、服务	英国、韩国等推出碳标识
《标准 PAS2060》	英国标准协会	生产+消费	通过还原、补偿来实施碳中和组织所必须符合的规定,将保证其准确性和可证实性	国家、社区、公司、个人等	各种类型的组织

两大类别既有区别又有联系。地理边界的温室气体排放清单编制方法主要由 IPCC、科研机构、政府部门等具有行政职能背景的组织机构开发,以一定区域为研究对象,编制模式既有生产模式又有生产+消费模式;而组织运营边界的温室气体排放清单编制方法主要由具有企业背景的组织机构开发,以企业、项目、产品以及其他组织为研究对象,由于企业等经常存在跨境的采购、生产、加工、销售等活动,清单边界以组织活动为边界,编制模式为生产+消费模式。

(一) 国际城市温室气体排放清单编制方法研究

基于城市温室气体排放清单的重要性,关于城市温室气体排放清单编制方法的研究引起了国际组织和学术界的关注。目前,国外关于城市温室气体排放清单编制方法的研究存在较多争议,而编制方法应用较为统一。

诸多学者对温室气体排放清单编制方法研究存在较多争议，大体可分为两种观点。一方认为城市温室气体排放是造成全球气候变化的重要诱因，城市温室气体排放清单应该涵盖生产模式加消费模式：《ICLEI城市温室气体排放清单指南》借鉴《IPCC国家温室气体清单指南》和《企业温室气体清单指南（修订版）》，结合城市温室气体排放特点，规定清单范围包括直接排放、间接排放和其他间接排放（仅有废弃物处理等）；Kennedy[1]等采用与《ICLEI城市温室气体排放清单指南》类似的方法，侧重能源消耗，核算了10个城市和地区的温室气体清单，包括电力、供暖、工业燃料、地面运输燃料、空中和海上燃料、工业过程和废弃物，提出范围3[2]涵盖能源消耗统计不足，应该进一步研究城市消费模式导致温室气体排放多的特征；Ramaswami[3]等提出以需求为中心，以混合生命周期为基础，将消费食品原材料、水、能源（燃料）、混凝土所引致的温室气体排放等纳入清单范围，使得城市温室气体排放清单更接近碳足迹核算，能够体现完整的城市温室气体排放，以利于城市制定相关政策时参考；Hillman[4]等基于跨界混合生命周期的碳足迹角度，分析城市温室气体排放，并对美国8个城市进行评估，得出跨境排放非常显著，约占47%，认为跨境排放对城市温室气体排放政策制定至关重要。另一方学者反对将城市温室气体排放归为影响全球气候变化的重要因素：Dodman[5]通

[1]　Kennedy C., Steinberger J., Gasson B., et al., "Greenhouse Gas Emissions from Global Cities", *Environmental Science & Technology*, 43 (19), 2009.

[2]　范围3：参见P22注释。

[3]　Ramaswami A., Hillman T., Janson B., et al., "A Demand-centered, Hybrid Life-cycle Methodology for City-scale Greenhouse Gas Inventories", *Environmental Science & Technology*, 42 (17), 2008.

[4]　Hillman T., Ramaswami A., "Greenhouse Gas Emission Footprints and Energy Use Benchmarks for Eight U. S. Cities", *Environmental Science & Technology*, 44 (6), 2010.

[5]　Dodman D., "Blaming Cities for Climate Change: An Analysis of Urban Greenhouse Gas Emissions Inventories", *Environment & Urbanization*, 21 (1), 2009.

过分析美洲、亚洲、欧洲的典型城市得出，按照直接排放核算，城市人均碳排放大大低于国家平均水平，而且减排成效显著；Hoornweg[①]等分析了世界 100 个城市的温室气体排放特征，指出清单范围应该遵循《IPCC 国家温室气体清单指南》的方法，核算直接排放，以人均温室气体为指标正确评估城市温室气体排放状况；Dubeux 等[②]、Satterthwaite[③]也认为城市温室气体排放清单范围应该只包括直接排放。

理论研究的争论极大地推动了对城市温室气体排放清单编制方法学的探索，但从编制应用来讲，城市温室气体排放清单范围涵盖生产模式和消费模式占据了绝对上风。目前国外城市温室气体排放清单编制方法中应用最为广泛的是《ICLEI 城市温室气体排放清单指南》，全世界已有 1200 个城市及地区在使用。其以 ICLEI 为平台，一方面大力推广应用，另一方面持续完善城市温室气体排放清单编制方法，还开发了CACP 软件以简化城市温室气体排放清单编制工作。这使得国外城市温室气体排放清单编制方法应用较为统一。

(二) 中国城市温室气体排放清单编制方法研究

中国城市温室气体排放清单编制方法研究晚于国外，正处于探索阶段，相关城市温室气体排放清单研究文献多是介绍、比较主流编制方法，以及探索并借鉴在区域、城市层面的编制应用。

关于介绍、比较主流编制方法研究，陈操操等通过梳理国内外城市

---

① Hoornweg D. , Sugar L. , Gomez C. L. T. G. , "Cities and Greenhouse Gas Emissions: Moving Forward", *Environment & Urbanization*, 1 (10), 2011.

② Dubeux C. B. S. , Rovere E. L. L. , "Local Perspectives in the Control of Greenhouse Gas Emissions: the Case of Rio de Janeiro", *Cities*, 24 (5), 2007.

③ Satterthwaite D. , "Cities Contribution to Global Warming: Notes on the Allocation of Greenhouse Gas Emissions", *Environment & Urbanization*, 20 (2), 2008.

温室气体排放清单编制方法和案例，比较研究城市清单和国家清单编制方法、联系和区别，分析清单编制的不确定性，提出应该明确清单编制目的、明确清单边界、增加清单报告的灵活性和可比性，从时间尺度、空间尺度、研究内容、研究方法四个方面重点推进研究。蔡博峰[1]归纳城市清单主流编制方法体系、模式以及编制原则、边界、范围，比较分析了城市清单和国家清单在方法体系及模式上的差异和其自身特点，提出国内城市清单编制研究所面临的困难和建议，并给出按照城市建成区编制的思路。顾朝林和袁晓辉[2]通过梳理城市温室气体排放清单研究进展，分析国际城市清单主流编制方法体系，并且比较城市清单和国家清单在方法体系及模式上的差异和其自身特点，提出国内城市清单研究与国外存在清单边界、清单范围等差异，以及由此导致与国际接轨面临的困难和建议。叶祖达[3]介绍了《IPCC 国家温室气体清单指南》《企业温室气体清单指南》《ICLEI 城市温室气体排放清单指南》，回顾了国外城市或地区温室气体排放清单编制的理论和实践经验，归纳了中国城乡规划建设领域温室气体清单编制工作的启示。丛建辉、刘学敏等[4]概述了城市温室气体排放清单编制的四种方法学——《IPCC 国家温室气体清单指南》《ICLEI 城市温室气体排放清单指南》《GRIP 温室气体地区清单议定书》《省级温室气体清单编制指南（试行）》和两种编制模式，将国内研究归纳为综合介绍和方法探究、清单编制研究两个阶段，并进行简要评价，梳理存在问题，指出不足与今后研究要点。

---

① 蔡博峰等：《城市温室气体排放清单研究》，化学工业出版社，2009。
② 顾朝林、袁晓辉：《中国城市温室气体排放清单编制和方法概述》，《城市环境与城市生态》2011 年第 1 期。
③ 叶祖达：《国外城市区域温室气体清单编制对中国城乡规划的启示》，《现代城市研究》2011 年第 11 期。
④ 丛建辉、刘学敏、王沁：《城市温室气体排放清单编制：方法学、模式与国内研究进展》，《经济研究参考》2012 年第 31 期。

在编制应用方面，学者们一般借鉴《IPCC 国家温室气体清单指南》，结合温室气体排放特点，或者借鉴《ICLEI 城市温室气体排放清单指南》《省级温室气体清单编制指南（试行）》等进行研究。郭运功[①]总结了国内外温室气体排放研究（《IPCC 国家温室气体清单指南》），归纳了温室气体排放相关系数，构建了特大城市温室气体排放清单编制核算工具，核算了上海市 1995~2006 年温室气体排放量。2011 年浙江省杭州市下城区针对本区属于"能源终端消费区域"的特点，与浙江工业大学合作研究，在《IPCC 国家温室气体清单指南》的基础上，将温室气体直接排放源（汽柴油、天然气）和间接排放源（电力）分为"五源一汇"（工业源、移动源、建筑源、家庭源、其他源、碳汇）核算。杨谨、鞠丽萍、陈彬[②]在《IPCC 国家温室气体清单指南》和城市温室气体排放清单文献研究的基础上，核算重庆市能源活动、工业过程、废弃物处置过程、农业过程、畜牧业过程以及湿地过程的 CO_2、N_2O 和 CH_4 的排放，编制重庆市温室气体排放清单。袁晓辉、顾朝林[③]结合目前国际上主要采用的《ICLEI 城市温室气体排放清单指南》，编制北京温室气体排放清单，得出编制中国城市温室气体排放清单所需要的大量精确数据的统计口径与国际通用排放清单不同，仅能在总量和大类上具有可比性。王海鲲、张荣荣等[④]根据《ICLEI 城市温室气体排放清单指南》，将城市温室气体排放源划分为工业能源、交通能源、居民生活能源、商业能源、工业过程和废弃物六个单元，并对

---

① 郭运功：《特大城市温室气体排放量测算与排放特征分析》，华东师范大学，2009。
② 杨谨、鞠丽萍、陈彬：《重庆市温室气体排放清单研究与核算》，《中国人口·资源与环境》2012 年第 3 期。
③ 袁晓辉、顾朝林：《北京城市温室气体排放清单基础研究》，《城市环境与城市生态》2011 年第 1 期。
④ 王海鲲、张荣荣、毕军：《中国城市碳排放核算研究——以无锡市为例》，《中国环境科学》2011 年第 6 期。

无锡市的 CO_2、CH_4、N_2O 三种温室气体进行了核算。2012 年河南省济源市温室气体清单编制课题组根据《省级温室气体清单编制指南（试行）》提供的计算方法、参数因子，以公开的统计数据为基础，以调研数据为补充，估算全市 2010 年温室气体排放量。李芬、毛洪伟和赖玉珮[①]以《省级温室气体清单编制指南（试行）》核算方法为基础，编制了深圳市 2011 年温室气体排放清单。

总体而言，许多科研院所在积极推进中国城市温室气体清单编制研究中，进行了很多尝试性探索，有公开发表的文献，也有灰色文献，极大地推动了理论研究，也为当地政府低碳实践提供了决策依据。但是研究文献零散、不成体系、编制方法多样、缺乏统一规范的方法，已不能满足当下中国城市低碳进一步发展的需要。从已有研究来看，较多学者关注《IPCC 国家温室气体清单指南》《ICLEI 城市温室气体排放清单指南》在城市层面的借鉴，也有学者参考《省级温室气体清单编制指南（试行）》进行编制。《省级温室气体清单编制指南（试行）》以《IPCC 国家温室气体清单指南》为基础，融合中国国家清单编制研究经验，以省级区域温室气体排放为对象进行清单编制，其研究和应用体现了中国区域温室气体清单编制要求，既继承了《IPCC 国家温室气体清单指南》，又兼顾了中国区域温室气体清单编制的需要，对中国城市温室气体排放清单编制具有较强的启示意义。

二　重要城市温室气体排放清单编制方法评析

城市温室气体排放清单编制方法已成为编制城市温室气体排放清单

---

① 李芬、毛洪伟、赖玉珮：《城市碳排放清单评估研究及案例分析》，《城市发展研究》2013年第 1 期。

以应对气候变化、设定温室气体排放减控目标、制定低碳行动方案的重要工具。《省级温室气体清单编制指南（试行）》和《ICLEI 城市温室气体排放清单指南》对编制温室气体清单的方法科学、数据透明、格式一致、结果可比做出了完整、系统的规定，并明确了清单边界、清单范围和部门划分等关键内容。而且这两个指南应用较多，实用程度较高，可为中国城市温室气体排放清单编制方法提供经验借鉴。

（一）两个指南介绍

《省级温室气体清单编制指南（试行）》是 2010 年国家发改委组织国家发改委能源研究所和清华大学、中科院大气所、中国农科院环发所、中国林科院生态所、中国环科院气候影响中心等单位的相关专家，参考《IPCC 国家温室气体清单指南》，结合编制 2005 年国家温室气体清单的工作经验，编制而成的。作为应对区域气候变化的一项基础性工作，清单编制可以帮助我们识别出主要温室气体及其主要排放源，摸清各部门排放现状，预测未来减缓潜力。《省级温室气体清单编制指南（试行）》有助于制定地区控制温室气体排放的政策和行动，有利于提高国家温室气体清单质量，满足编制省级应对气候变化规划或低碳发展规划的决策需要；是编制省级温室气体清单实现控制温室气体排放中长期规划的省级层面分解指标的依据，也是制定相应的统计、监测和考核办法的重要参考，有助于进一步提高地方政府控制温室气体排放的科学性，加强地方应对气候变化的能力建设；旨在加强省级温室气体清单编制的科学性、规范性和可操作性，为编制方法科学、数据透明、格式一致、结果可比的省级温室气体清单提供指导。

《ICLEI 城市温室气体排放清单指南》的开发始于由 1993 年在纽约通过的《联合国气候变化框架公约》所引发的城市气候保护运动。城市气候保护是以 ICLEI 为平台推广宣传城市和地方政府在全球气候变化中作用的项目。其中，ICLEI 是一个地方政府的国际性组织，于 1990 年成立，原名为 International Council for Local Environmental Initiatives，于 2003 年改名为 ICLEI-Local Governments for Sustainability。截至 2010 年，该组织有 68 个国家 1100 个地方政府会员。为科学引导城市低碳发展、使城市之间温室气体排放清单具有可比性，ICLEI 开发出了《ICLEI 城市温室气体排放清单指南》。《ICLEI 城市温室气体排放清单指南》可以帮助地方政府正确掌握城市能源使用率和能源结构变化，充分挖掘节能和减排空间；衡量城市在国际、国内城市低碳经济中的优势和不足，确立今后低碳重点发展方向；摸清城市温室气体排放状况，明晰重要的排放源和吸收汇，制定清晰、明确的低碳城市路线图，实现碳减排的可测量、可报告和可核实（MRV）；开展低碳教育宣传，引导公众提高低碳意识，认识到自身活动对城市温室气体减排的贡献，有利于培养公众的低碳消费观念。过去十多年来，《ICLEI 城市温室气体排放清单指南》帮助很多城市实现了科学的低碳发展，城市气候保护已被确认为地方减缓和适应气候变化、制定低碳行动的有效工具。

（二）比较两个指南

《省级温室气体清单编制指南（试行）》与《ICLEI 城市温室气体排放清单指南》同为地理边界类别的温室气体清单编制指南，比较两者异同点，可以为深入研究中国城市温室气体排放清单提供帮助。两者的比较主要从理论基础、编制目的、清单边界、温室气体种类、方法体系、部门划分、清单范围、清单原则、清单流程、核算方法、核算工具几个方面进行，详见表 1-3。其中，直接排放指由地方政府或社区拥有或运营的直接排放源（例如车辆、发电设备）所产生的直接排放；

间接排放指由政府或社区采购的电力、供热和制冷所产生的非直接排放；其他间接排放指由政府或社区活动需求所产生的但不由政府或社区控制或运营的其他非直接排放（例如外包的废物收集服务）。

表1-3　《省级温室气体清单编制指南（试行）》与
《ICLEI城市温室气体排放清单指南》比较

指南名称	《省级温室气体清单编制指南（试行）》	《ICLEI城市温室气体排放清单指南》
理论基础	碳足迹理论、《IPCC国家温室气体清单指南》	
编制目的	应对气候变化、设定控制温室气体排放目标、制定低碳行动方案	
清单边界	省级行政管辖区	城市行政管辖区
温室气体种类	二氧化碳、甲烷、氧化亚氮、氢氟碳化物、全氟化碳、六氟化硫	
方法体系	自上而下	自下而上
部门划分	能源活动、工业生产过程、农业、土地利用变化和林业、废弃物处理	政府和社区两个账户核算能源工业、交通、建筑、工业过程、农业、土地利用变化和林业、废弃物处理
清单范围	直接排放、间接排放	直接排放、间接排放、其他间接排放
清单原则	完整性、准确性、可操作性、可比性、公平性	关联性、完整性、一致性、透明性、准确性
清单流程	排放源与吸收汇的界定、确定估算方法、收集活动水平和排放因子数据、估算排放量和清除量、核查和验证、评估不确定性及报告清单结果	清单边界界定、确定基准年、明确范围、收集活动水平数据、数据录入CACP软件、估算排放量和清除量、报告清单分析结果
核算方法	温室气体排放量/吸收汇＝活动水平数据×排放因子	
核算工具	研究中	CACP软件

从表1-3对比来看，《省级温室气体清单编制指南（试行）》和《ICLEI城市温室气体排放清单指南》的清单边界都是行政管辖区，均主要统计六种温室气体。按照《IPCC国家温室气体清单指南》部门划分类别，能源工业、交通、建筑都可归到能源活动，则两个指南的部门划分也大体一致。由于温室气体排放不易监测，一般采用估算的方法。从清

单的边界来看，省域面积较大，与外界能源与物质交流少于城市层面，间接排放较少，同时统计数据也齐备，通常采用自上而下的编制方法；而城市面积较小，与外界能源和物质有大量交流，间接排放较多，并且城市层面需要大量调研数据，通常采用自下而上的编制方法。《省级温室气体清单编制指南（试行）》和《ICLEI 城市温室气体排放清单指南》都包括直接排放和间接排放，而《ICLEI 城市温室气体排放清单指南》还考虑其他间接排放，出于数据可得性考虑，《省级温室气体清单编制指南（试行）》一般只统计直接排放、间接排放，中国区域供热和制冷很少超出城市地理边界，超出城市地理边界的一般是电力，《省级温室气体清单编制指南（试行）》的核算包含电力的"间接排放"，这实质上与《ICLEI 城市温室气体排放清单指南》一致。《ICLEI 城市温室气体排放清单指南》侧重"关联性"，以提供决策依据为原则，《省级温室气体清单编制指南（试行）》关注"可操作性"，以编制清单为原则，这说明两者的实践应用水平存在差异。《ICLEI 城市温室气体排放清单指南》的清单流程较为规范标准，而《省级温室气体清单编制指南（试行）》正处于积累经验，逐步规范化、标准化的阶段。

（三）适用性分析

由两个指南的对比分析得出，两个指南既有共同点又有区别，需要对它们在中国城市温室气体排放清单编制中的适用性进行分析，以研究其在城市层面的适用性和局限性。

《省级温室气体清单编制指南（试行）》主要从生产模式考虑清单编制，对于从某种程度上讲是缩小版省的城市，具有较强适用性，其主要体现在以下三点。一是利于统一规划。《"十二五"控制温室气体排放工作方案》已将分解指标下达到省级层面。省级层面需要进行指标再分解。《省级温室气体清单编制指南（试行）》部门划分基本涵盖城市全部温室气体排放，清单范围包括城市绝大部分关键类别。保持城市温室气体排放清单与省级一致，易于省级层面统一规划部署。二是利于考核。《"十二五"控制温室气体排放工作方案》要求"地方各级人民政府对本行政区域内控制温室气体排放工作负总责，政府主要领导是第一责任人""将各项工作任务分解落实到基层"，体现了中国垂直行政管理体系指标层层分解，目标责任书层层签订，实行严格目标责任制的行政管理方式。保持城市温室气体排放清单与省级对接，利于考核。三是利于统计监测。2012 年 12 月国家统计局在全国统计工作会议上宣布建立全面反映能源活动、工业生产活动、农业活动、土地使用变化和林业、废料等领域温室气体排放的基础统计指标体系，设定统一的统计指标，规范统计制度，以逐步建立健全国家温室气体排放核算体系。因此，保持城市温室气体排放清单与省级一致，可以满足全国温室气体排放核算体系的统计和监测需要。

　　《省级温室气体清单编制指南（试行）》在城市层面应用的局限性也有三点。一是省域面积较大，通常采用自上而下的编制方法。如果通过自下而上实地调研获得调研数据，则周期长、成本高；城市虽然面积小，但与外部有大量能源和物质交流，间接排放较多，清单边界不易明晰，虽然调研样本可能少一些，但调研数据获得的难度可能加大，往往需要采用自下而上和自上而下相结合的方法。二是一些城区的间接排放不仅包括"电力"，也有"供热""废弃物处理"等，如杭州市下城区的"废弃物处理"不在城市的行政边界内，但应计入温室气体清单。而《省级温室气体清单编制指南（试行）》间接排放只有"电力"，像"废弃物处理""供热"等不能核算到清单之内。三是省级层面统计制度、统计体系、统计资料等较为健全，而城市层面统计制度、统计体系、统计资料等正在建立，尤其是国家统计局只要求省级行政区统计单位编制，对地级市以及同级别行政区则没有硬性规定，这使得多数地级城市缺乏与温室气体清单关联度很高的年度能源平衡表，还存在能源统计口径不一致等问题，需要更多的实地调研。

相比之下，《ICLEI城市温室气体排放清单指南》更多地从消费模式考虑城市清单编制，此方法对于城市建成区更具适用性。其原因如下。一是中国正处于城市化进程，必将消耗大量的资源和能源，温室气体排放量大幅增加，在低碳发展方面将中国城市与国外城市互相比较、借鉴以衡量差距、弥补不足、吸取经验成为有效途径，而这一途径的实施要以城市温室气体排放清单可比为基础。二是《ICLEI城市温室气体排放清单指南》的清单范围包括"间接排放""其他间接排放"，其包含内容更多、更广，不仅有"电力""供热""蒸汽"，还有与温室气体排放相关的所有市民活动，核算细致且有针对性，虽然从数据可得性讲，只核算到"直接排放""间接排放"，但其主旨体现了低碳理念的特点。三是其编制方法为自下而上，通过实地调研梳理城市温室气体排放源，所采集数据的精度更高，能够核算出更加贴近城市真实温室气体排放量的数据。

《ICLEI城市温室气体排放清单指南》在中国城市层面应用的局限性表现在以下几个方面。一是《ICLEI城市温室气体排放清单指南》专门为发达国家城市开发，西方发达国家的城市化率很高，城市的消费特征明显；而中国城市相当多的是以城市建成区为中心，包括农村、乡镇、县级市，就像缩小版的省。除了城市的中心区（如北京市东城区、杭州市下城区），《ICLEI城市温室气体排放清单指南》在中国一般意义城市上的应用受到限制。二是发达国家城市是自治管理，属于主动减排；而中国城市是垂直管理，属于被动减排。我国正在自上而下地建立温室气体排放核算体系，中国城市温室气体排放清单编制需要按照中国温室气体排放核算体系进行。三是中国城市温室气体相关统计资料分散，尚未建立统计体系，而国外一些城市按照《ICLEI 城市温室气体排放清单指南》编制了 5~10 年的温室气体清单，由 CACP 软件可自动生成清单报告。因此，中国城市温室气体排放难以按发达国家城市温室气体排放清单进行统计和计算。

三 清单编制的关键问题及解决方法

同方法研究相比，中国城市层面的温室气体清单编制实践还处在初级阶段，在认识、组织、方法、技术以及具体问题的解决等方面存在不少认识差异，这也为城市温室气体清单的编制工作造成一定的障碍。归纳起来，存在的问题可分为以下三个方面。①组织层面的问题。城市温室气体清单编制是一个系统性工程，有效率地编制一份科学完整的城市温室气体清单报告需要依托于良好的框架设计和组织机制。清单编制初期需要明确一些具体问题，如编制年度、范围和组织工作流程等。②规范指导的问题。IPCC 指南、省级指南和 ICLEI 指南在城市层面应用具有一定的适用性和局限性。基于属地排放的 IPCC 方法学不能反映城市跨边界活动及相关排放多的特征。针对省级区域尺度温室气体清单编制的省级指南和基于发达国家城市情况开发的 ICLEI 指南方法学难以在中国一般意义的城市上直接套用。③技术层面的问题。城市温室气体清单编制对科学性、严谨性和准确性的要求决定了展开具体工作的技术难度，在清单编制的方法学指导下，需要收集大量不同活动水平数据和相应的排放因子。中国城市能源统计体系基础薄弱，这给城市温室气体清单编制带来了一系列挑战。

中国社会科学院城市发展与环境研究所在"十二五"国家科技支撑计划"城镇碳排放清单编制方法与决策支持系统开发示范研究"课题的支持下，开发了《中国城镇温室气体清单编制指南》（以下简称《指南》），并分别在中国东中西部地区三个城市（杭州市下城区、河南省济源市和四川省广元市）进行了测试。本文基于《指南》的研究实践，对中国城市温室气体清单编制实践探索中的核心问题进行梳理分析和研究，旨在为未来城市温室气体清单的研究和实践应用提供一定的参考。

（一）组织工作流程

城市温室气体清单编制的组织工作流程一般根据城市温室气体清单编制方法学确定的步骤展开。虽然从应用的角度讲城市温室气体排放清单编制的主体可以多元化，政府部门、科研机构、非政府组织等都可以按照需求进行清单的编制，但不同的编制主体对清单编制的连续性和精度等会有很大的差异影响。作为低碳城市建设的一项主要内容，这项工作一般由各城市应对气候变化和低碳发展的主管部门组织安排，同专业的研究机构合作按照特定的方法学进行编制。考虑到中国垂直行政管理体系的特点，中国城市温室气体清单编制的组织决策工作一般由城市的发改委来牵头组织。在牵头单位的组织领导下，清单编制的一般流程可以总结为四个阶段。

（1）启动阶段。召开启动会或者座谈会，由各个职能部门、主要的企事业单位、当地相关领域专家参与，交流清单编制工作的重要性和当地温室气体排放特点及所需数据的一些情况。成立工作协调小组和专题工作小组，工作协调小组由市级行政部门成员组成，负责清单编制工作的组织协调和督促检查。专题工作小组由市级牵头单位、配合单位、承担清单编制的专业机构共同组成。指定工作责任人，建立联络协调机制。

（2）实施阶段。主要工作是数据的搜集、整理与核算。具体包括制定、发放包含数据的可获得性和准确性介绍的分领域数据调研表；各专题小组按照数据需求制定细化的相关数据采集工作方案，与各部门积极配合，开展数据收集工作；回收、整理数据调研表，核算温室气体排放量。

（3）控制阶段。进行数据可靠性、有效性验证。在汇总数据过程中，核查可能遗漏和重复的数据，以提高编制清单的准确程度，通过不确定性分析描述清单整体及其组成部分可能值的范围和可能性，明确误差范围；通过质量控制（包括关键类别、活动水平数据、排放因子、其他估算参数和方法的技术评审）和质量保证（由未直接涉足清单编制/制定过程的人员进行评审），规范数据采集、整理和分析等工作流程。

（4）评审阶段。撰写报告并进行评审。首先按照方法学撰写清单报告初稿，具体内容包括分部门和分气体种类的温室气体排放情况，同时对相关指标（总排放量、净排放量、人均排放量、单位 GDP 排放量）进行分析，形成政策建议报告；然后将报告初稿提交城市相关机构讨论，根据反馈意见，在课题组内部进行审查；最后召开专家评审会，形成报告终稿。

（二）明确主要内容

城市温室气体清单编制需要明确的主要内容包括编制年度、温室气体种类、地理边界、核算范围。

1. 编制年度

清单编制之初，首先要按照清单用途明确清单的编制年度。为了对城市温室气体排放情况进行动态纵向比较，需要按照一定的时间频率编制不同年份的城市温室气体清单，一般频率为一年。城市也可以按照当地低碳发展需要，确定与其相适应的温室气体清单编制频率。从目前的实际需要来看，为了与国家的五年规划相衔接，城市至少要编制 2010 年度六种温室气体的排放清单。

2. 温室气体种类

2011 年 5 月，国家发改委应对气候变化司组织编写了《省级温室气体清单编制指南（试行）》，要求核算二氧化碳（CO_2）、氧化亚氮（N_2O）、甲烷（CH_4）、氢氟碳化物（HFCs）、全氟碳化物（PFCs）和六氟化硫（SF_6）六种温室气体。2012 年完成的中国第二次国家信息通报也包含上述六种温室气体。虽然国家目前只对碳排放指标进行考核，一些城市选择编制能源活动二氧化碳排放情况的清单，但从发展的角度看，建议城市编制六种温室气体的清单。各部门关键类别及需评估气体见表 1-4。

表 1-4　关键类别及需评估气体

部门划分	大类	关键领域	关键类别	需评估气体
能源活动	化石燃料燃烧	工业	能源工业	CO_2
			制造业	
			建筑业	
		交通	道路	CO_2、CH_4、N_2O
			铁路	
			航空	
			水运	
			其他	
		建筑	公共建筑	CO_2
			居民住宅	
	生物质燃料燃烧	农业	农业	CH_4、N_2O
	化石燃料逃逸排放	—	—	CH_4
		煤炭开采逃逸	煤炭开采逃逸	
		油气系统逃逸	石油系统逃逸	
			天然气系统逃逸	
工业生产过程	—	—	水泥生产过程	CO_2
			石灰生产过程	CO_2
			钢铁生产过程	CO_2
			电石生产过程	CO_2
			己二酸生产过程	N_2O
			硝酸生产过程	N_2O
			一氯二氟甲烷生产过程	HFCs、HCFCs
			其他工业生产过程	HFCs、HCFCs、PFCs、SF_6

续表

部门划分	大类	关键领域	关键类别	需评估气体
农业	—	—	稻田	CH_4
			农用地	N_2O
			牲畜肠道发酵	CH_4
			牲畜粪便管理	CH_4、N_2O
土地利用变化和林业	—	森林和其他木质生物质碳储量变化	乔木林	CO_2
			经济林	
			竹林	
			灌木林	
			散生木、四旁树、疏林	
			城市绿地	
			活立木消耗	
		森林转化碳排放	燃烧排放	CO_2、CH_4、N_2O
			分解排放	CO_2
废弃物处理	—	固体废弃物	填埋	CH_4
			焚烧	CO_2
		废水	生活污水处理	CH_4、N_2O
			工业废水处理	CH_4、N_2O

3. 地理边界

中国城市的地理边界都是以行政区划为边界划分的，包括建成区和农村，与国外城市的意义不同。城市温室气体清单的地理边界应以行政管辖区为准，因为这样做既利于地方政府切实掌握辖区温室气体排放整体状况，又有助于对城市控制温室气体排放目标进行分解和考核。

4. 核算范围

温室气体清单编制"范围"涵盖城市生产活动（直接排放）和消费活动（间接排放）的温室气体排放。清单范围主要包括范围1[①]和范

---

① 范围1：温室气体直接排放，指发生在城市辖区内的温室气体排放。

围2①排放，由于范围3②涉及的温室气体排放源比较宽泛复杂，清单边界不易明晰，统计数据难以获得，所以一般不考虑范围3排放的核算。另外，在范围2中，由于中国区域供热和制冷很少超出城市行政管辖区，所以通常只核算电力消费导致的间接排放。中国幅员辽阔，各地区城市之间资源禀赋差异极大，不同城市排放源的构成相差极大。在进行温室气体核算时可能侧重有所不同。需要结合城市温室气体排放源和汇的特点，确定适合编制城市温室气体清单的范围。

（三）方法选取

温室气体核算方法根据温室气体排放量核算通常使用的排放源数值的不同可以简单概括为三个层次：方法1、方法2和方法3。

方法1：采用默认的排放因子（例如IPCC参考值）、国家或人均能源消费量、国家或人均固体废弃物产生量、国家甲烷回收量平均水平等。

方法2：采用特定国家或地区的排放因子、能源数据（源于能源工程估算系统）、采暖人口变化及年平均温度（采暖度日数，参考历史数据）、化石燃料消耗量（参考可预计的燃烧效率）、甲烷回收量（按照设计的理论值估算）等。

方法3：采用反映当地特点的排放因子，包括化石燃料类型、化石燃料燃烧技术、化石燃料燃烧设备控制技术、化石燃料燃烧设备维护保养水平、化石燃料燃烧设备使用年限、能源消耗计量、甲烷回收计量、

---

① 范围2：电力消费等引起的温室气体间接排放，指城市与辖区外进行电力、热力、冷气或蒸汽的调入和调出发生的间接排放。

② 范围3：其他温室气体间接排放，指范围2以外的其他所有间接排放，主要包括原材料异地生产、跨边界交通和跨边界废弃物处理等。

中转站固体废弃物统计量。

以上方法中方法 1 最简便，方法 2 数据取得的难易程度和要求的准确性处于中间水平。方法 2 中的特定国家排放因子主要是考虑到每个国家的具体情况不同，数据存在差异，如所用的化石燃料、碳氧化因子和含碳率。方法 2 基本能够满足运用温室气体排放源估算结果对城市温室气体排放特点做出描绘的要求，根据城市检验数据或模型获得的数据可以对城市低碳规划起到科学参考作用。方法 3 所需要的数据最多、最具体，准确性也最高。方法 3 能够比较准确、实际地反映城市温室气体排放状况，满足统计、监测和考核的需要，也能切实满足城市低碳规划和低碳建设的需求。

对于城市政府来讲，确定温室气体排放因子可以选择方法 2 或方法 3，或介于方法 2 和方法 3 之间。当然，由于得到温室气体排放数据的方式和途径不同，数据的准确性、完整性存在差异，很多情况下需要三种方法混合使用来完成温室气体清单编制，以保证清单的完整性。有时也存在计算一个温室气体排放源三个方法都可以用的情况，这时则需遵循一个基本原则，即关键排放源尽可能使用层级高的方法，非关键排放源可以使用层级低的方法。

（四）活动水平数据收集

活动水平数据收集指按照选择的方法采集所需数据以及整理、汇总生成新数据，这是温室气体清单编制的核心步骤。城市温室气体核算最主要的特点是跨边界活动及相关排放多，而所需的统计数据和部门数据相对缺乏。除了少数城市有能源平衡表之外（多数不对外公开），大多数城市层面特别是县级市的相关数据相对较少。城市温室气体核算区别于省级温室气体核算的特点决定了城市温室气体清单编制工作的一些特殊性和困难性。为了提高城市温室气体清单编制的科学性和完整性，基础数据采集应遵循以下两个基本原则。

第一，以统计数据为主，其次是部门数据、调研数据和专家数据。统计数据、部门数据和专家数据等公开或半公开数据属于"自上而下"数据，调研数据属于"自下而上"数据。"自上而下"数据主要体现为统计年鉴和统计资料等。其优点在于收集数据所需时间和成本相对较低，缺点在于数据详细程度有限，为满足清单编制需要，还要再加工整理。"自下而上"是指从终端消费环节入手获得一手数据，主要体现为实地统计调查的形式。其优点在于数据较为翔实，计算结果贴近实际，但需要花费更多的时间和成本。总体原则是数据的行业分类和能源品种分类越详细，清单的准确性越高，但同时成本也越高。

第二，由于城市数据缺乏或者不确定性大，获得活动水平数据可以采用"自上而下"与"自下而上"相互补充和验证的方法，以寻找误差及其产生的原因。不同数据基础类型城市的活动水平数据收集方式如表1-5所示，能源平衡表基础数据较齐备的城市数据收集以"自上而下"为主、"自下而上"为辅，多数关键类别活动水平数据的采集可以采用两种方式，使其相互补充、相互验证；年度能源平衡表基础数据欠缺的城市活动水平数据收集以"自下而上"为主、"自上而下"为辅，两种方式相互补充，个别关键类别可相互验证。如果统计数据仍然缺乏，也可以采用抽样调查的方式从终端消费处收集、汇总。

以城市重点排放部门道路交通的排放核算为例，交通领域涉及的能源品种主要是汽油、柴油、燃料、煤油、液化天然气（LNG）和电力。不同交通方式的活动水平数据来源不同，同一交通方式也可以有不同的数据收集方法。

表1-5　不同类型城市的活动水平数据收集方式

城市类型		能源平衡表	数据收集方式	
			自上而下	自下而上
地级市		少数城市有个别年度的能源平衡表	主	辅
区县	城区	基本没有	辅	主
	县级市	基本没有	互相结合	互相结合
镇		基本没有	辅	主

资料来源：根据城市温室气体清单编制的研究实践总结。

　　一是完全采用数据调研（即"自下而上"的方法）。公交车、出租车的数据来源为公交公司和出租车公司，城市内其他道路交通的数据来源包括物流公司、搬家公司、商场和机场等。如果无法获得道路交通运输工具分品种、分车辆类型的能源消费量，则可以根据属地原则，通过车辆管理机构获得不同车辆类型的保有量，再通过车辆出行调研收集汽车每年的燃料消耗量。这种方法的优点是减少了工作量，缺点在于无法计算外地车辆在当市行驶所产生的排放。

　　二是利用加油站、加气站数据。这种方法的优点是数据准确性较高，缺点是只能计算出排放总量，无法区分不同交通方式（私家车、机构用车、运营车辆等）产生的排放，也无法区分本地车辆和外地车辆产生的排放。如果要对上述排放进行区分，则需要额外的调研工作。

（五）清单报告应用

　　中国城市温室气体清单的应用定位是能够与省级清单对接，与国外城市的清单方法可比。《"十二五"控制温室气体排放工作方案》要求"地方各级人民政府对本行政区域内控制温室气体排放工作负总责，政府主要领导是第一责任人""将各项工作任务分解落实到基层"。中国垂直行政管理体系的特点决定了城市温室气体减排目标最终要以各级行政区划为单位分解完成，城市温室气体清单编制要服务于温室气体排放的统计、监测和考核。国外城市温室气体清单突出了城市消费排放比较大的特点，中国城市温室气体清单借鉴了国外的经验和方法，在部门划分上与国外城市温室气体清单接轨。同时，电力消费的间接排放直接核算到各部门之中。中国城市温室气体清单涵盖能源工业、工业和建筑业能源消费，交通、建筑、农业能源消费，工业生产过程、农业、土地利用变化和林业、废弃物处理的直接排放以及电力消费引起的间接排放。这些与国外城市的清单格式是一致的。

中国省级低碳发展目标逐级向下分解的垂直行政管理体制特点决定了城市温室气体清单编制应与省级温室气体清单编制实现对接。若将能源工业、工业和建筑业能源消费与交通、建筑、农业能源消费合并为能源活动，将省际间接排放列为信息项，即可与省级温室气体清单保持一致；若将间接排放纳入总量，将能源工业、工业和建筑业能源消费与建筑、农业能源消费归为固定源排放，将交通归为移动源排放，合并农业、土地利用变化和林业，则可实现与国外城市温室气体清单的可比性。以中国城市电力消费间接排放为例，城市清单与省级清单的最大不同在于对城市电力调入调出间接排放量的处理。为了实现与省级清单对接，针对城市电力调入调出净间接排放之和大于所在省的电力净间接排放之和的问题，通过将城市电力净间接排放拆分为省际净间接排放和省内净间接排放分别核算处理，使城市省际净间接排放之和与所在省电力净间接排放相等，从而实现城市清单与省级清单的对接①。

---

① 庄贵阳、白卫国、朱守先：《基于城市电力消费间接排放的城市温室气体排放清单与省级温室气体清单对接方法研究》，《城市发展研究》2014 年第 2 期。

　　无论以何种形式呈现的中国城市温室气体清单报告，都可以用来识别城市的重点排放源、各温室气体种类的排放量和碳汇量、城市排放总量、人均排放量、单位 GDP 排放量等，有了这些基础数据（如果有系列数据更好），可以通过横向和纵向对比，服务于城市低碳发展规划的制定以及碳排放目标的分解落实。

四　结语

　　中国温室气体排放状况备受国际社会关注，城市是控制温室气体排放行动实施的主体，也是衡量国家控制温室气体排放行动效果的重要内容之一。编制城市温室气体清单有利于准确掌握城市温室气体排放源和吸收汇的关键类别，梳理主要领域排放状况，把握温室气体排放特征，制定切合实际的减排目标、任务、措施和实施方案。中国城镇化正处于战略转型的重要阶段，城镇化伴随着大规模基础设施建设和居民生活水平提高，这一过程和趋势要大量消耗能源和资源。中国城市化的规模以及带来的挑战是空前的，城市温室气体清单编制亟须科学规范引领。中国城市温室气体清单编制应借鉴、吸取国外城市的好经验，推动城市温室气体排放统计和管理体系建设，为城市低碳发展工作提供有效支撑。

第二章 城市低碳发展路线图设计的
内容与方法

　　中国快速的城镇化进程，伴随着温室气体排放的增加和其他严重的社会、经济和环境问题。中国政府目前正在寻求低碳发展模式来应对快速城镇化进程中的资源与环境挑战。中国的低碳城市建设正经历着从最初由鲜有机会看到的切入点着手尝试并推出试验性的举措，向制定低碳城市发展规划和实施方案转变。随着国家发改委低碳试点省市工作的开展，一些发达的试点城市在减少温室气体排放和提高能源利用效率上已经做出了令人瞩目的成绩。然而，还有更多的城市受制于资金、技术和资源约束。因此，推动城市绿色低碳发展，需要从总体上研究制定城市低碳发展宏观战略，系统制定切实可行的远景目标、发展规划和行动方案，优化和提升城市建设和管理水平。加快低碳城市建设，不仅是顺应当今世界低碳经济发展潮流、积极应对全球气候变化的重要战略选择，也是深入贯彻落实科学发展观、加快生态文明建设、应对复杂多变的国际环境、实现经济社会可持续发展、提升经济社会发展质量的重大战略举措。科学合理的本地化低碳城市发展蓝图设计将催生新的能源供给模式、新的产业和新的生活方式，对于促进国家实现整体减排目标、提升城镇化质量具有重要意义。

一 城市低碳发展路线图的基本内涵

由于低碳发展有赖于国家和地区的具体情况，因此尚未有一个全球统一的定义。低碳发展讨论的核心问题是如何克服当前面临的挑战，如气候变化、资源枯竭和环境污染，走一条经济增长与控制温室气体排放协同发展的路径。

在城市地区实现低碳发展面临很多压力，因为大部分的世界人口居住在城市地区，并且预计人数将持续增加；此外，大部分的碳排放来源于城市地区的相关活动。众所周知，绝大部分发达城市都是通过传统的"先增长，后治理"的路径发展起来的。由于环境恶化、资源枯竭和气候变化等原因，中国广大正在成长中的城市将无法沿袭这一传统发展路径。事实上，国际社会建议处于快速城镇化进程中的中国城市追求一条与以往不同的发展道路，以降低碳排放和环境损害。低碳发展被认为是符合这一要求的可替代传统途径的发展路径，可同时满足城市对经济快速增长的渴求和全球对控制温室气体排放的需求。

低碳经济是指在一定的碳排放约束下，人文发展和碳生产力均达到一定水平的一种经济形态，旨在实现控制温室气体排放的全球共同愿景。[1] 低碳经济的概念具有低碳排放、低碳竞争力和低碳转型的阶段性三个核心特征。从各国的发展规律来看，发达国家的人均 GDP 和人均 CO_2 排放之间呈现一种倒 U 型的库兹涅茨曲线，已经达到或接近碳排放峰值（拐点）。而对于绝大多数发展中国家来说，人均 GDP 和人均 CO_2

---

[1] 潘家华、庄贵阳、郑艳等：《低碳经济的概念辨识及核心要素分析》，《国际经济评论》2010 年第 4 期。

排放之间仍呈线性规律。因此，从高碳到低碳，必然有一个过程。低碳发展就是采用"破坏性创新"的发展模式，提高资源利用效率，在降低碳排放的同时追求经济增长，实现"低碳排放（或保护环境）"和"经济增长"的和谐统一。在传统的发展路径中，这两个方面彼此冲突，想要同时实现是不可能的。[①]

　　图 2-1 表明当经济发展水平较低时，碳排放主要由生产活动带来。低碳发展可以促进经济增长，大规模的基础设施建设会带来"碳锁定"的问题。随着经济的发展，生活消费产生的碳排放日益显著。碳减排目标需要从生产和消费两侧着手实现，但是此时发展经济的目标仍然被摆在首位。当经济和社会发展到一定水平，经济增长的重要性有所下降，生存质量和居住环境越来越被重视，生态环境的重要性日益凸显，低碳发展模式由国家或地区的资源禀赋决定。

　　城市低碳发展路线图是对城市发展转型所制定的低碳战略目标、发展规划、重点领域（部门）行动方案的全景式描述，是一个城市坚持生态文明，着力推进绿色发展、循环发展、低碳发展的综合性和基础性工作框架。世界上很多重要城市很早就已经意识到城市在减缓气候变化进程中所发挥的重要作用，发布了低碳发展战略，致力于降低城市碳排放[②]。城市低碳发展路线图设计的基本理念是将生态文明理念全面融入城市发展，通过经济发展模式和生活方式的转变，实现有助于减少碳排放的城市建设模式和经济社会发展模式，并最终实现可持续发展。制定和实施城市低碳发展路线图需要创新规划理念，统筹相关领域制度和政策

①　ADB, Strengthening Capacity to Address Climate Change for Small and Medium-sized City Development in the People's Republic of China (PRC), 2013.

②　GOMI K., SHIMADA K., MATSUOKA Y., "A Low-carbon Scenario Creation Method for a Local-scale Economy and its Application in Kyoto City", *Energy Policy*, 38 (9), 2010.

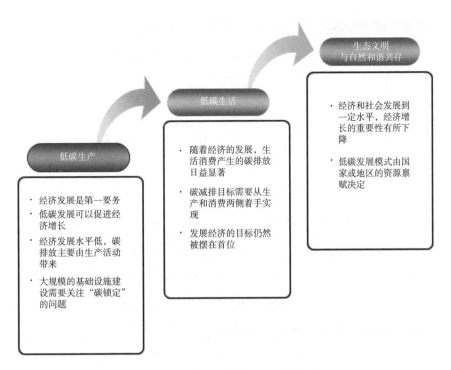

图 2-1　低碳发展的内涵及政策含义

创新，促进城市发展由高碳向低碳转型，提高城市的综合竞争力。

当前中国正处于快速城镇化的重要转型阶段，城市能源消耗急剧增加，污染物排放量大。城市的资源环境承载能力不足，难以承载快速扩张的城市规模和人口。城市环境污染、水污染、大气污染等事件频发，对城市人民的生命健康造成严重损害。制定和实施城市低碳发展路线图是在城市水平上统筹应对国际社会减排压力和重化工发展趋势下的能源和资源约束的一次求解。

低碳城市发展路线图设计需要明确城市未来城镇化的发展路径、主要目标和战略任务，为城市低碳发展规划的制定指明方向。城市低碳发展战略是以控制城市温室气体排放、实现经济社会可持续发展为核心目标，结合城市资源禀赋情况，围绕城市发展阶段的重要时间节点，反映国际国内城市低碳发展政策导向与趋势的一系列目标和计划。

低碳是一个新的概念，把低碳理念融入城市规划之中需要创新规划理念，促进整合和发展目标协同。其主要任务是围绕城市低碳发展这一主题，结合城市的经济和社会发展目标，确定城市的功能定位、建设规模和发展方向，围绕城市空间形态与功能布局优化推动温室气体减排，使绿色生产、绿色消费成为城市经济生活的主流。低碳理念引入城市规划设计中以后，部分反映城市低碳发展的关键要素和关键指标应纳入目标城市总体规划指标体系和控制性详细规划指标体系中，使其具有法律约束力。

低碳行动方案是城市为落实低碳发展路线图而制定的具体工作指南。低碳发展规划与目标的确定只是为目标城市的可持续发展指明了一个发展方向，促进城市低碳发展转型需要制定具体的行动方案，明确城市低碳发展重点领域（部门）的行动方向、主要任务与建设内容，引导城市形成节约能源资源和保护生态环境的产业结构、增长方式、消费模式和管理体系，行动方案中行动目标的制定必须与低碳发展规划目标相一致，是低碳发展规划目标的细化目标。

二　城市低碳发展路线图设计的一般步骤

城市低碳发展路线图是建设低碳城市的总体依据。低碳城市发展路线图是城市为实现低碳发展而制定的战略、规划和详细的计划、方案，是对城市制定低碳城市战略、编制温室气体排放清单、制定和实施规划以及监测评估等一系列行动的过程和制度设计①。

从构成要素来看，城市温室气体排放清单、低碳发展路线图和低碳

① 潘晓东：《中国低碳城市发展路线图研究》，《中国人口·资源与环境》2010 年第 10 期。

适用技术需求评估是构成城市低碳发展蓝图的主要组成部分，三者相辅相成，是推动城市低碳发展蓝图设计、执行与优化的"三部曲"。

从微观编制过程来看，城市低碳发展路线图设计首先从了解城市当前碳排放现状开始，通过研究城市未来中长期的碳排放情景来设定减碳目标，进而编制城市重点领域行动方案，尽可能评估低碳适用技术的减碳潜力，最后提出政策建议和保障措施。这一过程与国际地方环境行动理事会（Inter-national Council for Local Environmental Initiatives，ICLEI）提出的"城市气候变化五步法"指南①②有相似之处，但增加了技术需求评估的内容。

（一）了解城市温室气体排放状况

制定城市低碳发展路线图，需要清晰地了解城市碳排放状况。（定期）编制温室气体排放清单是当前进行城市温室气体排放核算和了解城市碳排放状况的主要方法，也是制定城市低碳发展路线图的基础工作。适时进行城市温室气体核算、城市温室气体清单编制，是评估目标城市低碳发展现状、识别驱动和制约因素、明确城市低碳发展重点部门和领域的必要条件。通过编制清单，可以摸清城市温室气体排放"家底"，了解城市整体温室气体排放水平和趋势，科学、系统地分析城市温室气体排放的时间和空间分布，全面掌握城市温室气体排放总量与构成情况，以及主要行业、重点企业和区域温室气体排放分布状况，其理论意义与应用价值重大。

---

① ICLEI, "Cities for Climate Protection Milestone Guide", http: //www. concordma. gov/pages/ConcordMA_ CSE/ICLEI_ CCP_ Milestone%20Guide. pdf, 2014 年 8 月 17 日。

② ICLEI, *US Cities Acting to Protect the Climate: Achievements of ICLEI's Cities for Climate Protection* (US: Berkeley, 2000).

（二）描绘城市未来发展情景

作为一种城市低碳发展政策评价和战略规划制定工具，情景分析法主要是通过预设发展情景，显示不同情景下的减排状况，从而给出发展路径设计的。对城市未来中长期的碳排放情景进行分析是设定减碳目标、编制低碳发展规划的基础。情景量化分析的主要方法是通过考虑目标城市社会经济发展、能源消费和二氧化碳排放等多方面因素进行"回顾"和"展望"。其中，"回顾"的主要依据是历史经验（主要通过相关变量与二氧化碳排放的时间序列关系进行描述），"展望"的主要依据是未来目标城市内外部环境变化对低碳发展的影响。结合已有规划、研究和专家判断，设置不同的情景①，对主要因素重要目标期进行赋值，以明晰发展趋势，同时可以进行"后目标期"对"前目标期"的回顾，以便校正预期赋值。基于核算的情景分析将产生关于城市各领域（部门）低碳发展潜力的描述，识别促进城市低碳发展的优先领域，为城市低碳发展总体目标、相应领域（部门）减碳目标设定和低碳发展"窗口期"提供客观参照②。

从情景设置的时间节点看，为了与国家的五年规划和已经提出的中远期目标相衔接，在2020年、2030年和2050年分别进行了设置。通过改变不同情景中的关键变量设置，可以得到不同时期、不同战略选择下城市低碳发展的目标路线图内容。

（三）设定城市低碳发展目标

对城市未来中长期的碳排放情景进行分析是设定低碳发展目标、编

---

①　姜克隽、胡秀莲、刘强等：《2050中国能源和碳排放报告》，中国科学出版社，2009。
②　雷红鹏、庄贵阳、张楚：《把脉中国低碳城市发展——策略与方法》，中国环境科学出版社，2011。

制低碳发展规划的基础。基于目标城市规划基准年温室气体排放核算的情景分析，为制定理想情景下的低碳发展目标和政策提供了决策支撑。在情景分析的基础上，结合城市低碳发展的优势、劣势、机遇和挑战分析，制定低碳发展战略及目标。低碳发展目标的设定一方面需充分考虑城市的发展阶段、资源概况、排放构成、发展定位等因素，另一方面要考虑国家总体目标，在熟悉国家层面的低碳发展战略、规划和目标的基础上，协调好国家低碳发展目标和地方低碳发展目标的关系，有条不紊地分步实施城市低碳发展战略。

（四）编制重点领域行动计划

通过清单编制，可以识别城市各领域或行业温室气体排放状况及发展趋势，从而明确城市低碳发展重点行动领域；根据城市低碳发展目标和各部门的任务分解，城市能源供应、工业、建筑、交通、土地利用、林业和废弃物管理部门需制定切实可行的行动计划。城市空间布局与土地利用形态、低碳产业与适用技术、能源资源生产与消费、绿色交通体系、绿色建筑体系、生态（碳汇）治理与环境保护、低碳基础设施及低碳公共政策是城市低碳发展重要领域行动计划的重要内容，是城市部门管理者制定低碳发展行动方案的着力点。

（五）评估低碳适用技术减碳潜力

就城市低碳发展条件而言，区域自然禀赋和技术水平差异显著，更需要在准确评价区域低碳技术创新实力和技术减碳潜力基础上，与目标城市温室气体排放清单和低碳发展路线图编制工作相对接，明确目标城市低碳发展的重要科技问题、节能低碳适用技术需求内容和发展重点，选择合理的低碳技术创新模式和低碳经济发展路径[1]，为"如何实现低碳发展的远景目标"这一现实问题提供科技支撑，为城市低碳发展蓝图的制定和执行提供决策支持。低碳适用技术的推广应用一直在不断的发展中，其中许多技术集中于能源供应、工业、交通、建筑、农业、林业和废弃物处理七大领域部门中。政府间气候变化专门委员会（Intergovernmental Panel on Climate，IPCC）[2] 和麦肯锡 2009 年公布的研究报告《通向低碳经济之路——全球温室气体减排成本曲线（2.0 版）》研究分析表明，能源供应、建筑、交通、工业、农业、林业、废弃物处理七大部门是应用低碳适用技术、控制温室气体排放具有减缓潜力、经济成本有效的领域。

（六）提出政策建议和保障措施

虽然城市有了明确的战略目标和重点领域行动计划，但城市低碳发展战略和目标的实现需要政策和机制保障。在全球经济绿色低碳转型的进程中，尚未形成可以全盘照搬的"一揽子政策方案"或通用模式，在经济合作与发展组织（以下简称经合组织或 OECD）绿色低碳增长战略中，重点关注的政策要素主要包括能够体现自然资源的维护和积累的经济政策，包括产权和价格政策等；以加强环境保护与促进经济增长为相辅相成的双重目标的财税政策以及推动绿色增长的科技政策、机制与体制等，最重要的是要确保不同政策的相互融合和协调一致[3]。

因此，推动城市低碳发展，需要针对不同城市低碳发展的不同路径（模式）和重点优势领域，加强城市低碳发展对策与政策机制创新研

---

① 庄贵阳：《中国经济低碳发展的途径与潜力分析》，《国际技术经济研究》2005 年第 3 期。
② METZ B.，*Climate Change* 2007 – *Mitigation of Climate Change*：*Working Group* Ⅲ *Contribution to the Fourth Assessment Report of the IPCC*（Cambridge：Cambridge University Press，2007）．
③ 曹东、赵学涛、杨威杉：《中国绿色经济发展和机制政策创新研究》，《中国人口·资源与环境》2012 年第 5 期。

究，尤其是如何吸取国际经验与教训，协同组织建设、法律保障、技术创新、人才支撑、评价考核、协调合作、规划引领等法律、经济、技术、行政措施推进支撑城市绿色发展、循环发展、低碳发展的政策机制创新，加快形成节约资源和保护环境的空间格局、产业结构、生产方式、生活方式，从源头扭转生态环境恶化趋势，提高城市人文发展和低碳竞争力，促进城市可持续发展。

三　城市低碳发展路线图的关键内容

城市低碳发展路线图是一项战略性计划，图 2 - 2 概括描述了城市为实现温室气体减控目标需要采取的步骤。城市低碳发展路线图基于城市温室气体清单编制结果，运用情景分析的工具，设定城市低碳发展的目标体系，明确重点领域（部门）在一定时期行动方案中的主要任务。在城市低碳发展路线图设计、执行过程中，地方政府将发挥主导作用，关键内容体现在三个方面：与国家层面低碳发展战略对接、明确重点领域和行动计划以及体现地方低碳发展特色。

（一）与国家层面低碳发展战略对接

中国始终高度重视气候变化问题，坚定不移地走可持续发展道路。不同时期政府、研究机构和学者们从国情和实际出发，对不同发展阶段的中国低碳发展目标和路线图提出了承诺或展望。2009 年 11 月，在哥本哈根气候变化大会前夕，国务院总理温家宝召开国务院常务会议宣布了中国 2020 年降低碳强度的目标。2011 年 3 月发布的《国民经济和社会发展第十二个五年（2011～2015 年）规划纲要》，对中国未来五年内节能减排和低碳发展目标提出了约束性指标新要求。虽然从"十一五"

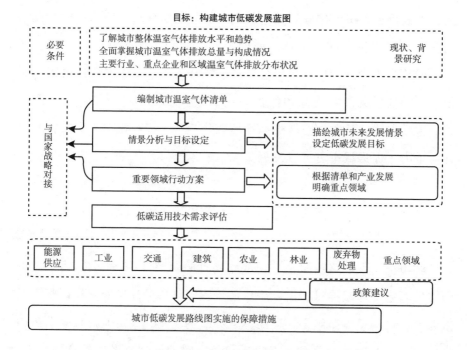

图 2－2　城市低碳发展路线图的主要内容

开始的节能减排取得了巨大的成绩，"十二五"期间增加了约束性指标，强化了绿色低碳发展，但还没有形成节能减排的长效机制，包括统计、考核、标准等制度体系并没有完善。"十三五"时期，中国节能减排低碳发展形势依然复杂严峻。

当前中国正面临着两场竞赛：一是国内转变经济增长方式的努力与粗放发展的惯性在比赛，是否能较快地转向以资源节约、环境友好型社会为方向的科学发展轨道；二是在世界范围内的绿色低碳发展竞赛中，中国能否不落伍、不沿袭老路，尽快占领新的战略制高点，切实迈向生态文明。今后 5～10 年，将是中国转变发展方式的关键机遇期，低碳并不会制约经济发展，中国要加速促进发展方式转变，努力实现低碳目标。中国低碳发展目标可分"三步走"实现：2020 年前，积极降低单位 GDP 的二氧化碳排放强度，东部发达地区二氧化碳排放达到峰值；2020～2025 年，实施二氧化碳排放总量控制目标，全国工业部门二氧化碳排放达到峰值；2025～2030 年，全国二氧化碳排放总量达到峰值①②。

国家层面的减排目标最终需要在区域层次上分解落实。《"十二五"控制温室气体排放工作方案》要求"地方各级人民政府对本行政区域内控制温室气体排放工作负总责，政府主要领导是第一责任人"，"将各项工作任务分解落实到基层"，体现了中国垂直行政管理指标层层分解、"纵向发包"、层层签订目标责任书、实行严格目标责任制的行政管理方式。不同于一些国外发达国家城市享有高度行政自治权，往往自主设定控制温室气体排放的目标，主动减少温室气体排放，中国垂直行政管理体制的特点决定了中国城市控制温室气体排放的目标由上级政府设定，属于被动减少温室气体排放。中国垂直行政管理体制的特点还决定了中国城市低碳发展路线图要与国家低碳发展战略对接。特别是对于低碳试点省市区，国家发改委在选择第二批低碳试点地区时，要求申报地区在其实施方案中制定一个相对严格的碳强度减排目标。城市是财富和生产活动中心，是技术创新、应用和扩散中心，是应对气候变化行动的政策实验室，城市有相应的能力、更有责任选择实现可持续发展的道路转型③，帮助国家实现整体减排目标。

从中国国情和城市面临的发展问题出发，考虑工业化、城镇化的趋

① 2013 年 10 月中国工程院院士、国家气候变化专家委员会主任杜祥琬在北京举行的"2013 气候传播国际会议"上的发言。
② 2014 年在北京召开 APEC 会议期间，中国在中美两国共同发表的《中美气候变化联合声明》中已明确提出。
③ 潘家华、庄贵阳、朱守先：《低碳城市：经济学方法、应用与案例研究》，社会科学文献出版社，2012。

势性要求，生态环境现实约束与未来挑战，中国城市低碳发展路线图目标内容还应与新型城镇化模式的战略要求相一致。即加快转变城市发展方式，优化城市空间结构，增强城市经济、基础设施、公共服务和资源环境对人口的承载能力，有效预防和治理"城市病"，建设和谐宜居、富有特色、充满活力的现代城市①。国家有关部门已经出台强有力的政策措施支持低碳发展，建立了低碳发展的有利环境。城市政府应在国家低碳发展建设中起到领导作用，充分考虑自身资源禀赋条件，同上级政府、其他城区以及相关机构多方合作，顺利实现低碳发展路线图设定的目标。

（二）明确重点领域和行动计划

2007 年政府间气候变化专门委员会发布的第三工作组第四次评估报告《气候变化 2007：减缓气候变化》②指出，能源供应、建筑、交通、工业、农业、林业、废弃物处理是减缓气候变化的七个主要行动领域。报告同时指出，有更高的可信度和充分的证据表明，在具备一定条件的情况下，通过在这些领域实施一些低碳技术的开发、创新和应用组合，能够实现温室气体稳定的目标，这些技术是当时可获得的或者是将在今后几十年实现商业化的技术。各种减排技术的贡献会因为时间、地区和稳定水平的差异而不同。

从发展的角度来看，低碳不是一种城市发展形态，而是城市发展的一个过程，与能源的使用方式和能源的使用效率密切相关。低碳城市建设重点领域的发展路径、促使城市走向低碳发展的基本方法是转变这些

---

① 《国家新型城镇化规划》（2014～2020 年），2014 年 3 月。
② METZ B. ，*Climate Change 2007 – Mitigation of Climate Change*：*Working Group III Contribution to the Fourth Assessment Report of the IPCC*（Cambridge：Cambridge University Press，2007）.

领域的能源消费结构和提高能源使用效率。每个城市的资源禀赋、产业结构、消费模式和技术水平都不同，因此低碳发展的重点领域和政策选择也会有较大不同。在不同的发展阶段，城市低碳发展模式的选择有着不同的着眼点。在城市发展的初期和中期，生产排放占据主体，当城市成熟之后，消费排放起主导作用。当城市任务发展和碳生产力都达到一定水平之后，应着力实现生态平衡以及人与自然的和谐统一。其实，从一个城市的温室气体排放清单也可以看出城市发展的特点，比如城镇化水平较低的城市，其农业温室气体排放会占较大比例，这也意味着农业低碳转型是一个主要方面；一般的城市，工业比重较大，达到50%以上，其碳排放占70%左右，所以工业低碳转型是重中之重；发达的大城市，建筑和交通排放增长迅速，工业排放占比降低，所以重点领域也会有所不同。

（三）体现地方低碳发展特色

在发展低碳建设的时候需要在特定的领域有所侧重，侧重的领域取决于当前的地理和文化条件以及其他当地的特质，这些当地因素决定着低碳发展是否成功。

城市低碳发展路线图明确了城市低碳发展的方向和重点领域，具体的步骤实施需要配套合理的政策设计。合理的政策设计既要充分考虑既有宏观政策导向，又要根据城市客观情况反映城市特色。首先要严格遵循国家低碳发展的宏观政策导向，强化城市既有节能减排政策，重视经济增长质量、经济结构优化、空间集约紧凑便捷，合理调控经济增长速度、能源消费强度、能源消费总量[①]。发展经济仍然是大部分城市首先

---

① 《国务院关于印发能源发展"十二五"规划的通知》（国发〔2013〕2号），2013年1月。

要考虑的因素，因此应积极贯彻国家低碳发展政策，突出优势领域（部门）和主导产业（产品），制定支持低碳绿色发展的配套政策，在资源充裕的情况下，追求"低碳增长"模式，系统推动城市低碳发展。

在创新体制机制的进程中，不同地区需要因地制宜地采取不同的推进策略，鼓励和支持不同地区从当地的具体情况出发，充分考虑不同地区、不同类型城市在发展道路与模式方面的地区差异，使产业结构与经济发展相适应，因地制宜地选择各具特色的低碳发展模式。

衡量城市低碳发展需要制度性的考核标准，创新考核评价机制需要按照生态文明建设的要求，将资源消耗、环境损害、生态效益等体现生态文明建设状况的指标纳入城市政府考核体系，通过法规规范地方政府发展低碳的权利和义务。要根据不同区域、不同城市的发展定位，实行"共同而有区别"的差别化评价考核制度。

当前中国已经进入城镇化的战略转型期，由于发展阶段和城镇化水平存在差异，未来各地区城镇化趋势将呈现不同的格局[①]。从构建长效机制出发，新一轮城镇化的政策选择应该是致力于构建完善合理的城镇化治理格局，需要明确界定政府、企业和公众的关系与作用，最终实现政府主导力、企业主体力、市场配置力、社会协同力"四力合一"的治理格局。

四 城市低碳发展路线图实施的保障措施

城市低碳发展路线图设计、执行与优化涉及多部门、多环节，是一项长期工作，应根据《应对气候变化国家方案》的总体部署，加强组

---

① 魏后凯：《新时期中国城镇化转型的方向》，《中国发展观察》2014 年第 7 期。

织领导，完善应对气候变化的体制机制，引导企业和公众等利益相关方广泛参与，加强人才培养，扩大舆论宣传，拓展国际合作领域，推动蓝图设计、执行、优化相关环节工作开展。

（一）加强政策整合与目标协同

有效的温室气体减排战略需要清晰的目标作为前提。应对气候变化、推动城市低碳发展任务艰巨，城市决策者必须有坚定的政治意愿，在应对气候变化和发展经济之间取得平衡。

在碳预算（即总量控制）管理体系尚未建立的情况下，城市要结合调整产业结构、优化能源结构、节能增效、增加碳汇等工作将本地区控制温室气体排放的行动目标、重点任务和具体措施全面纳入具有法律约束力的本地区国民经济与社会发展规划纲要中；积极探索把低碳发展的关键要素和关键指标纳入总体规划指标体系和控制性详细规划指标体系中；充分发挥规划的引领作用，构建与低碳城市建设相适应的土地利用模式及空间格局，优化城市形态结构和用地功能分区，以实现空间的优化与集约、节能增效，为城市低碳发展服务。

（二）构建路线图设计与执行支撑体系

从政府管理与调控的角度看，应对气候变化、统筹"环境－经济－社会"发展目标、推动城市低碳发展，并非任何个别部门能够独立做好的工作。目标城市应建立统一的领导和协调机构，内设工作协调小组、专题工作小组和专家咨询与居民意见征集组；明确责任单位、责任领导，建立"权责明确、分工协作、责任考核"的工作机制，实行目标责任管理，做到责任主体明确、责权利统一，加强部门间协调配合，形成低碳发展合力。

（三）扩大宣传教育，凝聚行动力量

大力加强城市低碳发展路线图设计与相关各类人才的培养，把反映城市发展内外部环境条件深刻变化的新理念、新元素纳入城市建设和管理体系中。通过图书、报刊、网络、音像等大众传播媒介，对社会各阶层公众进行城市低碳发展蓝图的宣传，积极倡导节约型的生产方式、消费模式和生活习惯。就蓝图设计、执行与优化各环节中的种种问题，针对不同的培训对象开展专题培训和研讨活动，组织有关低碳发展蓝图规划技术研讨会，提升全社会对低碳发展的共识，凝聚低碳发展的行动力量。

（四）注重行政侧激励，提升规划效力

地方政府是推动城市低碳发展的重要平台，在应对气候变化、进行全球环境治理的过程中，特别是在低碳城市建设的过程中，政府的规划能力尤为重要。在制定城市低碳发展路线图的过程中，要将城市要素作为整体考虑，重视政府、企业、居民之间的协同作用，更重要的是要尊重城市发展的基础，找出其比较优势。要明晰城市低碳发展蓝图批准、执行与修改完善的程序，提升规划效力。此外，围绕路线图设计和实施设立重大项目库，主要包括城市温室气体核算能力建设项目、推动城市低碳发展的产业培育项目、低碳设施建设项目，存量设备设施节能改造项目，公众低碳专项行动项目，重大生态建设和环境治理项目等。

（五）加强交流与合作，促进路线图的有效实施

通过合作和对话，在城市、区域等不同层面上共同应对气候变化带来的危机，已经是世界的共识。目标城市在推进低碳发展路线图设计、

执行、优化过程中，各级地方政府作为一级利益主体，应加强与国际国内、区域内外发展定位同类型和互补型城市的交流互鉴，加强在低碳发展路线图制定方面的国际合作；积极参加双边和多边的国际合作计划与交流，促进能力建设与项目合作，寻求路线图设计、执行、优化相关环节问题的解决方案。

第三章　城市低碳适用技术
需求评估方法

低碳城市建设已成为世界各国降低资源能源消耗、转变传统发展模式、谋求城市新兴竞争力的重要着力点。很多城市都已制定了低碳发展蓝图，然而，低碳发展蓝图确定的目标必须依靠推广应用低碳技术才能实现。低碳技术是随着低碳经济概念的提出而出现的，对于控制温室气体排放和实现经济社会低碳转型具有重要意义。为实现应对气候变化的目标，低碳技术的研发规模和应用速度对未来温室气体减排和稳定气候变化起着决定性作用①。为了促进低碳技术在城市层面推广应用，实现城市低碳发展路线图的目标，本章基于技术创新学习曲线提出低碳适用技术的概念，设计了一种结合城市温室气体清单报告和低碳发展路线图目标的城市低碳适用技术需求评估方法，最后给出促进低碳适用技术在城市推广应用的政策建议。

---

① METZ B. , *Climate change* 2001： *mitigation*： *contribution of Working Group III to the third assessment report of the Intergovernmental Panel on Climate Change*（Cambridge： Cambridge University Press, 2001）.

一　低碳技术和低碳适用技术的内涵

（一）低碳技术的含义

低碳技术概念是随着低碳经济概念的产生而出现的。低碳经济的实质是提高能源效率和清洁能源结构问题，核心是能源技术创新和制度创新[1]。加强先进低碳技术创新，是实现绿色低碳发展的重要支撑[2]。

尽管学术界、企业界和政府对低碳技术及其创新的重要性已经有了深刻认识，但是对什么是低碳技术尚没有明确和统一的共识。潘家华等[3]指出低碳技术主要指涉及提高能效及利用零碳能源、工程和生物措施固碳等有效控制温室气体排放的相关技术，例如在节能、煤的清洁高效利用、油气资源和煤层气的勘探开发、可再生能源及新能源、二氧化碳捕获与封存等领域开发的新技术，涵盖电力、交通、建筑、冶金、化工、石化、交通等部门。国家发改委办公厅 2013 年关于征集重点低碳技术的通知界定低碳技术是指以能源及资源的清洁高效利用为基础，以减少或消除二氧化碳排放为基本特征的技术。其广义上也包括以减少或消除其他温室气体排放为特征的技术，包括零碳技术、减碳技术和储碳技术。

与低碳技术相关或相近的概念还包括环境友善技术、节能技术、清洁技术等（详见表 3 - 1）。这些技术是随着环境污染、可持续发展、气候变化等问题日益凸显，在不同发展阶段而出现的不同称谓。环境友善技术（Environmentally Sound Technologies，ESTs），也被称为环境无害技术、

---

① 庄贵阳：《气候变化挑战与中国经济低碳发展》，《国际经济评论》2007 年第 5 期。

② 何建坤：《中国低碳发展的创新之路》，《中国科技产业》2013 年第 2 期。

③ 潘家华、庄贵阳、马建平：《低碳技术转让面临的挑战与机遇》，《华中科技大学学报》（社会科学版）2010 年第 4 期。

环境友好技术或无害环境技术，是 1992 年在巴西召开的联合国环境与发展大会通过的《21 世纪议程》提出的术语；气候友好技术是近年来随着气候变化问题不断引起重视、全球应对气候变化进程不断推进而出现的术语；节能技术并不是什么新名词，"十一五"以来，随着节能减排目标的制定与实施，政府为引导企业采用先进的节能新工艺、新技术和新设备，提高能源利用效率采取了各种政策措施，自 2008 年以来国家发改委先后开展了五批《国家重点节能技术推广目录》的编制工作；清洁技术是全球新兴产业的重要内容，近些年在投资领域内被广泛使用。

表 3 – 1　与低碳技术相关的概念

技术名称	定　义
环境友善技术 *	指那些"保护环境，污染较少，用更可持续的方式使用资源，循环利用更多的废弃物和产品，并以一种更可接受的方式处理剩余废料"的技术
气候友好技术 **	通常是指包括能效技术、减碳技术、碳捕获与封存技术、碳汇技术在内的能够有效减排温室气体的技术
节能技术	主要是指煤炭、电力、钢铁、有色金属、石油石化、化工、建材、机械、纺织等工业行业，交通运输、建筑、农业、民用及商用等领域的节能新技术、新工艺
清洁技术	清洁技术涵盖广泛的产品、服务和工艺，指那些可显著降低成本、提高性能、优化自然资源利用，同时减少甚至消除负面生态影响的技术

注：* UN Department of Economic and Social Afairs, Transfer of Environmentally Sound Technology, Cooperation and Capacity-Building, Division for Sustainable Development（Agenda 21），2009.

** Golombek R., Hoel M., "International cooperation on climate-friendly technologies", *Environmental and Resource Economics*, 49（4），2011.

这些技术概念在不同的背景下提出具有不同的边界，各个概念之间也不能完全替代。气候友好技术的内涵和外延同低碳技术更为接近，清洁技术和节能技术都可理解为是低碳技术的一部分。虽然这些概念的内涵和外延侧重点有所不同，但这些概念的出现都是为了推进清洁生产、减少污染、提高资源使用效率、应对气候变化、促进低碳发展等相近目标。总的来说，上述定义都主要包含两方面含义：一是技术效果，即这些技术必须集中于提高能源等资源使用效率、控制温室气体等污染物排放上；二是技术应用范围，即所涉及的活动是在能源供应、建筑、交通、工业、废弃物处理等与气候变化密切相关的部门领域内进行。

（二）低碳适用技术的含义

技术是整套的能力和工具，涉及专门知识、专业技术、经验和设备，被人类用来提供服务并转化为资源。技术从创新到成熟有一个过程，这可从技术创新学习曲线得到反映。技术创新学习曲线包括四个阶段：研究和开发、示范、市场部署和扩散。研究和开发是技术创新的最初阶段，示范是雏形被证实并发展到最终证明有效之前的合适的示范规模，然后是市场部署，最后是技术在市场范围内不断扩散和推广应用，从而具有商业竞争力①（见图 3 – 1）。由于资本存量和基础设施的投资和使用周期较长，技术从创新阶段到全面推广应用阶段的时间跨度从 10 年到 100 年不等②。

低碳技术属于技术大集合中的一种特殊类型，从创新到成熟到普及也存在一定的时间周期。在不同的阶段，低碳技术的技术成熟度和技术应用成本不同。从实际情况出发，城市低碳转型需要选择那些技术相对成熟、技术经济性可接受以及技术实用性较高的低碳技术类型，即低碳适用技术。所谓低碳适用技术，就是指不同行业、不同地区结合当前当地生产、生活、生态实际情况，从技术成熟度、经济性

---

① Expert Group on Technology Transfer（EGTT）：Enhancing Options for Enhancing the Development，Deployment，Diffusion and Transfer of Technologies under the Convention，Advance Report on Recommendations on Future，FCCC/SB/2009/INF.

② Metz B.，*Climate Change* 2007 – *Mitigation of Climate Change*：*Working Group III Contribution to the Fourth Assessment Report of the IPCC*（Cambridge：Cambridge University Press，2007）.

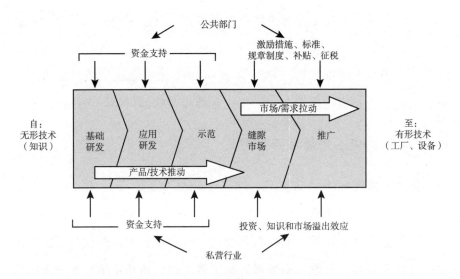

图 3 - 1　技术开发周期及其主要驱动力

和实用性方面综合考虑，而采用的能直接或间接降低温室气体排放或增加碳汇的低碳技术类型。不同的低碳技术在不同的发展阶段和不同的地区适用性不同，因此不同城市在不同时期选用的低碳适用技术集也有所不同。

二　城市低碳适用技术需求重点领域

低碳适用技术的推广应用，有助于减少温室气体的排放，促进低碳城市建设。减少温室气体排放的技术和实践一直在不断的发展中，其中许多技术集中在能源供应、工业、交通、建筑、农业、林业和废弃物处理七大部门领域。政府间气候变化专门委员会和麦肯锡的研究表明，能源供应、建筑、交通、工业、农业、林业、废弃物处理七大部门是应用低碳适用技术、控制温室气体排放具有减缓潜力、经济成本有效的领域。

（一）低碳适用技术重点应用领域的减缓潜力

2007 年政府间气候变化专门委员会发布的第四次评估报告《气候变化 2007：减缓气候变化》根据温室气体排放的历史演变和未来趋势、减少温室气体排放的潜力、稳定大气温室气体浓度水平的成本范围及政策选择，对能源供应、建筑、交通、工业、农业、林业、废弃物处理七大领域减少温室气体排放的潜力和成本进行了评估。报告指出，单靠一个行业或一项技术不足以应对整体减缓的挑战。有高可信度和充足证据表明，在具备一定条件的情况下，通过在这些领域实施一系列低碳技术的开发、创新和组合应用，能够实现大气温室气体浓度稳定的目标，这些低碳技术是当前可获得的或者是将在未来几十年实现商业化的技术。

表 3 - 2 是 IPCC 在报告中列示的关键减缓技术类型，其中包括当前市场可获取的关键减缓技术和做法，以及预估 2030 年之前能够实现商业化的关键减缓技术和做法（用斜体字表示）。其中，能源供应部门低碳适用技术应用需求类型包括能效技术、燃料转换技术、核电、可再生能源技术、热电联产等当前市场可获取技术，以及未来有望商业化的 CCS 技术①、先进核电和先进可再生能源技术等；交通运输部门技术需求包括节油机动车、混合动力车、清洁柴油等技术，以及未来有望市场化的第二代生物燃料、先进新能源汽车等；建筑部门技术需求包括高效照明采光、高效电器加热制冷装置、太阳能供热供冷等技术，以及未来有望商业化的商用建筑一体化、太阳能光伏电池一体化建筑等技术类型；工业部门技术需求包括高能效终端电器设备、热电及材料回收利用等技术类型。表 3 - 2 还列举了农业、林业及废弃物处理部门的技术需求类型。

---

① CCS 技术是 Carbon Capture and Storage 的缩写，是将二氧化碳捕获和封存的技术。

表3-2 关键行业的减缓技术

部　　门	相关减缓技术
能源供应	改进能源供应和配送效率;燃料转换;煤改气;核电;可再生能源(水能、太阳能、风能、地热和生物能);热电联产;尽早利用CCS(如储存清除 CO_2 的天然气暖气);碳捕获和封存技术用于燃气、生物质或燃煤发电设施;先进核电;先进可再生能源,包括潮汐能和海浪能、聚光太阳能和太阳光伏电池等
交通运输	更节约燃料的机动车;混合动力车;清洁柴油;生物燃料;方式转变;公路运输改为轨道和公交系统;非机动化交通运输(自行车、步行);土地使用和交通运输规划;第二代生物燃料;高效飞行器;先进的电动车、混合动力车,其电池储电能力更强、使用更可靠
建　　筑	高效照明和采光;高效电器和加热、制冷装置;改进炊事炉灶,改进隔热;被动式和主动式太阳能供热和供冷设计;替换型冷冻液、氟利昂气体的回收和利用;商用建筑的一体化设计,包括技术,诸如提供反馈和控制的智能仪表;太阳光伏电池一体化建筑
工　　业	高效终端使用电气设备;热、电回收;材料回收利用和替代;控制非 CO_2 气体排放;大量各种流程类技术;提高能效技术;碳捕获和封存技术用于水泥、氨和铁的生产;惰性电极用于铝的生产
农　　业	改进作物用地和放牧用地管理,增加土壤碳储存;恢复耕作泥炭土壤和退化土地;改进水稻种植技术和牲畜及粪便管理,减少 CH_4 排放;改进氮肥施肥技术,减少 N_2O 排放;专用生物能作物,用以替代化石燃料使用;提高能效;提高作物产量
林　　业	植树造林;再造林;森林管理;减少毁林;木材产品收获管理;使用林产品获取生物能,以便替代化石燃料的使用;改进树种,增加生物质产量和碳固化,改进遥感技术,用以分析植被/土壤的碳封存潜力,并绘制土地使用变化图
废弃物处理	填埋甲烷回收;废弃物焚烧,回收能源;有机废弃物堆肥;控制性污水处理;回收利用和废弃物最少化;生物覆盖和生物过滤,优化 CH_4 氧化流程

　　图3-2是不同地区不同部门应用低碳适用技术的减缓潜力评估结果。在气候变化背景下,减缓潜力是指随着时间的推移能够实现,但尚未实现的减缓量或适应量。减缓潜力有"市场潜力"和"经济潜力"之分。其中,市场潜力是指在现有政策和障碍下的技术减排潜在能力;经济潜力是指综合考虑了社会成本和效益、社会贴现率,以及假定市场

效率通过优化政策措施得以提高，并且清除了各种障碍等条件下的技术减排潜在能力。经济潜力一般大于市场潜力。图3-2显示，建筑业、工业、能源供应、农业、交通运输等是低碳适用技术应用可能带来的潜在经济减缓潜力较大的几大领域。非OECD地区的潜在经济减排潜力较其他类型地区的经济减排潜力更大。

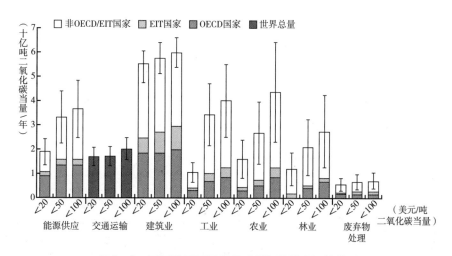

图3-2 不同地区不同部门减缓经济潜力评估结果

（二）低碳适用技术重点应用领域的减排成本

为了使不同温室气体减排方案的成本有一个量化的分析基础，麦肯锡公司开发出一个全球温室气体减排数据库。该数据库包括了至2030年的时间范围内，对10个经济部门和全世界21个地区的200多种温室气体减排机会的潜力和成本的深入评估。2009年公布的该研究最新版报告《通向低碳经济之路——全球温室气体减排成本曲线（2.0版）》，包括了对低碳技术发展的评估、对不同地区和行业减排潜力的分析、对投融资需求的评估以及成本估算，并且增加了为如何才能实现减排而建立的执行情境模式分析。该报告通过绘制温室气体减排成本曲线，比较了各部门的温室气体减排成本与收益，如图 3 − 3 所示。麦肯锡研究的减排机会主要包括四类：提高能效、低碳能源供给、陆地碳汇（林业和农业）和改变消费行为，其中，前三者属于技术性减排机会，是其研究重点。2009 年，麦肯锡还出版了《中国的绿色革命：实现能源与环境可持续发展的技术选择》报告，着重讨论了在基准情景下中国提高能效、减少温室气体排放的额外潜力。充分挖掘所有技术的最大潜力，不仅可以改善中国的能源安全形势，同时可将 2030 年温室气体排放控制在约 80 亿吨水平（减排情景），仅比 2005 年高 10% 左右。该报告还分析了中国在几个关键领域可以用来提高能效、减少排放和降低污染的 200 多项技术，这些关键领域包括电力、汽车、重工业和废弃物管理、建筑、农林业、城市规划和消费者行为。

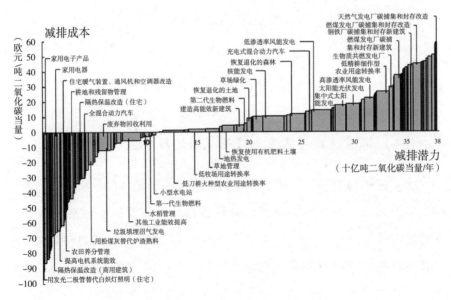

图 3 − 3　麦肯锡全球温室气体减排成本曲线 2.0 版

说明：本曲线给出的是成本低于每吨二氧化碳当量 60 欧元的所有技术性温室气体减排措施的最大潜力估计值（如果每种措施都被积极实施的话）。它并不是对不同的减排措施和技术将发挥何种作用的一种预测。

三　低碳适用技术需求评估研究现状

低碳适用技术是在气候友好技术、低碳技术等概念的基础上，根据技术创新学习曲线，考虑技术自身演变和适用特征提出来的新概念。但是在国际气候谈判背景下，围绕应对气候变化的技术需求展开的不同行业的技术需求评估已经有了很多比较有影响的研究和实践。

（一）中国人民大学的技术需求评估研究

在国际气候谈判的背景下，为了帮助发展中国家实现发展目标和减少温室气体排放，美国技术合作协议示范项目（Technology Cooperation Agreement Pilot Project，TCAPP）① 自 1997 年起就开展了对发展中国家吸收清洁能源投资的研究，研究主要侧重能源和能源政策领域，其中专门评估了中国的技术需求，其需求评估方法主要包含三个步骤：第一，建立一套技术需求评估的指标体系；第二，对多个专家提出的技术进行归纳概括，形成一个技术列表；第三，通过专家打分法对技术需求进行再次评估。

中国人民大学徐燕、邹骥② 在 TCAPP 方法的基础上，对技术需求评估的指标体系和供专家打分的技术清单进行了改进，设计了一套更为全面的技术需求评估指标体系和综合评估方法。他们主要使用专家调查法和层次分析法对第三步做了改进，使得方法更加科学客观，较好反映不

① National Renewable Energy Laboratory, Development—Friendly Greenhouse Gas Reduction. Status Report of Technology Cooperation Agreement Pilot Project, 1998.
② 徐燕、邹骥：《〈联合国气候变化框架公约〉下中国技术需求评估研究》，《第二次全国气候变化学术讨论会论文集》，2003。

同技术的优先性。此后，在对该项目和其他项目研究的基础上，他们提出在建设中国低碳经济最重要的六大部门（电力、交通、建筑、钢铁、水泥、化工及石油化工）中，有 60 多种技术是具有骨干支持作用的技术类型，而其中约有 42 种技术是中国不掌握核心技术的，需要通过技术开发与转让实现，这也是中国发展低碳经济的关键技术需求清单[①]。

（二）联合国开发计划署的技术需求评估研究

联合国开发计划署（The United Nations Development Programme, UNDP）为帮助发展中国家开展技术需求评估提供了切实可行的指导，早在 2002 年就开展了技术需求评估工作，并于 2004 年发布第一版《应对气候变化的技术需求评估手册》。经过多年不断地研究探索，UNDP 的研究方法逐渐成熟，并和联合国气候变化框架公约秘书处于 2010 年发布了新版技术需求评估手册（TNA 手册）[②]，新版手册是依据联合国气候变化框架公约缔约方大会决议（3/CP. 13 和 2/CP. 14）要求编写的。它的研究最为深入、规范，主要包括以下几个关键步骤。

1. 组织评估工作

这是技术需求评估的组织管理工作，需要成立一个国家层面的技术需求评估工作小组，主要负责技术需求评估的组织协调等，具体工作有三个部分。第一，组织协调利益相关者参与；第二，制定技术需求评估的有关工作计划，明确相关任务、预算和主要时间表等；第三，制作可用于技术需求评估的支持工具。

2. 识别优先发展领域

气候变化会对国家的发展产生影响，技术需求评估的目的是在考虑

---

① 邹骥：《对低碳经济热的冷思考》，《中国市场》2010 年第 20 期。
② UNDP：《应对气候变化技术需求评估手册》，2010。

国家发展目标的前提下识别出需要优先发展的减缓与适应技术。本步骤基于当下的国情与国家战略目标，确定国家优先发展领域，并对国家优先发展领域进行聚类，这是后续确定技术优先级别程序的基础。

3. 识别优先（子）行业

本步骤重点关注优先行业的选取，以及相应的对国家温室气体减排或降低脆弱性方面有战略意义，并与优先发展领域相契合的（子）行业。根据各（子）行业在减排和适应领域的贡献对其进行识别和优先排序，为应对全球气候变化挑战识别出最大贡献行业着力领域。

4. 识别优先的技术

本步骤主要筛选出优先技术，并进行排序，目的在于用最低的温室气体排放和低脆弱性的发展最大限度实现低碳发展目标和最大化减缓、适应收益。其关键是需要识别、评估技术种类以及对技术种类进行合理排序，这便需要构建科学的评估框架与评估标准。UNDP 通过建立多准则决策分析法来评估技术，从对发展目标的贡献、温室气体减排或者脆弱性减低的潜力、成本和效益三方面进行评估，进而识别出优先行业需要优先发展的技术类型。

5. 制定国家战略和行动计划

低碳适用技术的进步和转让过程比较复杂，受诸多因素影响，本步骤将重点放在如何确保技术转让的成功开展，以及如何融入国家战略和行动计划中。通过在国家层面制定战略和行动计划，明确优先发展技术组合及其实现时限，拟订推动技术革新系列措施，确保低碳适用技术应用国家战略和行动计划成功实施。

（三）世界银行的技术需求评估研究实践

国家发改委利用全球环境基金（Global Environmental Facility,

GEF）资金与世界银行合作实施了中国应对气候变化技术需求评估项目
（China Climate Technology Needs Assessment Project，以下简称 TNA 项
目）①，旨在支持中国气候变化减缓和适应技术需求评估工作，提高技
术识别能力，建立技术需求评估网络，推动技术转让示范项目开展。项
目的一个主要内容就是通过评估中国部分主要行业和省份的减缓与适应
气候变化技术应用现状，进一步明确中国应对气候变化技术的普遍需求
和特殊需求，并为公约下建立技术网络和技术需求共享平台提供技术信
息，涵盖 12 个重点行业②的减缓技术，4 个重点领域③的适应技术和 4
个省份④的重点减缓和适应技术。项目的另一个重要内容是通过开展技
术转让示范项目，系统分析技术转让的不同环节及其障碍，开展技术转
让具体实践，探索技术转让合作的有效模式。此外，相关能力建设也是
本项目的一个重点。该项目是中国当前正在开展的最为全面的一项应对
气候变化技术需求评估项目。由于项目刚刚启动，这里仅以减缓气候变
化行业的技术需求评估为例，简要介绍其方法及步骤。

1. 技术措施和预选技术的识别

通过部门、行业等领域的研究、归纳，建立一个合适的数据库，并
形成部门、行业的技术列表和技术信息模块。

2. 对预选技术的初步筛选

对上一步所涵盖的技术进行预选，主要采用多准则分析方法。预选
技术至少需要满足以下几个准则之一：第一，中国政府的五年规划或长

---

① 具体信息可查阅 http://www.tnachina.org。
② 12 个行业包括煤炭、石油和天然气开采行业，火电行业，可再生能源行业，钢铁行业，
建筑材料制造业，化工行业，有色金属行业，交通行业，民用住宅与商业建筑行业，农
业、森林与土地利用行业，碳捕集与封存行业，废弃物处理行业。
③ 4 个重点领域包括农业、森林与生态系统；灾难预警与天气监测；水资源；城市。
④ 包括广东、辽宁、陕西、江西四省。

期发展规划（比如宏观经济规划和行业规划）中提到的优先技术；第二，与长期经济和社会发展趋势契合，如与工业化、城市化相关的技术；第三，评估特殊的和绝对的温室气体消除潜力，以及温室气体的减排成本。此步骤最终会形成一个包含 3～5 个预选项的技术清单列表。

3. 对预选技术的深度评估

对筛选出来的预选技术进行更全面、更深入的评估，包含以下几个关键方法。第一，评估技术措施，主要运用指标分析、技术差距分析、边际成本消除和减缓潜能、协同效益等方法；第二，评估关键领域的技术障碍，主要通过利益相关者分析、发展障碍分析、技术集成的路线图与时间表分析确定；第三，评估采用优先技术的经济意义，如果数据支持，采用回归分析，并最终形成一个优先技术应用的经济前景分析。

综上可知，现有的技术需求评估研究主要有以下两个特点：一是研究视角多集中于国家层面，世界银行正在开展的中国应对气候变化技术需求评估项目虽然包括部分省级层面的技术需求评估内容，但仍主要在国家层面以行业为主展开，而在区域层面的技术需求评估研究比较薄弱；二是当前的研究都是在国际气候谈判背景下开展的，主要目的在于促进技术开发与转让，从而实现减排目标，而结合具体城市碳排放状况、实现城市低碳发展目标的研究尚待深化。

四 城市低碳适用技术需求评估方法

依托"十二五"国家科技支撑计划的"城镇碳排放清单编制方法与决策支持系统研究、开发与示范课题"，借鉴上述低碳适用技术需求评估方法的做法，结合具体评估城市编制的温室气体排放清单和绘制的低碳发展路线图，识别其低碳适用技术需求重点领域，同时摸底评估城市中这些重点领域低碳适用技术的应用状况，继而识别、评估城市中被识别为重点领域的重点技术需求，然后由评估工作团队深入评估城市生产一线进行调研，采取"自上而下"和"自下而上"相结合的研究方法，再组织专家会商甄别，最终形成评估城市低碳适用技术需求清单，完成评估报告，给出低碳适用技术需求满足及其推广应用的政策建议。本课题组先后选择在河南省济源市、四川省广元市和浙江省杭州市下城区开展了城市低碳适用技术需求评估工作，初步形成一套城市层面的低碳适用技术需求评估方法。具体评估步骤如下。

（一）评估步骤

第一步，做好低碳适用技术需求评估的组织和计划工作。本课题下系列评估工作的评估小组由课题组与评估城市对口单位双方共同组建形成。评估工作时间进度安排与清单编制、路线图编制工作相衔接，按照课题整体计划安排统筹推进。

第二步，识别评估城市低碳适用技术需求重点领域。依据评估城市编制的温室气体排放清单，明确评估城市主要温室气体排放来源行业或领域，同时参照评估城市绘制的低碳发展路线图，明确评估城市温室气体减排重点行业或领域及其减排目标，从而可以识别和确定评估城市低碳适用技术需求的重点领域。

第三步，摸底上述重点领域低碳适用技术应用基础。通过收集评估城市的相关资料和数据，以及深入评估城市调研获取一手资料和数据，全面摸清评估城市上述被识别为重点领域的低碳适用技术应用状况，掌握其低碳适用技术应用工作基础，以便发现其技术需求缺口所在。

第四步，形成技术需求预选清单，识别优先技术需求。通过查阅相关低碳适用技术数据库以及文献资料，结合评估城市被识别的重点领域及其低碳适用技术应用基础，预选评估城市实际需求的低碳适用技术，形成技术需求预选清单。同时，结合评估城市温室气体排放清单和低碳发展路线图，综合分析评估城市碳排放来源行业占比结构，重点领域低碳发展目标，预选技术的成熟度、经济性及其减排潜力，对评估城市低碳适用技术需求的优先程度进行排序，从而识别出评估城市的优先技术需求类型。

第五步，深入生产和管理一线调研，完善技术需求预选清单。课题组再次深入评估城市企业和管理部门开展调研，与生产企业和管理单位会谈，了解其低碳适用技术的应用及需求情况，反验和补充技术需求预选清单，同时了解低碳适用技术推广应用过程中可能遇到的各种障碍，通过将"自下而上"的工作与前面步骤中"自上而下"的工作相结合，进一步完善评估城市低碳适用技术需求预选清单及需求技术优先顺序。

第六步，组织专家研讨、会商和甄别，确定最终技术需求清单。在前面工作基础上，组织各领域专家召开专题研讨会，针对评估城市低碳适用技术需求预选清单进行会商讨论，对预选清单及其排序合理性进行甄别确认，再根据专家意见完善和确定最终低碳适用技术需求清单。

第七步，完成低碳适用技术需求评估报告，相应提出政策建议。在上述工作基础上，课题组最终完成评估城市低碳适用技术需求报告的撰写工作，并结合低碳适用技术需求及其推广应用过程中可能遇到的各种障碍，向评估城市相关职能部门提出有针对性的政策建议。

（二）其他说明

本课题组采用的城市低碳适用技术需求评估方法先后用于河南省济源市、四川省广元市、浙江省杭州市下城区等地区。虽然采用方法相似，但上述三个地区由于碳排放来源结构不同、低碳发展目标不同，因而其低碳适用技术需求重点领域、优先技术需求类型等识别结果也不尽相同。

由前文已知，IPCC 和麦肯锡的研究发现，在国家层面上，能源供应、建筑、交通、工业、农业、林业、废弃物处理等是低碳适用技术的七大需求部门。在城市层面上，低碳适用技术需求重点领域会有其个性特征。例如，浙江省杭州市下城区属于省会城市中心城区，工业在其产业结构中逐步退居次位，服务业占据主要位置，建筑和交通是其主要碳排放来源，没有农业，城市水系密集，因此该地区识别的低碳技术需求重点领域是建筑、交通、服务业、社区、清洁能源、气候变化适应性的水环境治理等领域，这些领域也是该地区低碳适用技术需求评估的重点范围。相比之下，河南省济源市是一个典型的工业城市，钢铁、铅锌、能源、化工、机械制造、矿用电器等是其重要的工业产业，煤炭是其主要的能源品种，除了能源活动、建筑、交通等不同城市都共有的领域外，济源市农业、林业、废弃物处理都是不容忽视的领域。因此，济源市低碳适用技术需求重点领域按其重要性依次是工业、能源活动、交通、建筑、农业、林业和废弃物处理，这些领域是济源市低碳适用技术需求评估的重点范围。

五　推动城市推广应用低碳适用技术的一般措施

低碳适用技术需求评估与低碳适用技术推广应用互为前提，辩证统一。低碳适用技术需求评估是低碳适用技术推广应用的前期工作基础，低碳适用技术推广应用一段时期后，由于低碳技术不断革新，产业结构不断调整，低碳发展目标不断推进，因此每隔 3~5 年时间，在城市层面又有必要进行新一轮低碳适用技术需求评估，以及评估前一阶段低碳适用技术应用所产生的气候效应、环境效应、经济效应和社会效应，以便在新的发展阶段推广应用更低碳、更环保、更经济的低碳适用技术，不断朝着低碳发展路线图制定的低碳发展目标迈进。以下是促进城市层面更好地推广应用低碳适用技术的一般性政策措施。

（一）善于总结经验与完善不足

目前，全国各地都在积极推行低碳转型，都在因地制宜地探索适合当地的低碳发展路径，都在积极地推广应用各类低碳适用技术，在各自存在诸多问题和不足的同时，也取得了不尽相同的经验。在城市层面，既要及时总结本市低碳适用技术需求评估与推广应用过程中的经验与不足，也要加强与其他城市的交流，包括国外和国内城市，借鉴他山之石，以便今后筛选和应用更高效、更经济的低碳适用技术。

（二）统筹兼顾技术的先进性、经济性与实用性

城市在筛选、示范与推广应用低碳技术的过程中，需要统筹兼顾低碳技术的先进性、经济性与实用性三种属性。通常，越先进的低碳技术需要支付的成本费用就越高，如果超出城市及企业承受能力，对于该城市而言，便非理想的低碳适用技术。一些经济实用的平常低碳技术也属于低碳适用技术范畴。对于城市及具体应用的企业或社区而言，根据自身技术经济实力，最优化组合低碳适用技术以发挥其先进性、经济性及实用性，是其最佳选择。

（三）积极创造低碳适用技术扩散的良好外部条件

特大城市、大城市的资金、人才、技术实力、研发能力等资源禀赋较好，国际国内合作途径较宽，应在低碳技术基础研究、先进低碳技术研发、低碳适用技术示范推广等方面紧跟国际潮流，引领国内发展。中

小城市由于资金、人才、技术实力、研发能力等基础条件相对薄弱，可以积极争取大城市对口支持，谋求中央、省、市等各级政府政策支持，寻求财政资本、金融资本、社会资本、企业资本等各类资金支持，加强与国内外高校、科研机构及实力雄厚企业联系以获取技术智力支持，积极引进高精尖技术人才以获得人才支持。

（四）扶持创建地区低碳科技创新孵化中心

各类城市在低碳转型过程中都存在其特殊技术需求，都可能遭遇其特定技术难题。为突破城市低碳发展过程中遇到的技术障碍，各地城市可以考虑提供优惠政策和财政支持，扶持创建地区低碳科技创新孵化中心，鼓励与城市产业发展、低碳发展结合紧密的低碳技术研发产业发展，促进地方特定特色低碳技术创新，为当地低碳城市建设提供技术支持。

（五）适时推广低碳节能示范工程成功经验

要求示范工程严格按照低碳节能要求进行规划和设计，密切跟踪其节能技术和节能材料的选择、施工和质量验收，在保证工程质量的前提下达到低碳节能设计标准的要求。通过试点示范工程的建设，研究适合城市特点的节能材料、设备和技术，测试低碳节能效果，以获得低碳节能的经济技术指标，总结规划、设计、材料选择和施工应用等方面的经验。对于示范工程取得的成功经验，城市相关职能部门应积极部署，适时推广示范工程的有效做法。

（六）努力引导公众培养低碳生产生活方式

通过各种媒介和举办灵活多样的活动对公众进行低碳知识、低碳观念、低碳技能的宣传教育，引导公众形成低碳意识，自觉使用低碳产品，应用低碳技术，激励公众创新、发明低碳适用技术或实用技巧，在生产企业、社区、机关事业单位广泛开展节能、减排、环保争先创优、先进典型、先锋人物等各类活动，引导企业、市民逐步形成低碳生产生活方式。

本篇参考文献

[1] 白卫国、庄贵阳、朱守先、刘德润：《中国城市温室气体排放清单研究进展与展望》，《中国人口·资源与环境》2013 年第 23 卷第 1 期。

[2] 白卫国、庄贵阳、朱守先、刘德润：《地方政府控制温室气体排放的能力调研与政策建议》，《工程研究》2012 年第 3 期。

[3] 白卫国：《中国城市温室气体排放清单编制方法内容框架》，载王伟光、郑国光编《应对气候变化报告（2013）——聚焦低碳城镇化》，社会科学文献出版社，2013。

[4] 白卫国、庄贵阳、朱守先、刘德润：《关于中国城市温室气体排放清单编制四个关键问题的探讨》，《气候变化研究进展》2013 年第 5 期。

[5] 白卫国、庄贵阳、朱守先、刘德润：《中国城市温室气体排放清单核算研究——以四川省广元市为例》，《城市问题》2013 年第 8 期。

[6] 陈操操、刘春兰、田刚等：《城市温室气体排放清单评价研究》，《环境科学》2010 年第 31 卷第 11 期。

[7] 蔡博峰：《城市温室气体研究》，《气候变化研究进展》2011 年第 1 期。

[8] 蔡博峰：《中国城市温室气体排放清单研究》，《中国人口·资源与环境》2012 年第 22 卷第 1 期。

[9] 陈红敏：《国际碳核算体系发展及其评价》，《中国人口·资源与环境》2011 年第 21 卷第 9 期。

[10] 国家发展和改革委员会：《中国温室气体清单研究》，中国环境科学出版社，2007。

[11] IPCC 核心撰写组：《IPCC 第四次评估报告——气候变化 2007 综合报告》，2007。

[12] 蒋洪强等：《温室气体排放统计核算技术方法》，中国环境科学出版社，2009。

[13] 李晴、唐立娜、石龙宇：《城市温室气体排放清单编制研究进展》，《生态学报》2013 年第 33 卷第 2 期。

[14] 林而达、李玉娥：《全球气候变化和温室气体清单编制方法》，气象出版社，1998。

［15］ 雷红鹏、庄贵阳、张楚：《把脉中国低碳城市发展——策略与方法》，中国环境科学出版社，2011。

［16］ 刘念雄、汪静、李嵘：《中国城市住区 CO_2 排放量计算方法》，《清华大学学报》（自然科学版）2009 年第 49 卷第 9 期。

［17］ 马翠梅、徐华清、苏明山：《美国加州温室气体清单编制经验及其启示》，《气候变化研究进展》2013 年第 1 期。

［18］ 潘家华：《城市发展要向低碳转型》，《经济日报》2011 年 3 月 30 日。

［19］ 潘晓东、刘学敏：《城市节能减排存在的问题及对策》，《经济与管理研究》2010年第 4 期。

［20］ 省级温室气体清单编制指南编写组：《省级温室气体清单编制指南（试行）》，2010。

［21］ 世界资源研究所（WRI），中国社会科学院城市发展与环境研究所，世界自然基金会（WWF），可持续发展社区协会（ISC）：《城市温室气体核算工具指南（测试版 1.0）》，2013。

［22］ 唐红侠、韩丹、赵由才等：《农林业温室气体减排与控制技术》，化学工业出版社，2009。

［23］ WRI，WBCSD：《企业温室气体清单指南（修订版）》，2004。

［24］ 姚婷婷、陈泽勇：《碳中和国际标准解析》，《电子质量》2011 年第 1 期。

［25］ 赵天涛、阎宁、赵由才等：《环境工程领域温室气体减排与控制技术》，化学工业出版社，2009。

［26］ 朱婧、汤争争、刘学敏、卢一富：《基于 DPSIR 模型的低碳城市发展评价——以济源市为例》，《城市问题》2012 年第 12 期。

［27］ 朱松丽、王文涛：《国际气候谈判背景下的国家温室气体排放清单编制》，《气候变化研究进展》2012 年第 5 期。

［28］ 庄贵阳：《低碳经济：气候变化背景下中国的发展之路》，气象出版社，2007。

［29］ 庄贵阳、李红玉、朱守先：《低碳城市发展规划的功能定位与内容解析》，《城市发展研究》2011 年第 8 期。

［30］ 庄贵阳：《中国低碳城市建设的推进模式》，载王伟光、郑国光主编《气候变化绿皮书（2011）》，社会科学文献出版社，2011。

［31］ C40，ICLEI，WRI，Global Protocol for Community-Scale Greenhouse Gas Emissions（Pilot Version 1.0），2012.

［32］ ICLEI，International Local Government GHG Emissions Analysis Protocol Version 1.0，2009.

［33］ ICLEI，Local Government Operations Protocol for the Quantification and Reporting of Greenhouse Gas Emissions Inventories，2008.

［34］ ICLEI，The Community Protocol Steering Committee，Community-Scale GHG Emissions Accounting and Reporting Protocol Draft Protocol Framework for Public

Comment, 2011.

[35] IPCC, IPCC Guidelines for National Greenhouse Gas Inventory, 1996/2006.

[36] GRIP, The Greenhouse Gas Regional Inventory Protocol. http：//www. getagri-ponemissions. com/history. html, 2012.

[37] UNFCCC, Greenhouse Gas Inventory Data. http：//unfccc. int/ghg_ data/ghg_ data_ unfccc/items/4146. php, 2009.

[38] WRI/WBCSD, The Greenhouse Gas Protocol：A Corporate Accounting and Reporting Standard：Revised Edition, 2009.

第二部分

广元篇

第四章 社会经济现状及低碳发展的
工作基础

广元古称利州，历史文化悠久，至今已有2300多年的历史，地处四川盆地北部山区，川陕甘结合部，是嘉陵江上游重要的生态屏障，同时也是"5·12"地震的重灾区。根据全国主体功能区规划和四川省功能区规划，广元市部分县区属于生态功能区，在促进经济发展的同时需要更多地担负生态环境保护的重任。广元市正处于经济欠发达但增速较快的发展阶段，未来还将步入城市化快速发展阶段。目前阶段的低碳转型成本相对较低，低碳发展具有后发优势。广元市充分依托自身资源禀赋，在推进生态文明建设、低碳绿色发展方面进行了艰辛探索。通过树立低碳理念、创新机制体制、优化能源消费结构，积极构建低碳产业体系，扩大宣传合作，引领未来绿色发展，广元市逐步探索出独具特色的西部欠发达地区低碳发展模式。

一 基本情况

1985年广元经国务院批准成立省辖地级市，下辖利州、元坝、朝天3个区和青川、旺苍、剑阁、苍溪4个县，91个镇，139个乡，9个街道办事处，2430 个村民委员会，16559 个村民小组。全市汉族人口占总人口的 99.7%，也有回、藏、满、羌、苗、壮、白、蒙古、布依、土家等少数民族散居，以回族较多。截至 2012 年末，全市户籍人口 311.73 万人，城镇化率 36.42%，未来还将步入城市化快速发展阶段。广元市属于亚热带温湿季风气候，山脉众多、水资源丰富，是四川省重要的能源、有色金属、中药材以及畜牧业生产基地之一，一次能源消费结构以煤炭为主。

（一）地理气候

广元市地理坐标为北纬 31°31′~32°56′，东经 104°36′~106°45′，北与甘肃省陇南市武都区、文县，陕西省汉中市宁强县、南郑县交界；南与南充市南部县、阆中市为邻；西与绵阳市平武县、江油市、梓潼县相连；东与巴中市南江县、巴州区接壤，面积为 1.63 万平方公里。

广元市由于地处秦岭南麓，是南北的过渡带，既有南方的湿润气候特征，又有北方天高云淡、艳阳高照的特点；南部低山，冬冷夏热；北部中山区冬寒夏凉，秋季降温迅速。该市气候类型复杂多变，立体气候分异明显。年平均气温 16.4℃，极端最高气温 38.9℃，极端最低气温 −8.2℃。年降雨量 800~1000 毫米，日照数 1300~1400 小时，无霜期 220~260 天，四季分明，适宜生物繁衍生息。但该地自然灾害，特别是旱、涝灾害频繁。

（二）自然资源

广元市辖区内有天曌山、云台山、牛头山、鼓城山、金子山、五子山等；全市森林面积 1364.4 万亩，宜林荒山 113 万亩，森林覆盖率 43%；盛产木耳、香菇、竹荪、蕨菜、猕猴桃等山珍和天麻、杜仲、柴胡等名贵中药材。境内河流属长江水系，全市水域面积6万公顷，水资源总量67.42亿立方米，地表水资源总量57.8亿立方米。集域面积在50公里以上的大小支流有80多条，主要通航河流有嘉陵江、白龙江、东河、清江河等，这些河流均汇集到嘉陵江至重庆注入长江。境内河流以嘉陵江为主干，有白龙江、清水河、东河、木门河等75条河流，水量丰富，流速急、落差大。水能蕴藏量270万千瓦，可开发量186万千瓦，已开发量73.2万千瓦，水电发展前景广阔，目前已有宝珠寺、紫兰坝等大中小型水电站和即将竣工的亭子口水利枢纽工程。

广元市旅游资源密集，拥有省级以上旅游资源27处。主要以自然生态、三国文化、红色文化和女皇文化为主，景区景点具有资源独特、品位高的特点。"剑门天下雄"为蜀中四大名景之一，唐家河自然保护区毗邻九寨沟旅游环线，已列入"中国人与生物圈保护区网络"，已建成剑门关、唐家河、千佛崖、昭化古城、明月峡等国家4A级旅游区11个。

广元市境内已探明可供工业采用的矿藏30多种，储量较大的有煤、黄金、石灰石、大理石、铝土矿、白云岩、陶土等。各类矿产达到规模的产地有82处。34种矿产探获储量，其中16种探获有一定的工业储量，具备大、中型矿床19处。但受条件所限，目前除煤炭、矿金及少数非金属矿产得到开发利用外，对其他矿产的开发有限。

此外，广元市境内新发现了九龙山、元坝、龙岗西三大气田，2008年已探明储量达4000亿立方米，2011年累计探明储量达8798亿立方米。该区域天然气含硫低，品质较好。其中，九龙山区块分布在苍溪、旺苍两县，探明储量5万亿立方米，目前已形成规模产能；龙岗西区块分布于苍溪、旺苍、元坝两县一区，目前处于勘探期；元坝区块远景资源储量 5 万亿立方米。

（三）经济发展

广元市是四川省重要的能源、有色金属、中药材以及畜牧业生产基地之一，也是国家三线建设时期的重要基地之一。机械电子、有色金属、建筑材料、食品饮料、水电、煤炭、纺织、制药等工业具有良好的发展基础。2008 年 11 月，国家科技部批准在广元建立中国首个"国家先进电子产品及配套材料产业化基地"。2009 年 4 月，中国食品工业协会、四川省食品工业协会、广元市人民政府和广元市元坝区人民政府四方联合规划打造的中国食品产业发展重点园区落户元坝区工业发展集中区，目标是建成迄今为止全国唯一一个"国家级食品产业发展专业重点园区"。广元市也是川东北天然气主要富集地。

2013 年，广元市生产总值实现 375.31 亿元（2005 年不变价），较上年增长 10.5%。2009~2011 年，经济增长率超过 15%（见图 4-1）。2013 年，公共财政总收入 55.98 亿元，较上年增长 13.2%；全社会固定资产投资 541.09 亿元，较上年增长 5.0%，其中固定资产投资 491.19 亿元，增长 11.6%；全年城镇居民人均可支配收入和农村居民人均纯收入分别达到 18713 元和 6442 元，较上年增长 10.0% 和 14.0%，为全国平均收入水平的 69.4% 和 72.4%。整体而言，广元市正处于经济欠发达但增速较快的发展阶段。在这个阶段，低碳转型成本相对较低，低碳发展具有后发优势。

（四）能源消费

2013 年，广元市能源消费总量 403.83 万吨标准煤，较 2005 年和

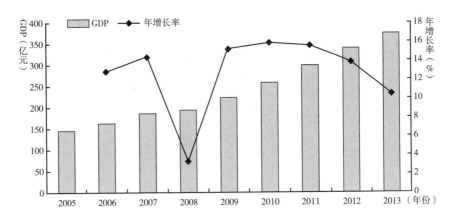

图 4 - 1 广元经济增长趋势 (2005 ~ 2013 年)

2010 年分别增长 79.4% 和 26.3% (见图 4 - 2)。2013 年,广元市一次能源消费结构以煤炭为主,煤炭所占比例约为 73.7%,超过全国平均水平,天然气、水电、沼气和其他清洁能源所占比例达到 20%。

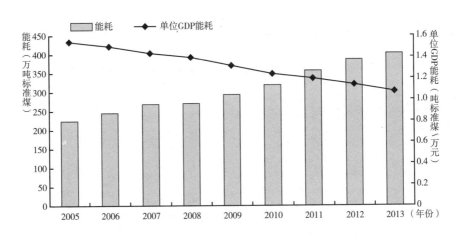

图 4 - 2 广元市能源消耗变化趋势 (2005 ~ 2013 年)

按 2005 年不变价计算,广元市 2013 年单位 GDP 能耗 1.076 吨标准煤/万元,单位工业增加值能耗 2.351 吨标准煤/万元,较上年下降 8.13%,城市清洁能源使用率达到 87%。广元市单位 GDP 能耗由 2005

年的 1.55 吨标准煤/万元降至 2013 年的 1.076 吨标准煤/万元，年均下降 3.8%，累计降低 30.58%。其中，单位工业增加值能耗从 2005 年的 4.11 吨标准煤/万元降至 2013 年的 2.351 吨标准煤/万元，累计下降 42.8%（见图 4-3、图 4-4）。无论是单位 GDP 能耗还是单位工业增加值能耗，广元市都高于全国平均水平，因此促进产业升级、提高产业竞争能力与附加值，是广元市未来经济发展调整的方向。

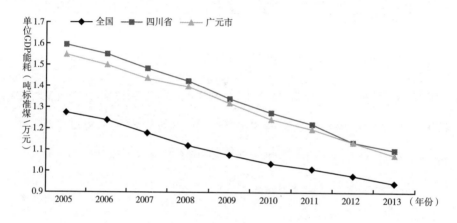

图 4-3　广元市单位 GDP 能耗变化趋势（2005～2013 年）

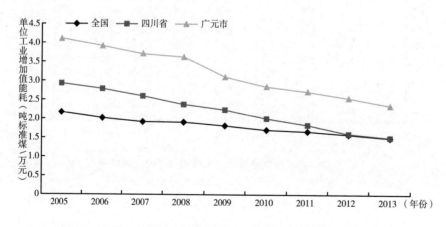

图 4-4　广元市单位工业增加值能耗变化趋势（2005～2013 年）

二　低碳发展的工作基础

近年来，广元市利用后发优势，提出"低碳重建"的战略构想，在国内率先探索低碳发展之路，坚持科学发展观统领全局，把握人与自然和谐发展理念，科学决策低碳发展，助力"两化"互动、统筹城乡战略。发展是硬道理，作为西部地区城市的一员，处在工业化与城市化进程当中的广元市在发展中欠缺人才、技术、资金等要素，如果按照既有的轨道和模式发展，很难有所突破，实现跨越发展。如何发挥自身资源禀赋优势，集聚人才与各种生产要素，引领西部地区城市发展潮流，在发展经济的同时保障生态环境是摆在广元市面前的重要课题。而低碳发展作为广元市的必然选择应运而生，近年来，广元市在低碳发展上做了许多努力，以下将介绍其主要的工作与成果。

（一）树立低碳发展理念，注重顶层设计

广元是"5·12"地震的重灾区，自灾后恢复重建以来，广元市委市政府在灾区率先提出"科学重建"和"低碳发展"理念，着眼于建设川陕甘结合部经济文化生态强市总体目标。在低碳发展的宏观层面，广元市坚持规划引领，聘请众多知名专家学者为广元市低碳发展进行高水平科学规划，如与中国社会科学院城市发展与环境研究所和英国国际发展部合作完成广元市低碳发展路线图，先后出台了《关于推广清洁能源开发利用工作方案》《建设循环经济产业园区、实现低碳发展的意见》等系列政策文件。广元市在四川省率先编制完成了《"十二五"低碳经济发展规划》，是目前四川省唯一编制低碳发展规划的地级市，为广元市2011～2015五年低碳发展描绘了宏伟蓝图。上级主管部门国家发改

委、四川省发改委对广元市在领导重视、规划编制、机构建设等方面的做法给予了充分肯定和高度评价。2009 年，在英国国际发展部的支持下，广元市与中国社会科学院城市发展与环境研究所合作共同完成了《广元市低碳重建与发展研究》，从广元市低碳发展基础、现状以及低碳重建与发展的挑战入手进行了研究分析，为广元市低碳发展路径的探索起到了积极的作用。

（二）体制机制开拓创新，敢为全国之先

在践行低碳发展理念过程中，广元市在体制机制上进行了创新与开拓。2009 年成立了由市委书记、市长任组长，市委、市政府分管领导任副组长，市级相关部门负责人为成员的低碳经济发展领导小组（应对气候变化工作领导小组），各县区也成立了相应的组织机构。2011 年在全国率先成立市低碳发展局，同时成立了低碳经济发展研究会。以专人负责低碳发展事宜，既表明了执政者的重视，也发挥了重要的作用。广元市创立了"广元低碳网"，创办了《西部低碳》杂志，种种举措在全国都是首创，广元市作为较早提出低碳发展理念的城市，引领了潮流。

国家战略的实施为低碳试点提供了强有力的政策支持，广元是国家秦巴连片扶贫攻坚区、西部大开发区，也是全国、全省生态环境建设的重点地区。随着国家西部大开发、国家连片扶贫攻坚政策的落实以及国家关于主体功能区生态补偿机制的逐步构建与落实，全市的低碳发展将得到强大的政策支撑。

（三）加快生态广元建设，生态成绩卓著

广元市生态优势明显，丰富的生态资源和清洁能源资源为其提供了资源禀赋保障。2013 年全市森林覆盖率达 54%，市建成区绿化覆盖率

40.0%，绿地率 38.6%，人均公园绿地 11.10 平方米。全市天然气、水能、生物质能、地热等清洁能源资源丰富。农村沼气用户普及率达到 47%，苍溪县为"国家首批绿色能源示范县"。户用太阳能正在进一步得到开发利用，地热能也具有较大的开发潜力，2011 年广元市获国土资源部颁发的"中国温泉之乡"称号。

广元市深入推进生态建设，于 2013 年成功创建国家森林城市。全市深入推进嘉陵江上游生态屏障建设，大力开展城乡绿化，全面实施灾后生态修复、城市森林建设等十大创森工程，全市森林覆盖率达 54%，城市环境空气质量优良天数达 99%，饮用水源地水质全部达到地表水 Ⅲ 类水质标准。广元市于 2003 年获得中国人居环境范例奖，被评为"中国杰出绿色生态城市"和"中国低碳生态先进城市"等；于 2009 年获"十大低碳中国贡献城市"称号，2010 年获"中国低碳发展突出贡献城市"称号；2012 年，被国家发改委评选为第二批国家低碳城市试点市，广元由此成为全省唯一一个纳入此项试点的城市。

"十一五"节能减排实践为低碳试点积累了经验与信心，"十一五"期间，广元市把节能降耗作为优化产业结构、转变经济发展方式的重要抓手，强力推进节能减排，取得明显成效。其中，万元 GDP 能耗累计下降 20.11%，超出目标 0.11 个百分点；单位工业增加值能耗下降 30.76%，超出目标 0.67 个百分点；二氧化硫排放量下降 3.9%，提前一年完成"十一五"目标任务。这为广元市未来节能减排积累了经验，增强了信心。广元市节能减排的实绩证明，低碳发展不是不发展，而是更好、更快地发展。

（四）加大低碳合作交流，影响力显著提升

广元一直致力于加大低碳的合作交流，低碳广元影响力显著提升。

2008 年举办的"中国高校书记校长地震灾后广元行"活动，拉开了广元市低碳发展的序幕。广元市与中国社科院可持续发展研究中心、世界自然基金会联合举办了"低碳重建与企业发展（中国·广元）国际论坛"，形成了低碳重建与企业发展国际论坛广元共识。广元参加了第十二届西部国际博览会"生态城市与绿色建筑高峰论坛"，成功举办了广元低碳成果展览展示活动，参加了"第二届中国低碳生态城市发展论坛"，荣获"中国低碳生态先进城市"称号。在"绿色中国 2011·环保成就奖大型评选"颁奖典礼上获"杰出绿色生态城市"殊荣。此外，广元还是联合国德班气候大会受邀请的两座中国城市之一，也是西部唯一受邀城市。不仅如此，广元还积极配合国家发改委组织的"中国中小城市应对气候变化能力建设项目"调研活动，该活动考察组将评估对广元适用和可行的比选方案，为广元市推动低碳发展的能力建设提供支持；积极配合四川省社科院开展低碳发展课题研究，该研究就广元低碳发展的产业体系、能源体系、消费模式、组织机构等方面进行了全面的调研、分析、总结、提炼。

（五）加强低碳宣传力度，低碳理念深入人心

广元低碳发展路径受到广泛关注，人民网、中国新闻网、中央电视台、四川电视台、四川日报等众多新闻媒体均对广元低碳发展进行了深入宣传报道。《四川日报》以专刊形式宣传广元市低碳经济发展。广元人民广播电台、广元电视新闻中心在新闻节目中开设了低碳经济发展宣传专栏，制作并播出了《魅力广元，低碳之都》《低碳让生活更美好》等电视专题片、公益宣传片。相关单位编辑出版了《低碳重建——来自"5·12"地震重灾区广元市的案例》《后发地区低碳发展实证研究——以四川广元为例》等专著，编辑印发了《低碳经济基本知识读

本》《漫画低碳——低碳经济与人类的生存和发展系列科普讲座》等册子。除此之外，广元市将每年的 8 月 27 日设定为低碳日，发出"广元市民十大低碳生活新风尚"的倡导，低碳婚礼、低碳出行等低碳生活方式正逐步成为广大市民的自觉行动和流行时尚，低碳理念深入人心。

政府重视与公众认同创造了良好的低碳转型工作氛围，广元市委、市政府高度重视低碳发展，先后出台《关于推广清洁能源开发利用工作方案》《建设循环经济产业园区、实现低碳发展的意见》等一系列政策文件。编辑完成的《"十二五"低碳经济发展规划》为广元市未来五年低碳发展描绘了宏伟蓝图。广元市培育了一批有带动效应的低碳发展示范单位，大力推广节能技术和产品，积极构建绿色交通网络，开展低碳生产生活方式"五进"活动，投放便民自行车，引导和带动广大人民群众自觉践行低碳生活方式。低碳理念不断深入人心，低碳发展氛围日渐浓厚。

（六）策划推动碳汇项目，碳汇交易项目落地

广元市积极策划包装碳汇项目，碳汇交易取得实质性进展。2011年 4 月，广元市在四川省成立了首家环境交易所，与北京世纪绿金公司签订了《广元碳资产开发与营销合作框架协议》；2011 年在全市范围内选择了 14 个村作为碳汇计量试点村，完成了《农村碳计量碳资产开发工作方案》。目前，广元市申报和已被受理的碳交易项目总额超过 1.75 亿元人民币，已实施"广元市农业温室气体减排"、"苍溪县东河流域小水电开发碳交易"、"中国四川西北部退化土地造林再造林"以及"世博绿色出行"和"广州亚运会绿色出行"低碳交通卡碳中和五个碳交易项目。广元市农村温室气体减排及交易项目被《中国农村温室气体减排》收录为典型案例。

第五章　温室气体排放现状与低碳发展面临的挑战

编制广元市温室气体清单是广元市开展低碳城市试点的基础性工作。编制城市温室气体清单，一方面展示了广元市市政府控制温室气体排放以积极应对气候变化的态度和决心；另一方面可以为将来温室气体减排目标分解、制定低碳规划的基础工作提供参考；同时，对广元市温室气体清单编制研究进行归纳总结，为欠发达地区城市温室气体清单编制的规范和标准提供借鉴。广元市作为西部欠发达地区，人均排放量较低，未来将会面临工业化、城市化快速发展阶段带来的温室气体排放量绝对值增长的局面，这对实现控制温室气体排放目标形成很大压力。

一　广元市温室气体排放现状分析

广元市温室气体排放清单依据中国社会科学院城市发展与环境研究所的最新研究成果《中国城镇温室气体清单指南》编制。广元市温室气体清单边界按照城市行政管辖区界定，核算范围包括能源活动、工业生产过程、农业、土地利用变化与林业及废弃物处理五大部门，包括二氧化碳、甲烷、氧化亚氮、全氟化碳、氢氟碳化物、六氟化硫6种温室气体，不仅核算行政区域边界内的直接排放，也核算电力跨界调入调出的间接排放。清单的编制年度是 2010 年。

（一）温室气体清单报告

经核算，2010 年，广元市 6 种温室气体总排放量约为 1289.35 万吨二氧化碳当量，碳汇吸收量为 175.45 万吨二氧化碳当量，净排放量约为 1113.91 万吨二氧化碳当量（见表 5 – 1）。

从温室气体不同种类来看，二氧化碳的排放约为 806.98 万吨，甲烷的排放约为 10.02 万吨，氧化亚氮的排放约为 0.8559 万吨，全氟化碳的排放约为 9.78 吨。参考 IPCC 提供的全球增温潜势数据计算，在广元市 1289.35 万吨二氧化碳当量的温室气体总排放量中，二氧化碳、甲烷、氧化亚氮、全氟化碳分别约占 62.59%、16.32%、20.58% 和 0.51%（见图 5 –1）。

从不同部门来看，能源活动产生的排放约为 659.54 万吨二氧化碳当量，工业生产过程产生的排放约为 214.62 万吨二氧化碳当量，农业活动产生的排放约为 384.47 万吨二氧化碳当量，废弃物处理产生的排放约为 30.72 万吨二氧化碳当量，分别约占 51.15%、16.65%、29.82%、2.38%（见图 5 – 2），土地利用变化和林业部门的吸收汇约为 175.45 万吨二氧化碳当量。

从不同的清单范围来看，直接排放约为 1037.22 万吨二氧化碳当量，所占比重为 80.45%；间接排放约为 252.13 万吨二氧化碳当量，所占比重为 19.55%（见图 5 – 3）。

（二）温室气体排放特征

2010 年，广元市能源活动排放二氧化碳约为 599.02 万吨、甲烷约

表 5 - 1　广元市 2010 年温室气体清单报告

排放源与吸收汇种类	直接排放						间接排放	总计
	CO_2（吨）	CH_4（吨）	N_2O（吨）	HFCs（吨）	PFCs（吨）	SF_6（吨）	CO_2（吨）	CO_2e（吨）
总排放量（净排放）	5548500.87	100179.93	8559.11	0.00	9.78	0.00	2521332.77	12893509.70
总排放活动总计	3794045.02	100179.93	8559.11	0.00	9.78	0.00	2521332.77	11139053.86
能源活动总计	3468890.92	28524.02	19.75	0.00	0.00	0.00	2521332.77	6595351.28
1. 化石燃料燃烧	3468890.92	0.00	0.00	0.00	0.00	0.00	2521332.77	5990223.69
工业	2759567.45						1991891.38	4751458.83
交通	449942.49						42164.89	492107.38
建筑	245624.10						458795.31	704419.41
农业	13756.87						28481.20	42238.07
2. 生物质燃烧		666.63	19.75					20122.35
3. 煤炭开采逃逸		26858.16						564021.40
4. 油气系统逃逸		999.23						20983.83
工业生产过程总计	2079609.95				9.78			2146184.47
1. 水泥生产过程	2079609.95							2079609.95
2. 石灰生产过程								
3. 钢铁生产过程								
4. 电石生产过程								
5. 己二酸生产过程								
6. 硝酸生产过程								
7. 铝生产过程					9.78			66574.52
8. 镁生产过程								
9. 电力设备生产过程								
10. 其他生产过程								

续表

排放源与吸收汇种类	直接排放						间接排放	总计
	CO₂（吨）	CH₄（吨）	N₂O（吨）	HFCs（吨）	PFCs（吨）	SF₆（吨）	CO₂（吨）	CO₂e（吨）
农业总计		60001.89	8337.75					3844741.70
1. 稻田		10122.31	0.00					212568.44
2. 农用地		0.00	7351.48					2278958.13
3. 动物肠道发酵		3916.47	0.00					775245.91
4. 动物粪便管理系统		12963.11	986.27					577969.22
土地利用变化与林业总计	(1754455.85)							(1754455.85)
1. 森林和其他木质生物质碳储量变化	(1754455.85)							(1754455.85)
乔木林	(2124139.71)							(2124139.71)
经济林	(360320.63)							(360320.63)
竹林	0.00							0.00
灌木林	0.00							0.00
疏林,散生木和四旁树	(16350.73)							(16350.73)
活立木消耗	746355.22							746355.22
2. 森林转化碳排放								
燃烧排放		11654.02	201.61					
分解排放		10538.02	201.61					
废弃物处理总计		1116.00						307232.25
1. 固体废弃物								221298.51
2. 废水								85933.74
国际（国内）燃料舱								
国际（国内）航空								
国际（国内）航海								

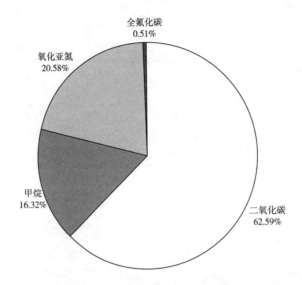

图 5-1 各主要温室气体排放量所占比重

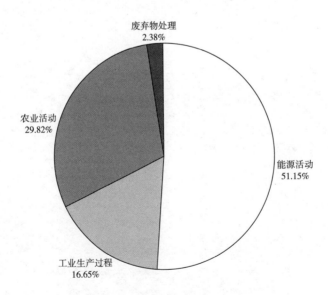

图 5-2 各部门温室气体排放量所占比重

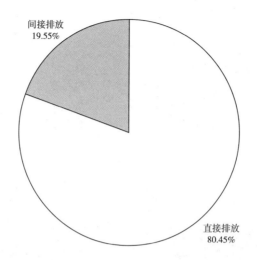

图 5 - 3　范围 1、范围 2 温室气体排放量所占比重

为 28524.02 吨、氧化亚氮约为 19.75 吨，总计 659.54 万吨二氧化碳当量。其中，化石燃料燃烧排放约为 599.02 万吨二氧化碳当量，约占 90.82%；生物质燃料燃烧排放甲烷 666.63 吨、氧化亚氮 19.75 吨，总计约 2.01 万吨二氧化碳当量，约占 0.31%；煤炭开采逃逸甲烷 26858.16 吨，约为 56.4 万吨二氧化碳当量，约占 8.55%；油气系统逃逸甲烷 999.23 吨，约为 2.1 万吨二氧化碳当量，约占 0.32%（见图 5 - 4）。

在化石燃料燃烧排放中，工业约为 475.15 万吨二氧化碳，约占 79.32%；交通约为 49.21 万吨二氧化碳，约占 8.22%；建筑为 70.44 万吨二氧化碳，约占 11.76%；农业约为 4.22 万吨二氧化碳，约占 0.7%，见图 5 - 5。

2010 年，工业生产过程排放二氧化碳约为 207.96 万吨、全氟化碳约为 9.78 吨，总计 214.62 万吨二氧化碳当量。其中，建材行业水泥生产排放 207.96 万吨二氧化碳当量，约占 96.9%；有色金属行业电解铝排放 6.66 万吨二氧化碳当量，约占 3.1%。水泥生产排放占绝对多数。

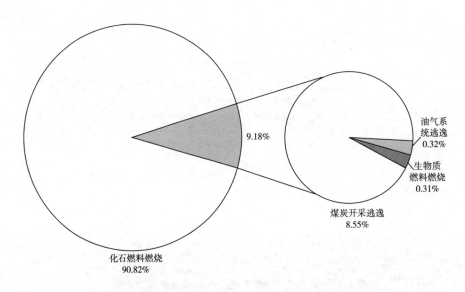

图 5 - 4　各类别能源活动温室气体排放量所占比重

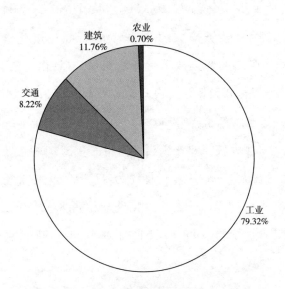

图 5 - 5　化石燃料燃烧排放温室气体分类比重

2010 年，广元市土地利用变化与林业共产生碳汇量 175.45 万吨。其中，乔木林吸收约为 212.42 万吨，经济林吸收约为 36.03 万吨，疏林、散生木和四旁树吸收约为 1.64 万吨；活立木消耗导致二氧化碳排放 74.64 万吨。从碳汇方面看，乔木林贡献最大。

2010 年，废弃物处理排放甲烷约为 11654.02 吨、氧化亚氮约为 201.61 吨，总计 30.72 万吨二氧化碳当量。其中，固体废弃物处理甲烷排放 10538.02 吨，约合 22.13 万吨二氧化碳当量，约占 72.04%；废水处理排放甲烷约为 1116 吨、氧化亚氮约为 201.61 吨，共约合 8.59 万吨二氧化碳当量，约占 29.96%。可见，固体废弃物处理排放占绝对多数。

（三）主要结论

从广元市 2010 年温室气体排放清单来看，二氧化碳是主要的温室气体，约占总排放的 62.59%；能源活动是主要排放部门，占总排放量的 51.15%。而工业排放约占整个能源活动排放的 72%。由此可见，工业是广元市温室气体排放主体。虽然广元市工业规模较小，但依然要遵循绿色、循环、低碳的理念，开展节能减碳，做大工业规模，提升工业竞争力。同时，要做好水泥生产和电解铝生产过程的碳排放管理。

广元市是经济欠发达地区，尚处于工业化和城镇化初中期，因而农业产值尚占据较大比例，农业活动所产生的温室气体排放量约占总排放量的 30%。因此，广元市要因地制宜，做好农业绿色低碳发展的大文章，体现本地低碳发展的特色。

广元市作为嘉陵江上游的生态屏障，森林覆盖率超过 50%，2010 年的碳汇量达到 175 万吨，相当于总排放量的 13.6%。因此，广元市需要进一步做好生态建设，保持和增加森林碳汇。

目前广元市的人均二氧化碳排放量仅为全国平均水平的 40%。随着经济发展、社会进步、人民生活水平的提高，广元市的温室气体排放必将还要经历一个上升的过程。在全球低碳转型的大趋势下，广元市必须走出一条欠发达地区低碳发展、跨越发展的道路。

二　低碳发展面临的挑战

广元市是西部地区率先明确提出低碳发展的城市，低碳发展取得了一定的成绩。广元市通过创新体制机制、提高能源利用率、优化能源结构等低碳发展措施为城市控制温室气体排放创造了良好的条件。不过广元市正处于城市化、工业化加速期，温室气体排放绝对值增长是必然趋势，主要依靠体制机制方面的红利作用有限。作为欠发达地区的城市，广元进一步发展低碳也面临着一系列挑战，主要集中在以下几个方面。

（一）发展阶段：处在工业化与城市化快速发展阶段

广元市正处在工业化与城市化快速发展阶段，第二产业产值由2000年的22.35亿元迅速增长到2012年的220.29亿元，第二产业产值比重也呈现快速上升趋势，由2000年的25.90%上涨到2012年的47.00%（见表5-2），广元先后实现了"二产超一产""工业超农业""二产超三产"的历史性跨越。但是，广元仍然是一个以农村人口为主体的地级市，农业占经济的比重较大，农业、农村、农民问题仍然是广元的重要课题。在国家大的城市化背景下，广元正经历着快速城市化过程，人口不断向城镇集聚，非农业人口快速增加，农业增加值占GDP的比重逐渐降低。随着未来农业生产技术的提升，传统农业格局也将会有所改变。

表 5 - 2　广元市 2000 ~ 2012 年第二产业产值、非农业人口数及其比重

	国内生产总值 （亿元）	第二产业 GDP （亿元）	第二产业占比 （％）	年末总人口 （万人）	非农业人口 （万人）	非农业人口 比重(％)
2012 年	468.66	220.29	47.00	311.73	71.31	22.88
2011 年	403.54	180.18	44.65	311.25	70.04	22.50
2010 年	321.87	125.66	39.04	310.89	68.38	21.99
2009 年	270.48	91.58	33.86	312.73	66.80	21.36
2008 年	233.56	80.37	34.41	310.37	64.45	20.77
2007 年	208.46	74.46	35.72	307.41	62.75	20.41
2006 年	166.48	54.44	32.70	306.21	61.78	20.18
2005 年	145.19	42.74	29.44	304.26	60.42	19.86
2004 年	127.47	37.73	29.60	303.91	59.50	19.58
2003 年	104.08	29.51	28.35	304.08	59.12	19.44
2002 年	94.10	24.27	25.79	303.76	57.23	18.84
2001 年	87.89	23.64	26.90	303.22	56.12	18.51
2000 年	86.29	22.35	25.90	302.58	54.76	18.10

　　工业化与城市化快速发展阶段决定了能源消费总量和碳排放需求量将呈上升趋势，国民经济体系的高碳排放的路径依赖效应发展趋势依然没有得到根本扭转，2011 ~ 2012 年，规模以上工业企业综合能源消费量累计增长超过 10 个百分点，发展低碳经济、推进低碳试点城市规划与建设的政策效应仍需得到深度催化和释放。

　　广元市属于经济欠发达地区，处于工业化和城市化初期阶段，其所面临的经济增长、改善民生的任务较重。2013 年广元市人均 GDP 仅为全国的 49%，城市化率只有 38%，有 3 个国家级贫困县区（苍溪县、旺苍县和朝天区），贫困地区和贫困人口较多，带领人们脱贫解困、提高人们收入和生活水平的任务较重，经济增长愿望较强，这使得广元市难以依靠降低经济增速实现降碳目标，经济发展使排放压力增大。

（二）区位特点：主体功能区定位提高了低碳发展的要求

　　低碳发展的关键在于低碳，而强调低碳排放并不能舍弃发展。原始

社会也有着较低的碳排放，但是它并不符合低碳发展的初衷。发展是硬道理，只有在保障人们高品质生活基础上的低碳排放才符合其内涵。广元市是西部欠发达地区城市的代表，同时也是"5·12"地震的重灾区之一，其在低碳发展上基础能力较为薄弱，也不具备经验。

而按照国家主体功能区定位（国发〔2010〕46 号）及四川省主体功能区规划（川府发〔2013〕16 号）的相关说明，广元市除剑阁、苍溪局部丘陵地带可归入"重点开发区域"外，多数地区都处在川东北的盆周山区，归属"适度开发区域"。广元市还有为数不少的自然、文物保护地，国家、省级名胜和森林公园被列入"禁止开发区域"。在上述这些生态功能区域范围内，以生态环境保护和建设为主，这在一定程度上限制了广元市工业经济发展的土地空间，从而也为广元市低碳发展增加了约束条件。这无形中对广元的低碳发展提出了更高的要求：需要在基础能力薄弱、经验不足的前提下实现弯道超车，引领西部低碳发展，以低碳理念实现发展的跨越。

（三）能源结构：优化能源结构、提高能效任重道远

从生产端来看，广元市能源生产主要集中在煤炭业，新能源和天然气产业刚刚起步。全市燃气供应未形成工业化生产规模，输气干线管网与全省尚未完全联通。并且市内输气干线尚未闭合，城市管网投入不足、建设滞后，尚有两个县区未通管道天然气，乡镇管网建设进展缓慢。而从消费端来看，煤炭、石油等一次性能源消费仍居主导地位。广元既是产煤大市又是煤炭消费大市，全市煤炭消耗量达 332 万吨（折标煤 237.15 万吨），占全市总能耗的 13.6%；天然气消费 1.05 亿立方米，折合标煤 13.97 万吨，占全市总能耗的 3.51%。

此外，广元市能耗的近 70% 集中在工业领域，工业能耗的近 75%

又集中在高耗能行业，而能耗较低的第三产业占 GDP 比重仅 39.3%，产业结构重型化特征依然明显，加大了节能减排、低碳发展工作的难度。广元市虽然发展低碳经济的意愿强烈、氛围浓厚，但是低碳发展的一些能力建设亟待加强；节能减排管理，城市的温室气体排放数据统计核算体系建设，重点能耗单位的能源管理体系建设，企业的碳盘查工作及各部门的低碳管理能力建设，监察能力、执法监督、能源统计、计量等基础工作有待进一步加强；节能减排统计、监测和考核体系有待进一步完善，优化能源结构、提高能效任重道远。

（四）发展保障：低碳发展能力薄弱，资金投入欠缺

建设低碳广元，需要转变传统生产生活方式，需要对传统工业、交通、建筑进行低碳化改造，需要推广应用低碳适用技术、低碳实用产品，需要推进低碳项目建设，推动低碳园区、低碳社区、低碳村镇试点，这些低碳发展无不需要资金支持。然而，广元市地方财政支持能力有限，资金投入主要依靠企业自筹，引导社会资金和金融资本投入的市场机制尚未形成，低碳转型资金需求缺口较大。另外，广元市经济基础薄弱，技术水平相对落后，能源利用效率较低，许多企业高能耗和高排放问题较重，低碳技术研发推广及应用能力均相对不足。加之广元市距离中心地带（成都）较远，集聚效应难以形成，难以从外部吸引资金和获取技术，这些不利因素导致广元市难以摆脱资金和技术困境。

中国低碳发展的宏观政策采取"政府引导，企业主体、市场运作，社会参与"的模式。相比之下，广元市政府在低碳方面的投入相对较少，目前的资金投入主要依靠企业自筹，而广元市的企业却并不富裕。广元市 2011 年规模以上工业总产值为 462.11 亿元，在四川省内仅高于雅安市（432.24 亿元）和巴中市（307.01 亿元），远低于成都的

7568.26亿元。目前来看，广元市在发展低碳上的体制机制创新红利正逐渐减弱；作为欠发达地区，地方政府财力有限，企业在低碳领域的自主投资积极性不强，低碳社区建设也亟待完善升级；广元市正处在发展的十字路口，如果没有进一步的政策措施支持，将会逐渐被赶超。

发展低碳的关键是在加强基础能力建设，政策、体制机制等作为重要的方面不可或缺，"兵马未动，粮草先行"，当前广元如何解决低碳融资困境，确保低碳产业落地实为关键。只有通过政府种子资金投入的形式，引导各类社会资金积极投入低碳发展领域，才能壮大低碳产业。只有充分发挥财政资金的引导作用，重点支持低碳科技研发应用和公益性低碳项目的建设，保障各项工程任务的资金投入，才能不断推动广元的低碳发展。

第六章 低碳发展情景预估与目标设定

在国内外气候变化和低碳转型大背景下，广元市作为四川省经济欠发达地区、重要生态功能保护区、低碳生态先进城市以及国家低碳试点城市，必须树立低碳绿色发展理念，统筹协调经济增长与节能减排、经济增长与生态环境保护之间的关系，着力发展低碳经济、生态经济、循环经济、绿色经济，开辟低碳绿色新型工业化、城镇化道路，探索经济欠发达地区低碳发展新模式，为全国经济欠发达地区低碳转型树立成功典范，在促进经济增长、提高人们收入和生活水平的同时，不断提高能效、降低碳排放强度，争取尽早迈过碳排放峰值。

一 低碳发展情景分析

运用低碳发展情景分析框架，根据过去一段时间及未来宏观经济走势预估广元市经济增速，结合当前国家和地方节能减排政策力度预计能耗强度降速、当前国家和地方减排政策力度及其减排基础条件设定。在上述这些指标参数合理预设的基础上，预估广元市未来经济增长、能耗强度、能源消费、碳排放强度、碳排放总量、碳排放峰值等经济、能源与碳排放关键指标的数值。由于广元市属于欠发达地区，经济发展任务相对较重，由相对减排向绝对减排的过渡时间相对较长，所以报告预估期限相对较长——预测广元市 2015~2040 年的经济、能源与碳排放指标水平值。另外，由于广元市温室气体排放清单报告时间是 2010 年，为保持数据的一致性和可比性，报告基期设定为 2010 年。

（一）方法说明

假定基期数值为 N_0，变化率为 r，则第 T 期数值为

$$N_T = N_0 \cdot (1 + r)^T \qquad\qquad (6-1)$$

以下在估算 2015~2040 年 GDP、能耗强度、能耗总量、碳排放强度、碳排放总量、人均碳排放等指标值时采用该公式进行。

（二）关键变量预测

1. 广元市 GDP 增长预测

2010~2013 年，广元市名义 GDP 分别为 321.87 亿元、403.54 亿元、468.66 亿元和 518.75 亿元，名义 GDP 增长率依次为 19%、25.4%、16.1% 和 10.7%；2011~2013 年实际 GDP 分别为 382.87 亿元、433.38 亿元和 467.54 亿元，2010~2013 年实际 GDP 增长率依次为 15.2%、19%、13.2% 和 7.9%。假定 2014~2015 年名义 GDP 和实际 GDP 增速延续 2010~2013 年经济增势，按 2010~2013 年增速的加权平均速度增长（2010~2013 年增速权重依次设定为 0.1、0.1、0.3 和 0.5），则 2014~2015 年名义 GDP 和实际 GDP 增速分别为 14.6% 和 11.3%。

另外，2009~2013 年广元市名义 GDP 年均增长 17%，实际 GDP 年

均增长 13.7%。考虑到未来国家宏观经济整体增速由于经济规模基数日增、产业结构优化升级困难、内需释放相对不足、国际环境日趋复杂等因素放缓,我们将 2016～2040 年经济增速相对下调。

参数设定:依据上述分析,将广元市 2016～2020 年、2021～2025 年、2026～2030 年、2031～2035 年、2036～2040 年名义 GDP 增速依次设定为 14%、12%、10%、8% 和 6%,实际 GDP 增速依次设定为 12%、10%、8%、6% 和 4%。照此设定测算,2015～2040 年广元市名义 GDP 和实际 GDP 计算结果见表 6-1 和图 6-1。

表 6-1 2015～2040 年广元市名义 GDP 和实际 GDP 预测值

单位:亿元,%

年份	名义 GDP		实际 GDP(2010 年为基准年)	
	规模	年均增速	规模	年均增速
2015	681.5	14.6	579.3	11.3*
2016	777.0		648.9	
2017	885.7		726.7	
2018	1009.7	14	813.9	12
2019	1151.1		911.6	
2020	1312.3		1021.0	
2021	1469.7		1123.1	
2022	1646.1		1235.4	
2023	1843.6	12	1358.9	10
2024	2064.9		1494.8	
2025	2312.7		1644.3	
2026	2543.9		1775.8	
2027	2798.3		1917.9	
2028	3078.1	10	2071.3	8
2029	3386.0		2237.0	
2030	3724.6		2416.0	
2031	4022.5		2561.0	
2032	4344.3		2714.6	
2033	4691.9	8	2877.5	6
2034	5067.2		3050.2	
2035	5472.6		3233.2	

续表

年份	名义 GDP		实际 GDP（2010 年为基准年）	
	规模	年均增速	规模	年均增速
2036	5801.0		3362.5	
2037	6149.0		3497.0	
2038	6518.0	6	3636.9	4
2039	6909.0		3782.4	
2040	7323.6		3933.6	

注：＊为 2015 年增速，2011～2015 年年均增速为 12.5％。

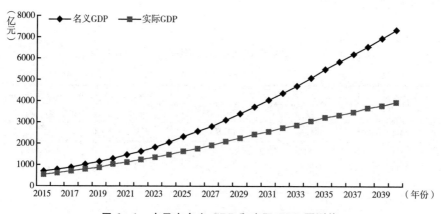

图 6－1　广元市名义 GDP 和实际 GDP 预测值

2. 广元市能耗目标水平预估

"十一五"以来，全国节能降耗深入推进，"十一五"时期全国能耗强度整体下降 19.1％，"十二五"时期将能耗强度降幅目标确定为 16％，并将能耗强度降幅任务分解到全国各省/直辖市，其中分解给四川省的任务是"十二五"时期下降 16％，与全国平均水平持平。

作为低碳生态先进城市，广元也十分重视并积极推进全市节能降耗工作，"十一五"期间能耗强度累计降幅达到 20.1％，截至 2010 年广元市能耗强度降至 1.238 吨标准煤/万元，同时在"十二五"规划中确定了"十二五"时期能耗强度降低 15％的目标。由于目前广元市经济发展相对落后，发展任务较重，技术能力较弱，节能成本承担压力较大，所以"十二五"时期能耗强度降幅任务目标较全国和四川省平均水平略低。

由于广元市经济不断发展、技术能力不断提升、产业结构不断优化，加之能耗强度基数较高、下降潜力较大，报告预设 2016～2020 年、2021～2025 年、2026～2030 年、2031～2035 年、2036～2040 年间能耗强度降幅目标依次为 16%、17%、18%、19% 和 20%。

2010 年，广元市一次能源消费总量为 398.5 万吨标准煤。根据上述参数预设，可以估测出广元市 2015～2040 年能耗强度和能源消费总量数值。估测结果见表 6 – 2。

表 6 – 2 广元市 2015～2040 年能耗强度和能耗总量目标水平

年份	能耗强度目标水平				能耗总量目标水平（万吨标准煤）
	目标水平（吨标准煤/万元）	年均降幅（%）	较上期末降幅（%）	较 2010 年降幅（%）	
2010	1.238	—	"十二五"累计下降15%	—	398.5
2015	1.052	3.20		15	609.7
2016	1.016	3.43		18	659.4
2017	0.981	3.43	"十三五"累计下降16%	21	713.2
2018	0.948	3.43		23	771.5
2019	0.915	3.43		26	834.4
2020	0.884	3.43		29	902.5
2021	0.852	3.66		31	956.5
2022	0.820	3.66	"十四五"累计下降17%	34	1013.6
2023	0.790	3.66		36	1074.2
2024	0.762	3.66		38	1138.4
2025	0.734	3.66		41	1206.4
2026	0.705	3.89		43	1252.3
2027	0.678	3.89	"十五五"累计下降18%	45	1299.8
2028	0.651	3.89		47	1349.2
2029	0.626	3.89		49	1400.4
2030	0.602	3.89		51	1453.6

年份	能耗强度目标水平				能耗总量目标水平（万吨标准煤）
	目标水平（吨标准煤/万元）	年均降幅（%）	较上期末降幅（%）	较2010年降幅（%）	
2031	0.577	4.13		53	1477.2
2032	0.553	4.13		55	1501.2
2033	0.530	4.13	"十六五"累计下降19%	57	1525.6
2034	0.508	4.13		59	1550.4
2035	0.487	4.13		61	1575.6
2036	0.466	4.36		62	1567.1
2037	0.446	4.36		64	1558.7
2038	0.426	4.36	"十七五"累计下降20%	66	1550.3
2039	0.408	4.36		67	1541.9
2040	0.390	4.36		69	1533.6

注：能耗总量目标水平 = 实际 GDP × 能耗强度目标水平。

3. 广元市碳排放目标水平预估

目前，国家和各省/直辖市都已明确了近期碳排放强度降幅目标，一些试点省市还努力探索从相对减排向绝对减排过渡的时间和路径，争取及早实现碳排放峰值。

早在 2009 年，我国就向世界承诺到 2020 年，单位 GDP 二氧化碳排放量较 2005 年下降 40% ~ 45%。在"十二五"国民经济与社会发展规划中，这一目标进一步具体化为到 2015 年较 2010 年碳排放强度下降 17%。国务院《"十二五"控制温室气体排放工作方案》将国家碳排放强度降低任务分解到各省/直辖市，其中下达给四川省的任务是"十二五"时期下降 17.5%。

作为四川省经济欠发达地区、重要生态功能保护区以及国家低碳试点城市，广元市也积极谋求低碳发展，减少碳排放。然而，不同的低碳转型力度将产生不同的降碳效果。转型力度的选择需要综合考虑经济发展、节能减排、技术能力、降碳成本、能源结构、清洁能源资源禀赋等诸多约束因素。

二　低碳发展情景设定

依据低碳转型力度的差异分析广元市不同的低碳发展情景，并预测不同情景将带来的不同的低碳发展水平。综合考虑各方面因素，结合广元市市情，设计出基准情景（BAU 情景）、一般低碳情景（中等情景）和强化低碳情景（强化情景）三种低碳发展情景。

（一）设定低碳发展情景

基准情景（BAU 情景）：作为四川省经济欠发达地区，广元市经济发展任务较重，低碳技术能力较弱，低碳转型成本压力较大，以略低于四川省平均水平的降碳速度推进低碳转型，即"十二五"时期碳排放强度降幅确定为 17%，并在报告预测期内照此速度持续推进低碳转型（见表 6 - 3）。

一般低碳情景（中等情景）：作为四川省低碳生态先进城市，广元市在经济发展相对落后于发展任务的不利条件下，积极探索低碳增长路径，以四川省平均降碳速度起步，即"十二五"时期碳排放强度降幅确定为 17.5%，而后在 2016 ~ 2020 年、2021 ~ 2025 年、2026 ~ 2030年、2031 ~ 2035 年、2036 ~ 2040 年，逐步提高降碳速度，碳排放强度降幅依次预设为 18%、19%、20%、21%、22%（见表 6 - 3），成为四川省经济欠发达地区低碳转型的示范城市。

强化低碳情景（强化情景）：作为国家低碳试点城市，广元市积极发挥经济欠发达地区的后发优势，充分利用天然气、水能、生物质能、地热能等清洁能源资源条件，紧紧抓住国内外低碳转型历史机遇，构建低碳产业体系，优化能源结构，在经济发展道路上提前避免高碳锁定，实现经济社会跨越式低碳绿色发展，成为全国欠发达地区低碳转型成功的典范。在此情景下，广元市以高于四川省平均水平的降碳速度起步，即"十二五"时期碳排放强度降幅确定为下降18%，而后在2016~2020年、2021~2025年、2026~2030年、2031~2035年、2036~2040年不断形成降碳加速度，碳排放强度降幅依次达到20%、22%、24%、26%、28%（见表6-3）。

表6-3　广元市三种情景下的碳排放强度降幅比较

单位：%

时　期	BAU情景		一般低碳情景		强化低碳情景	
	累积降幅	年均降幅	累积降幅	年均降幅	累积降幅	年均降幅
2011~2015	17	3.66	17.5	3.77	18	3.89
2016~2020	17	3.66	18	3.89	20	4.37
2021~2025	17	3.66	19	4.13	22	4.85
2026~2030	17	3.66	20	4.37	24	5.34
2031~2035	17	3.66	21	4.61	26	5.84
2036~2040	17	3.66	22	4.85	28	6.34

（二）碳排放量升降条件

为讨论广元市二氧化碳排放总量是上升还是下降，首先构建如下数理模型：

$$C_t = GDP_t \cdot CEI_t \tag{6-2}$$

其中，C是碳排放总量，GDP是地区生产总值，CEI是碳排放强度，t是时期。在第$t+1$时期，GDP按速率a增长，CEI按速率b下降。则

$$\begin{aligned} C_{t+1} &= GDP_t(1+a) \cdot CEI_t(1-b) \\ &= GDP_t \cdot CEI_t \cdot (1+a-b-ab) \end{aligned} \tag{6-3}$$

要使碳排放总量下降，则必需

$$1 + a - b - ab \leqslant 1 \qquad\qquad (6-4)$$

不等式变形得到：

$$b \geqslant \frac{a}{1+a} \qquad\qquad (6-5)$$

即 $b \geqslant \dfrac{a}{1+a}$ 是一国或地区碳排放总量下降的必要条件，否则碳排放总量将继续增加。同时，当第 $t+1$ 期满足 $b \geqslant \dfrac{a}{1+a}$ 的条件时，碳排放总量在第 $t+1$ 期拐头向下，在第 t 期迎来碳排放峰值。下面讨论广元市碳排放总量在各个时期的增减趋势并预测碳排放峰值出现时间。

①2011~2015 年期间，$a = 12.5\%$，根据（6-5）式计算得到 $b \geqslant 11.1\%$，在这个时期广元市碳排放总量下降的必要条件是其碳排放强度降幅需要达到 $1 - （1 - 11.1\%）^5 \approx 44\%$。

②2016~2020 年期间，$a = 12\%$，相应地，计算得到 $b \geqslant 10.7\%$，在这个时期碳排放总量下降的必要条件是碳排放强度降幅需要达到 43%。

③2021~2025 年期间，$a = 10\%$，相应地，计算得到 $b \geqslant 9.1\%$，在这个时期碳排放总量下降的必要条件是碳排放强度降幅需要达到 38%。

④2026~2030 年期间，$a = 8\%$，相应地，计算得到 $b \geqslant 7.4\%$，在这个时期碳排放总量下降的必要条件是碳排放强度降幅需要达到 32%。

⑤2031~2035 年期间，$a = 6\%$，相应地，计算得到 $b \geqslant 5.7\%$，在这个时期碳排放总量下降的必要条件是碳排放强度降幅需要达到 25%。

⑥2036~2040 年期间，$a = 4\%$，相应地，计算得到 $b \geqslant 3.8\%$，在这个时期碳排放总量下降的必要条件是碳排放强度降幅需要达到 18%。

三　情景分析结果

根据上述情景设定，可以预估广元市 2015～2040 年的碳排放强度、碳排放总量、人均碳排放水平和能源结构，进而确定广元市低碳发展目标。

（一）碳排放和能源结构调整预估

1. 碳排放强度和碳排放总量水平预估

2010 年，广元市二氧化碳排放总量达到 806.98 万吨，碳排放强度为 2.51 吨二氧化碳/万元。在 BAU 情景、一般低碳情景和强化低碳情景下的碳排放强度 2015～2040 年目标水平预估结果见表 6-4 和图 6-2，碳排放总量 2015～2040 年目标水平预估结果见表 6-5 和图 6-3。

表 6-4　碳排放强度三种情景下目标水平预估结果

单位：吨 CO_2/万元，%

年份	碳排放强度			碳排放强度降幅（较 2010 年）		
	BAU 情景	一般情景	强化情景	BAU 情景	一般情景	强化情景
2015	2.08	2.07	2.06	17	18	18
2016	2.00	1.99	1.97	20	21	22
2017	1.93	1.91	1.88	23	24	25
2018	1.86	1.84	1.80	26	27	28
2019	1.79	1.76	1.72	29	30	31
2020	1.73	1.70	1.64	31	32	34
2021	1.66	1.63	1.56	34	35	38
2022	1.60	1.56	1.49	36	38	41
2023	1.54	1.49	1.42	38	40	44
2024	1.49	1.43	1.35	41	43	46

年份	碳排放强度			碳排放强度降幅（较 2010 年）		
	BAU 情景	一般情景	强化情景	BAU 情景	一般情景	强化情景
2025	1.43	1.37	1.28	43	45	49
2026	1.38	1.31	1.21	45	48	52
2027	1.33	1.26	1.15	47	50	54
2028	1.28	1.20	1.09	49	52	57
2029	1.24	1.15	1.03	51	54	59
2030	1.19	1.10	0.97	53	56	61
2031	1.15	1.05	0.92	54	58	63
2032	1.10	1.00	0.86	56	60	66
2033	1.06	0.95	0.81	58	62	68
2034	1.03	0.91	0.77	59	64	69
2035	0.99	0.87	0.72	61	65	71
2036	0.95	0.83	0.68	62	67	73
2037	0.92	0.79	0.64	63	69	75
2038	0.88	0.75	0.60	65	70	76
2039	0.85	0.71	0.57	66	72	77
2040	0.82	0.68	0.53	67	73	79

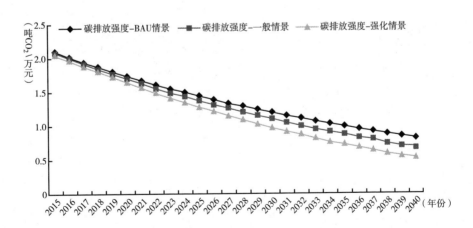

图 6 – 2　2015～2040 年广元市的碳排放强度水平预估结果

表 6-5 碳排放总量三种情景下目标水平预估结果

单位：万吨 CO_2

年份	碳排放总量		
	BAU 情景	一般情景	强化情景
2015	1205.6	1198.3	1191.0
2016	1300.8	1289.9	1275.7
2017	1403.6	1388.4	1366.5
2018	1514.6	1494.5	1463.6
2019	1634.3	1608.7	1567.7
2020	1763.4	1731.7	1679.2
2021	1868.8	1826.2	1757.6
2022	1980.5	1926.0	1839.6
2023	2098.9	2031.1	1925.5
2024	2224.3	2142.0	2015.4
2025	2357.2	2259.0	2109.4
2026	2452.7	2333.2	2156.5
2027	2552.0	2409.9	2204.6
2028	2655.3	2489.1	2253.8
2029	2762.8	2570.9	2304.1
2030	2874.7	2655.4	2355.6
2031	2935.7	2685.1	2351.0
2032	2998.0	2715.1	2346.4
2033	3061.7	2745.5	2341.8
2034	3126.7	2776.2	2337.2
2035	3193.0	2807.3	2332.7
2036	3199.3	2778.0	2284.7
2037	3205.5	2749.1	2236.7
2038	3211.8	2720.4	2190.3
2039	3218.1	2692.1	2144.7
2040	3224.4	2664.1	2100.2

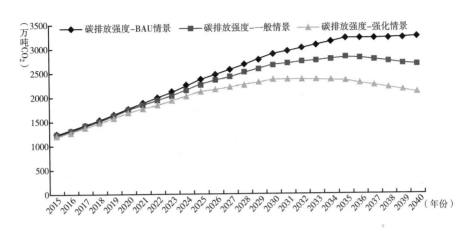

图 6 - 3　2015～2040 年广元市的碳排放总量预估结果

表 6 - 5 和图 6 - 3 显示，在 BAU 情景下，广元市的碳排放总量始终上升，报告期内尚未出现碳排放峰值；在一般低碳情景下，广元市的碳排放总量在 2035 年达到峰值，碳排放总量为 2807.3 万吨二氧化碳；在强化低碳情景下，广元市的碳排放总量在 2030 年达到峰值，碳排放总量为 2355.6 万吨二氧化碳。

2. 广元市人均碳排放水平预估

2013 年，广元市人口规模达到 310.22 万人，2004～2013 年 10 年间人口年均增长 2.05‰。假定 2014～2040 年间广元市人口照此增速增长，可以预估 2015～2040 年期间人口规模。再利用表 6 - 5 碳排放总量数据除以相应年份人口规模数据，便可得到人均碳排放数据。广元市 2015～2040 年人均碳排放量预估结果见表 6 - 6 和图 6 - 4。

表 6 - 6 和图 6 - 4 显示，在 BAU 情景下，广元市人均碳排放到 2035 年达到峰值，为 9.839 吨二氧化碳/人；在一般低碳情景下，广元市人均碳排放也在 2035 年达到峰值，为 8.65 吨二氧化碳/人；在强化低碳情景下，广元市人均碳排放到 2030 年达到峰值，为 7.33 吨二氧化碳/人。

表6-6　人均碳排放三种情景下目标水平预估结果

单位：万人，吨 CO_2/人

年份	人口	人均碳排放		
		BAU 情景	一般情景	强化情景
2015	311.49	3.87	3.85	3.82
2016	312.13	4.17	4.13	4.09
2017	312.77	4.49	4.44	4.37
2018	313.41	4.83	4.77	4.67
2019	314.05	5.20	5.12	4.99
2020	314.70	5.60	5.50	5.34
2021	315.34	5.93	5.79	5.57
2022	315.99	6.27	6.10	5.82
2023	316.64	6.63	6.41	6.08
2024	317.29	7.01	6.75	6.35
2025	317.94	7.41	7.11	6.63
2026	318.59	7.70	7.32	6.77
2027	319.24	7.99	7.55	6.91
2028	319.90	8.30	7.78	7.05
2029	320.55	8.62	8.02	7.19
2030	321.21	8.95	8.27	7.33
2031	321.87	9.12	8.34	7.30
2032	322.53	9.30	8.42	7.28
2033	323.19	9.47	8.50	7.25
2034	323.85	9.65	8.57	7.22
2035	324.51	9.839	8.65	7.19
2036	325.18	9.839	8.54	7.02
2037	325.84	9.838	8.44	6.86
2038	326.51	9.837	8.33	6.71
2039	327.18	9.836	8.23	6.56
2040	327.85	9.835	8.13	6.41

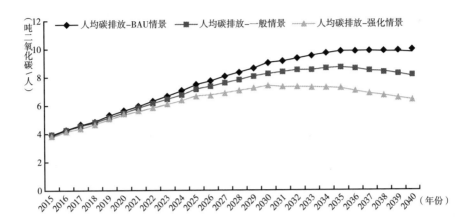

图 6-4　2015~2040 年广元市人均碳排放水平预估结果

3. 广元市能源结构调整预估

首先构建如下数理模型：

$$C_0 = GDP_0 \cdot e_0 \cdot r_0 \cdot a \tag{6-6}$$

其中，C、GDP 与（6-2）式相同，e 是能耗强度，r 是化石能源占一次能源的比重，a 是排放因子，假定排放因子相对稳定，下标 0 表示基期。

（6-6）式变形得到：

$$\frac{C_0}{GDP_0} = CEI_0 = e_0 \cdot r_0 \cdot a \tag{6-7}$$

相应地，

$$CEI_t = e_t \cdot r_t \cdot a \tag{6-8}$$

假定第 t 期碳排放强度 CEI 降幅为 s，能耗强度降幅为 x，非化石能源占比为 y，则有：

$$CEI_0 \cdot (1-s) = e_0 \cdot (1-x) \cdot r_0 \cdot \frac{1-y}{r_0} \cdot a \tag{6-9}$$

（6-9）式变形得到：

$$y = 1 - \frac{r_0 \cdot (1 - s)}{(1 - x)} \qquad (6-10)$$

其中，r_0 可以根据 2010 年能源消耗数据计算得到，2010 年广元市化石能源占比为 74.4%，非化石能源占比为 25.6%；s 可以根据表 6-4 数据计算得到，x 可以根据表 6-2 数据计算得到。由此可以估测 2015～2040 年广元市非化石能源比重数值，见表 6-7 和图 6-5。

表 6-7　非化石能源比重目标水平预估结果

单位：%

年份	人均碳排放		
	BAU 情景	一般情景	强化情景
2015	27	28	28
2016	28	28	29
2017	28	29	30
2018	28	29	30
2019	28	29	31
2020	28	30	32
2021	28	30	33
2022	28	30	33
2023	28	31	34
2024	28	31	35
2025	28	31	36
2026	28	32	37
2027	28	32	38
2028	28	32	39
2029	28	33	40
2030	27	33	41
2031	27	33	42
2032	27	34	43
2033	26	34	44
2034	26	34	45
2035	26	35	46
2036	25	35	47
2037	25	35	47
2038	24	36	48
2039	23	36	49
2040	23	36	50

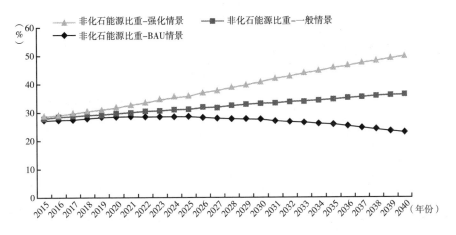

图 6 – 5　2015～2040 年非化石能源比重目标水平预估结果

计算结果表明，在 BAU 情景下，广元市基本没有非化石能源发展压力；在一般低碳情景下，广元市需要不断提高非化石能源比重，分别要在 2015 年、2020 年、2030 年、2040 年将其提高到 28%、30%、33% 和 36%；在强化低碳情景下，到 2015 年、2020 年、2030 年、2040年，广元市需要将非化石能源比重提高到 28%、32%、41% 和 50%，即 2020 年后非化石能源比重每年需要提高近 1 个百分点。

四　低碳发展目标设定

（一）发展目标

广元市是四川省经济欠发达地区，经济发展相对落后，贫困地区和贫困人口较多，人们的收入和生活水平普遍不高，脱贫解困、改善民生的任务较重。广元市还是国家和四川省重要生态功能区，生态环境保护和建设任务也较重。然而，在全球气候变化背景下，在国内外经济社会低碳转型大趋势下，作为四川省低碳生态先进城市、国家低碳试点城市和国家森林城市，广元市需要着力转变经济社会发展方式，探索低碳、绿色、新型工业化、城市化道路，探寻欠发达地区低碳发展有效路径，大力发展低碳经济、生态经济、循环经济、绿色经济，努力建成"低碳广元、生态家园"，成为全国经济欠发达地区低碳转型成功的典范。

（二）总体目标

全面贯彻党的十八届三中全会决定精神，按照国家和省低碳发展战略统一部署，结合广元市市情，在不断推进经济增长的同时，努力提高能源效率、优化产业结构和能源结构，大力发展低碳能源、低碳工业、低碳交通、低碳建筑，加强生态环境保护和建设，推动全市生产生活方式低碳转型，从而不断降低碳排放强度，并逐步实现从相对减排向绝对减排过渡，及早迈过碳排放峰值。根据报告前文分析结果，广元市2015～2040年低碳发展总体目标是：到2015年，碳排放强度较2010年下降18%；到2020年，碳排放强度较2010年下降34%；到2025年，碳排放强度较2010年下降49%；到2030年，碳排放强度较2010年下降61%；到2035年，碳排放强度较2010年下降71%；到2040年，碳排放强度较2010年下降79%，争取使人均碳排放和碳排放总量到2030年达到峰值。

第七章　重点领域低碳适用技术需求评估

城市温室气体排放清单详细记录了一个城市各部门的碳排放状况，低碳发展路线图是城市为实现低碳发展而制定的战略、规划目标，二者将分别为广元市温室气体减排和增汇重点领域的确定提供参考依据，为广元市"十二五"低碳经济发展规划目标和低碳城市试点实施方案规划目标顺利完成提供行动指南。政府间气候变化专门委员会的研究表明，能源供应、建筑、交通、工业、农业、林业、废弃物处理七大部门是应用低碳适用技术、控制温室气体排放具有减缓潜力、经济成本有效的领域。本章主要是为落实广元市低碳发展路线图而对广元市七大重点领域低碳适用技术需求进行评估。

一　重点领域低碳技术应用情况

中国政府在《中国应对气候变化国家方案》中明确提出，要依靠科技进步和科技创新应对气候变化，发挥科技进步在应对气候变化中的先导性和基础性作用[①]。作为西部后发地区重要的生态屏障型城市和四

[①]　国家发展和改革委员会：《中国应对气候变化国家方案》，2007。

川全省唯一一个国家低碳城市试点市，广元市着眼于建设川陕甘结合部经济文化生态强市总体目标，遵循"开发可再生能源，改善能源结构，促进低碳技术创新，提高能效，调整产业结构，构建低碳产业体系，建设低碳城市，倡导绿色消费模式"的总体思路，以城市低碳转型为抓手，以实施节能减排为着力点，以科技创新为支撑，通过建章立制、科学规划、重点突破、科技创新、宣传引导、完善市场机制等，积极将低碳发展元素融入两化互动、统筹城乡，大力实施"生态广元工程"，强力推进"低碳产业园区"建设，在能源供应、交通、建筑、工业、农业、林业、废弃物处理七大领域①积极开展低碳工作，加速推进能源结构低碳化、产业结构低碳化、市政基础设施低碳化、城乡居民生活方式低碳化，并取得了一系列的成绩。

（一）工业

工业是拉动广元市国民经济增长的重要组成部分，也是广元市能源消费和节能减碳的重要领域。"十一五"期间，在工业拉动国民经济增长率不断提高的同时，广元市坚持资源节约和环境保护的基本国策，认真贯彻落实科学发展观，强力推进节能减排和环境保护工作，努力克服"5·12"汶川特大地震带来的影响，通过实施工程技术、结构调整、管理减排三大减排措施，节能减排和环境保护工作取得显著的成绩。

进入"十二五"时期，广元市严格执行国家产业政策，加大结构

---

① IPCC, *Contribution of Working Group III to the Fourth Assessment Report of the Intergovernmental Panel on Climate Change Climate Change* 2007: *Mitigation of Climate Change*（Cambridge: Cambridge University Press, 2007）.

调整力度，统筹开展"工业节能减排""环境保护模范城市创建"① 等专项行动，总投资 94445 万元，加强对重点企业进行产业结构调整（具体见表 7-1），同时积极部署与开展 9 家企业的清洁生产审核工程，并

表 7-1　工业领域主要先进节能技术应用与部署情况

单位：万元

行　业	企业名称	名称或内容	投资额	完成期限
能源化工行业	旺苍合众化工有限公司	依托 60 万吨捣固焦化装置，采用精细脱硫和低压合成甲醇的现代工艺技术，对煤气进行回收利用	19932	2012 年
	苍溪县大通天然气投资有限公司	大型合成焊割气体项目	49938	2013 年
金属行业	广元领航科技发展有限公司	依托 20 万吨/年的球墨铸造高炉炼铁装置，采取煤气发电先进工艺，对煤气进行回收利用，转换为电能	3210	2012 年
	广元启明星铝业有限公司	11.5 万吨电解铝新型阴极结构电解槽节能技术改造项目	7961	2014 年
建材行业	广元海螺水泥有限责任公司	海螺水泥余热综合利用	2800	2012 年
	旺苍川煤水泥有限责任公司	规划建设一套装机容量为 4.5MW 的纯低温余热发电系统	3495	2013 年
	广元市高力水泥有限公司	6MW 余热发电工程	5109	2014 年
清洁生产审核工程	广元启明星铝业有限公司、四川省青川电解锰有限责任公司、零八一电子集团四川天源机械、华昌电子有限公司、青川天运金属开发有限公司、零八一红轮机械有限公司、剑阁新力电池有限公司、青川青云上锰业有限公司、广元市宏术矿业有限公司 9 家企业的清洁生产	1000	2012 ~ 2014 年
"十二五"时期	"五小"行业 2780 户锅炉煤改气改造，工业企业锅炉"煤改气"91 户，其中规模以上企业工业燃料"煤改气"35 户。累计节省标煤 30 万吨，减少排放二氧化碳 110 万吨。煤矿棚户区生活用电同网改造 1.4 万户	—	2011 ~ 2015 年

① 广元市人民政府：《广元市创建四川省环境保护模范城市规划》，2012。

对中石化元坝气田天然气净化厂、兴能新材料锂电池正负极材料、新中方医药科技异地扩能技改等 34 个重点工业项目建设情况开展目标任务督查，强化对全市 24 户年耗标煤 5000 吨及以上的重点耗能企业的节能监管，开展企业单位能耗"对标"活动。以攀成钢焦化、海螺水泥等企业为重点，在钢铁、有色、煤炭、化工、建材等行业开展循环经济试点，大力淘汰落后产能，按期完成强制淘汰落后工艺、设备与产品任务，提升重点行业产业技术水平，减少资源消耗和污染物排放，有效降低单位工业增加值污染物排放强度。

（二）能源供应

能源供应是广元市社会经济发展必不可少的基础工业，同时也是温室气体排放的主要来源，广元市的能源供应部门主要包括煤电、水电、天然气、非化石能源。广元市能源资源禀赋得天独厚，天然气、水能、地热、生物质能等清洁能源资源丰富，是四川省为数不多的能源输出地区，能源产量大于能源消费量。

1. 煤电供应

广元市能源生产主要集中在煤炭业，近年来广元市一方面加大煤炭资源勘探力度，另一方面不断整合优化现有煤矿资源，强化煤矿安全监管，开展安全隐患排查整治，加强煤矿安全设施投入和技术改造升级，建成了四川省内第一个国家一级资质的地方矿山应急救援队伍。在电源建设方面，广元火电项目前期工作加快推进，开展了旺苍 2×30 万千瓦低热值煤坑口电厂项目规划选址和可研报告、燃煤平衡方案等 10 多个专题的编制、评估和部分审批工作；开展了大唐广元路口电厂的规划、选址、可研等相关专题报告的编制、评估工作。在电网建设方面，广元市加快城乡电网建设与改造，实施农网改造、城网改造、西部农网完善、冰冻灾害恢复重建、"5·12"地震灾后恢复重建、"户户通电工程"等项目，优化电网结构成效明显，电网安全性、稳定性不断提高，抗灾能力不断增强。

2. 天然气

广元市天然气资源丰富，天然气储量达4000亿立方米，天然气勘探开发和利用不断取得新进展。中石油、中石化登记勘探区块面积8080平方公里，累计布井93口，发现九龙山、元坝、龙岗西三大气田，勘探储量2800亿立方米以上，新发现青川、剑阁油砂矿。配套设施不断完善，建成中石油九龙山脱水厂、中石化元坝泥浆储备库和元坝应急救援中心，完成了九龙山气田—广元输气干线建设，供气区域覆盖三县二区。依托丰富的天然气资源，广元不断加快天然气资源的利用步伐，优先发展城镇居民生活用气，调整工业企业用能结构，加快CNG汽车推广、"气化广元"、"以气代煤"工程推进进程。广元市城镇天然气用户11万户，气化率达65%，完成了市内58家商业企业和中钢川炭（现改名为：四川昭钢）等5家规模以上工业企业的"煤改气"，建成CNG加气站5个。另外，广元市还开展了装机2×35万千瓦的天然气发电项目的规划及前期工作。

3. 非化石能源

广元市水能资源丰富，水能蕴藏量296万千瓦，得到开发利用的仅有86万千瓦，占蕴藏量的29%，开发潜力较大。近年来，广元加速对水能资源的开发和利用，小水电建设步伐加快，完成了东河流域、清江河流域及广元市水电建设规划的编制、评估及审批，建成了苍溪梨苑滩、蜂子岩、碑沱三座装机3万多千瓦的小水电，开工建设了昭化、文江口、杨牟寺、东溪、苍溪航电等装机17万多千瓦的水电工程，开展了嘉陵江上石盘、飞仙关、八庙沟等装机8万多千瓦水电项目的前期工作，强力推进亭子口水利枢纽工程以及其他水电项目的建设步伐。除了水电以外，广元市生物质能源也非常丰富，沼气推广已成规模，苍溪、剑阁等县区的农户已基本上能满足炊事所需能源，是四川省农村沼气发展先进市，在沼气推广利用工程技术和组织管理等方面积累了丰富的经验。截至 2010 年底，广元市已建成沼气池 28.7 万口，农村沼气用户普及率达到 44.3%，其下辖苍溪县为"国家首批绿色能源示范县"。进一步开发利用户用太阳能，加速研究发展地热能，开展了地热资源的勘探勘查。广元市还开展了对山桐子等生物质能源林规模种植的可行性研究，并把用葛根、红薯、玉米等为原料的乙醇生产项目纳入有关部门的研究范围，制定了山桐子、葛根等生物质能源林规模种植规划，并加紧实施。

能源清洁化领域低碳技术应用：

①热电联产机组建设；

②小水电等水能资源开发和利用技术；

③沼气推广利用工程技术；

④2×30 万千瓦低热值煤发电技术；

⑤垃圾填埋气发电技术；

⑥清洁低碳城市供热体系改造技术；

⑦分布式光伏发电等电网建设与改造技术。

能源清洁化领域低碳技术部署：

①"绿色照明"工程，推广高效照明产品（节能灯）；

②推广节煤灶；

③太阳能热水器普及与太阳能热利用改造示范工程；

④新发展民用天然气用户 962 万户；

⑤在不具备建设长输燃气管线的集镇和经济交通条件较好的地方推

广 LNG、CNG 替代燃料，新建 LNG 加注站 20 座、CNG 加气站 11 座，发展 CNG 汽车 8300 辆、LNG 汽车 7000 辆；

⑥利州区纺织服装工业园区装机 3 万千瓦分布式能源站项目；

⑦大唐广元路口电厂一期 2×100 万千瓦项目；

⑧旺苍低热值煤坑口电厂 2×30 万千瓦项目；

⑨2×35 万千瓦天然气发电项目；

⑩构建以覆盖全市的 500 千伏电网为支撑、220 千伏电网为骨架、110 千伏及以下电网协调发展的输配电体系，新（扩）建 35 千伏及以上变电站 41 座，变电容量 2631 兆瓦，新建 35 千伏及以上线路 1929 千米；

⑪以煤焦化 - 煤焦油深加工、煤焦化 - 焦炉煤气 - 煤气深加工产业链为重点，开发应用煤气化、煤化工等转化技术，以及煤气化为基础的多联产系统技术。

（三）交通

交通运输业是国家应对气候变化工作部署中确定的以低碳排放为特征的三大产业体系之一，建设低碳交通运输体系对于应对气候变化、实现低碳减排目标具有重要作用。2010 年，广元市化石燃料燃烧排放中，交通运输业的排放约为 49.21 万吨二氧化碳，占比约为 8.22%。

广元市交通部门是移动源化石燃料燃烧温室气体排放的主要来源之一，交通运输领域节能减碳工作重点主要围绕构建广元次级综合交通枢纽目标，通过交通网络建设、交通基础设施维护开展低碳工作，部署低碳技术创新与应用，加快交通基础设施建设，包括干线公路升级改造、农村公路建设、高速公路建设、国省干线公路建设，农村客运站、小码头、渡改人行桥、危桥加固和公路安保工程建设，水运设施建设、枢纽站场建设等。交通枢纽助推资源转化，广元成为铁路枢纽、高速公路枢纽、水上高速前沿后，丰富的矿藏和物产由资源优势转变成经济优势就有了更可靠的保证。

1. 交通网络建设

广南高速公路、广南广巴高速公路连接线、广甘高速公路、嘉陵江苍溪航电枢纽、广陕广巴高速公路连接线、嘉陵江亭子口枢纽工程实现新突破。国省干线公路建设方面，省道 105 线乔庄至木鱼段改建工程、省道 202 线三江场镇改线工程、省道 202 线油房沟至狮子坝改建工程、省道 202 线三江至牛项颈段水毁恢复工程、国道 108 线王家渡大桥维修加固工程、国道 212 线肖家坝至跃进桥改建工程、金子山隧道整治工程、苍溪中土东河大桥和青川竹园大桥维修加固工程以及苍溪唤马东河大桥工程全面加快。民生工程建设方面，通乡公路、通村公路、公益性渡口码头、渡改人行桥、候船设施建设工程及更新改造渡船工程有序推进。枢纽站场建设方面，各地主要客运站、货运枢纽站和物流中心也在加快推进建设。

广元有着丰富的旅游资源，旅游基础设施日益完善。随着三国文化精品线路、蜀道旅游线路的建成，在便捷的交通引领下，日本、韩国及东南亚国家和地区的短程国际游客循路而至；随着四川旅游北环线的建成，广元成为国内旅客进入九寨沟旅游的重要入口；西安至成都高速公路全线贯通，带来了游客高峰；嘉陵江渠化工程的建设，激活了独具特色的嘉陵江风光旅游。

2. 交通基础设施维护

广元公路养护管理以路面为中心，开展公路日常养护活动，开展地质灾害排查和桥梁管理活动。在工程质量监管方面，以相关法律、法规、规章、技术标准和规范为依据，实施从业人员业务培训和从业单位现场履约合同管理，落实工程建设单位质量责任，从从业人员进场、机具设备与材料进场、施工工艺、试验检测、工序交验和交工验收六大方面控制质量。

交通清洁化领域低碳技术应用：

①网络化交通管理数据平台建设等智能交通技术；

②公交、出租车等车辆的替代燃料技术。

交通清洁化领域低碳技术部署：

①柴油汽车、混合动力汽车等车辆推广；

②CNG 车辆推广。截至 2010 年 5 月，全市拥有 CNG 营运汽车 1533 辆，其中客运班车 541 辆、公共汽车 175 辆、出租汽车 646 辆、教练车 171 辆。

（四）建筑

建筑维护和使用是能源消耗和温室气体排放的三大领域之一，广元当前正处在城镇化起飞阶段，未来相当一段时间里城市化建设会如火如荼地进行，若不对建筑业加以低碳约束，整个城市的低碳发展将会面临巨大压力。广元在灾后重建中率先提出了低碳发展，以"低碳重建"理念为指导，取得了一系列成绩。

1. 完善低碳城市空间布局

广元市自提出低碳重建理念后，在城市规划中均以低碳为原则，构建总体分散、局部集中的空间格局，以主要的高速公路为轴规划城镇发展带，形成城镇发展的"骨架"和"增长极"，构建职能分工合理、规模适度的城镇体系。通过引导城市用地在低碳产业、居住、公共服务与商贸服务多种功能中的复合利用，减少通勤量，提高设施和能源利用率，建设宜居型低碳生态城市，提高城市用地复合利用水平。在低碳城市基础设施建设中，广元市规范区域建设厉行节约化、低碳化，倡导区域景观建设的生态化和低碳化，进一步改进园林绿化方式，开展区域立体绿化，减少城市热岛效应，增加城市碳汇。具体的措施有：大力开展工业节能技术改造，建设智能电网，在供水、供热、污水和垃圾处理等方面采用节能减排新技术和经济激励政策，提高城市燃气普及率，引进推广使用太阳能路灯；加快引进新型节能环保型的污水处理技术，采用新型的水龙头和阀门，建设"雨污分流"的下水管网和雨水利用系统，构建低碳城乡污水排放及处理系统；建设终端用户的节水系统，在农村社区发展集约化沼气设施与沼气发电设施，构建建筑垃圾回收利用机制和制度，建设低碳城乡垃圾处理体系。

2. 推进建筑节能

构建低碳建筑体系，合理布局城市空间，确保新建住宅和公共建筑在设计、施工、竣工验收备案中严格执行国家和省有关节能标准和规范，逐步完善低碳城市基础设施配套。推广节能省地环保型建筑，确保新建住宅和公共建筑在设计、施工、竣工验收备案中严格执行国家和省有关节能标准和规范，采用节能型建筑结构、材料和设备，提高保温隔热性能，对达不到建筑节能标准的建筑物原则上不准开工建设和销售使用。对办公楼、宾馆、商场等大型商业建筑进行能源审计，提高大型建筑能效；对非节能居住建筑、大型公共建筑和党政机关办公楼逐步推进节能改造。

严格执行建筑节能标准规范，把建筑节能纳入初步设计审批内容，新建建筑执行建筑节能强标率达到100%，杜绝黏土砖的使用，新型墙材使用率占墙材总量的50%以上。"十一五"期间建筑节能施工图设计审查备案工程2412个，906.52万平方米。已竣工工程建筑围护结构都采用了保温隔热技术。推广应用新产品、新技术，在城区安装节能灯，市城区垃圾分类处理试点覆盖率达到 50%。

建筑绿色化领域低碳技术应用：

①既有建筑节能改造技术；

②建筑能耗监测技术；

③外墙围护结构单项/综合节能改造技术。

建筑绿色化领域低碳技术部署：

①开展建筑材料和产品的新技术推广应用及建筑节能技术研究；

②新建建筑节能设计标准执行；

③绿色建筑标准执行。

（五）农业

广元市当前处在城镇化起飞阶段，城镇化率较低，2012 年为 36.42%，农业人口仍是人口的主体；农业经济在 GDP 中占有相对较高的比重，据统计，2012 年第一产业占 GDP 比重为 19.6%。虽然近年来一直在实施"二产超一产、工业超农业"的经济结构优化战略，但是这并不意味着要摒弃农业发展，事实上广元是在工业化与城市化过程中，探索发展更加环境友好、更加低碳的农业发展模式。这也符合国家主体功能区战略和四川省对广元市的定位：嘉陵江上游重要的生态屏障，全国、全省生态环境建设的重点地区；在促进经济发展的同时相对更多地担负了生态环境保护的重任。

1. 农畜业生产低碳化

近年来，国家加大对农村和中西部地区的扶持力度，作为具有资源禀赋优势的西部城市，广元市致力于推进优势特色效益农业的发展，这是农业低碳化的重要表现。在农业基础设施方面，主要进行涉农土地整理项目，改造中低产田；建设农田排灌渠系，改良土壤质地；应用农村沼气技术，建设省柴节煤灶，推广沼液浸种技术。此外，广元还大力推进节水、节地、节能农业的推广，大幅度减少农业化学品使用，推广使用有机肥料；吸引一批有实力的企业加盟，充分发挥企业优势，实行产业化经营，加大技术投入，提高产品知名度，形成市场优势。在畜牧业方面，着力发展特色畜牧业，将畜牧业低碳生产与发展生态循环经济有机结合。低碳技术对低碳农业的科技支撑，有力推动了广元传统农业向低碳农业的跨越，推动了农业低碳技术的研发和成果转化，增加了贡献率。

2. 示范园区与生态项目建设

广元市通过农业低碳示范园区和重点生态项目建设，形成农业特色产业园区，并以此构建农副产品加工产业链条。目前广元生态农业初具规模，累计建设了 31 个现代农业示范园区，建成 79 万亩全国绿色食品原料标准化生产基地，通过国家认定的"三品"生产基地面积 193 万亩，认证的"三品"72 个。苍溪猕猴桃、青川食用菌基地被命名为"四川出口农产品生产基地"，合格率排名全省第一，农产品地理标志产品保护数量居全省第二。在农业生态项目上，广元以低碳经济理念为指导，运用循环经济和产业生态学理论，以物质循环、能量梯级利用为原则，构建 6 条生态产业链，促进农业高效发展；实现农业有机化，大大降低农村、农业对传统化石能源的消耗，减少温室气体排放，实现低碳化农业生产。通过农村生产生活消费模式的转变，实现农业的低碳化转型，这主要表现在农村能源、通信基础设施以及农村环境等方面。

农业现代化领域低碳技术应用：

①种子种苗产业化配套技术；

②配套饲养技术；

③疫病综合防治技术；

④生态农业及设施农业技术；

⑤以沼气建设为核心的可再生能源技术、农村节能技术。

农业现代化领域低碳技术部署：

①开展农产品保鲜、包装、储运、精深加工等技术研究；

②重点突破水果、蔬菜的保鲜、保质和专储、专运技术，农产品精深加工技术；

③开发、应用新型饲料、饲料添加剂以及先进的生产设施；

④推进畜牧业标准化工作；

⑤加强动物疫病防治体系建设和畜产品质量安全体系建设；

⑥引导和支持养殖业环境治理；

⑦新增沼气池 10 万口，基本普及农村沼气，建设养殖场大型沼气工程 10 处。

（六）森林碳汇

作为国家划定的嘉陵江上游重要的生态屏障，全国、全省生态环境建设的重点地区，广元市在林业领域所做的工作主要集中于巩固与提高森林碳汇、林业保护与开发以及推动制度创新等方面。

①巩固提高森林碳汇。广元充分利用河流较多、水域面积较大、湿地资源丰富的优势，以创建国家森林城市为契机，深入推进嘉陵江上游生态屏障建设，大力开展城乡绿化，全面实施灾后生态修复、城市森林建设等十大创森工程。②林业保护与开发并行。广元坚持切实保护好森林资源安全，努力维护好现有生态体系。通过发展经济林、坡改梯、封禁治理、保护耕作、整治建设塘堰、修建蓄水池和排灌沟渠等多种途径，大力控制水土流失，提高森林碳汇。深化林业管理改革，创新生态效益补偿政策机制。与此同时，广元大力发展生态旅游业，建设低碳旅

游度假胜地。③推动制度创新。在工作中，广元与国内外碳交易中介机构建立了密切合作关系，探讨林业和湿地的碳汇标准及测量方法，推动林业和湿地项目融资和碳交易。建立健全污染者付费制度和排污收费制度，探索多样化的生态补偿方式。此外，广元还积极策划包装碳汇项目，碳汇交易取得实质性进展，已实施 5 个碳交易项目。

森林碳汇领域低碳技术应用：

①天然林资源保护技术；

②退耕还林技术；

③森林抚育技术；

④湿地保护与恢复；

⑤困难地绿化造林技术。

森林碳汇领域低碳技术部署：

①"山桐子优良品种选育和试点项目"；

②"无患子良种树种植技术推广示范"；

③实施农田防护林体系改扩建；

④城市林业生态建设；

⑤村镇绿化。

（七）废弃物处理

废弃物处理是温室气体的主要排放源之一，同时还会对环境造成较大影响。广元市废弃物处理主要分为固体废弃物处理和污水处理。广元市加强工业废弃物和农业废弃物资源综合利用工作，开展工业节能技术改造，在污水和垃圾处理等方面采用节能减排新技术和经济激励政策，加快引进新型节能环保型的污水处理技术，采用新型的水龙头和阀门，建设"雨污分流"的下水管网和雨水利用系统，构建低碳城乡污水排放及处理系统，建设终端用户的节水系统。在农村社区发展集约化沼气设施与沼气发电设施，构建建筑垃圾回收利用机制和制度，建设低碳城乡垃圾处理体系。

1. 固体废弃物处理

广元市以进一步强化和规范资源综合利用认定、落实国家税收优惠政策为手段，以推进工业固体废弃物综合利用为重点，认真引导和促进企业开展资源综合利用。在城乡生活垃圾处理方面，广元市拟定了《广元市中心城区垃圾处理专项规划》和《广元市中心城区市容环境卫生专项规划》；推广密闭、高效的压缩式生活垃圾收运设备，解决垃圾收运过程中的脏、臭、遗洒等二次污染问题；增加投入，推进生活垃圾处理场（填埋场）建设步伐；建立生活垃圾处理场环境监察制度，做好除臭灭蝇、预防溃坝、渗滤液处理设施等关键环节的隐患排查和安全监管，规范生活垃圾处理设施运行。

2. 污水处理

随着地震灾后重建项目完成，广元市各县区新建的污水处理厂、垃圾处理厂已基本建设完毕。广元市各县区环保局加强对新建污水处理厂的日常监管，以确保污水处理厂按时投入营运、污染控制指标达标。

废弃物领域低碳技术应用：

①以循环经济产业链为基础的废弃物综合利用技术；

②生化处理＋反渗透膜处理工艺；

③卫生填埋工艺；

④降氮脱硝技术；

⑤秸秆等生物质发电技术；

⑥沼液自循环沼气池及出料装置综合技术研究应用推广等。

废弃物处理领域低碳技术部署：

①填埋气发电系统；

②垃圾处理场渗滤液处理项目；

③稀土治污活性剂在中小型水库小污染防治中的研究与推广应用等；

④推广畜禽粪便、农作物秸秆和林业剩余物等农业废弃物资源化利用等示范工程。

二　重点领域低碳适用技术需求评估：2015～2020年

依据城市低碳适用技术需求评估方法学，通过实地考察、听取报告、问卷调查、查阅资料等形式，收集一线企业、部门和行业专家对广元市能源供应、交通、建筑、工业、农业、森林碳汇、废弃物处理等领域未来节能低碳适用技术发展的意见，同时围绕"当前企业或行业技术应用现状—企业或行业进行技术革新、采用低碳适用技术的必要性和紧迫性—同行业国际国内先进技术应用与部署—广元采用低碳适用技术的计划及其与国家重点节能技术推广目录对接①—采用低碳适用技术面临的障碍（意识、资金、消化能力、人才、知识产权等）—企业需求（资金、技术、能力建设、人才、政策等）"的分析路径，评估广元市重点领域"节能减排与低碳适用技术"需求。

（一）工业

广元市工业领域技术和产品需求主要集中于两大方面。

一是改造提升建材、电子机械、食品饮料、金属和能源化工等传统产业的适用技术，例如金属再生综合利用技术，钢材品质提升技术，使

---

① 国家发展和改革委员会：《国家重点节能技术推广目录（1～6批）》，2008～2013。

用本地产优质钢材生产新能源产品和关键零部件的技术，煤化、石化产品深加工技术。

二是支撑新能源、新材料、食品加工、生物、电子信息、节能环保等战略新兴产业扩大产业规模，形成新的经济增长点的关键技术和重点产品。

综合上述两点和广元市国民经济发展任务分析，广元市节能减排工作中急需的重点技术和产品得到明确，主要集中于建材、电子机械、食品饮料、金属和能源化工特色支柱产业等行业的工艺升级、产品深加工、节材及材料回收或再利用技术、锅炉及工业炉窑改造、高效低氮燃烧、高压变频技术、余热余压利用、高效换热技术、小粒径除尘、氮氧化物脱除等节能低碳技术（产品），以及原材料替代或减少等控制工业生产过程温室气体排放的技术，具体见表7－2。

表7－2　广元市工业领域节能低碳适用技术需求

重点子行业	细分行业	引进与创新的技术大类	与《国家重点节能技术推广目录（1～6批）》对接
能源化工	天然气	天然气综合利用技术和硫化工项目技术	聚能燃烧技术（第3批）
	煤炭开采与综合利用技术	煤炭高效开采机械化技术，煤矸石、煤泥和矿井水综合利用技术	煤矿低浓度瓦斯发电技术、矸石电场低真空供热技术、选煤床高效低能耗脱水设备（第1批） 煤炭储运减损抑尘技术（第2批） 矿井乏风和排水热能综合利用技术、新型高效煤粉锅炉系统技术（第3批） 综采工作面高效机械化矸石充填技术（第4批） 煤矿矿井水超磁分离井下处理技术（第5批） 石化企业能源平衡与优化调度技术、超低浓度煤矿乏风瓦斯氧化利用技术、皮带机变频能效系统技术（第6批）

续表

重点子行业	细分行业	引进与创新的技术大类	与《国家重点节能技术推广目录（1~6批）》对接
能源化工	煤炭制品	煤炭转化加工等煤化工关键技术，以煤炭生产、洗选加工、低热值燃料发电、煤矸石建材和煤焦化等为主体的煤炭循环经济技术，焦炉煤气综合利用技术，煤焦油精深加工技术，焦化粉尘、废气、废水、余热回收利用技术	机械式蒸汽再压缩技术（第3批） 煤气化多联产燃气轮机发电技术（第4批）
	电力	2×100万千瓦及超超临界发电技术，流域梯级协调综合开发技术，水电装机技术、火电装机技术、风电装机技术、生物质发电技术	汽轮机通流部分现代化改造、汽轮机汽封改造、燃煤锅炉气化燃油点火技术、燃煤锅炉等离子煤粉点火技术、凝汽器螺旋纽带除垢装置技术（第1批） 电除尘器节能提效控制技术、纯凝汽轮机组改造实现热电联产技术、电站锅炉空气预热器柔性接触式密封技术、电站锅炉用邻机蒸汽加热启动技术、脱硫岛烟气余热回收及风机运行优化技术（第2批） 汽轮机组运行优化技术、火电厂烟气综合优化系统余热深度回收技术、火电厂凝汽器真空保持节能系统技术（第3批） 配电网全网无功优化及协调控制技术、新型节能导线应用技术、超临界及超超临界发电机组引风机小汽轮机驱动技术（第4批） 可控自动调容调压配电变压器技术、全光纤电流/电压互感器技术、冷却塔用离心式高效喷溅装置技术（第5批） 变频优化控制系统节能技术、大型供热机组双背压双转子互换循环水供热技术、回转式空气预热器密封节能技术、节能铜包铝管母线技术（第6批）
	清洁发电技术	高效洁净煤发电技术，清洁燃烧技术，粉尘和硫、硝回收技术	—
	金属矿产资源开发	矿产资源综合利用技术和矿产品加工技术、2×30万千瓦煤矸石综合利用技术	—
	非常规能源	油砂和页岩气资源的勘探与开发技术	—

续表

重点子行业	细分行业	引进与创新的技术大类	与《国家重点节能技术推广目录(1~6批)》对接
有色金属冶炼	电解铝	铝带、铝板、铝合金等高档铝制品集约化生产技术和铝精深加工技术,泡沫铝板材型材	干式 TRT 技术、干熄焦技术、钢铁行业烧结余热发电技术、转炉煤气高效回收利用技术、蓄热式燃烧技术、低热值高炉煤气燃气－蒸汽联合循环发电、炼焦煤调湿风选技术、能源管理中心技术(第1批) 高炉鼓风除湿节能技术(第2批) 电炉烟气余热回收利用系统技术、矿热炉烟气余热利用技术(第3批) 非稳态余热回收及饱和蒸汽发电技术,加热炉黑体技术强化辐射节能技术(第4批) 自然通风逆流湿式冷却塔风水匹配强化换热技术、棒材多线切分与控轧控冷节能技术、钢水真空循环脱气工艺干式(机械)真空系统应用技术、碳素环式焙烧炉燃烧系统优化技术、环冷机液密封技术、旋切式高风温顶燃热风炉节能技术、低温低电压铝电解新技术(第5批) 冶金余热余压能量回收同轴机组应用技术、燃气轮机值班燃料替代技术、高辐射覆层技术、磁悬浮离心式鼓风机技术、变频优化控制系统节能技术、锅炉燃烧温度测控及性能优化系统技术、智能真空渗碳淬火技术(第6批)
	钢铁及钒钛	钢铁、钒钛的冶炼、铸造和机械精加工技术	
机械电子	电子产业	军用和民用雷达、大型电子装备、电子组件、电子元器件及配套材料等军品和民品生产技术,平板电视电源模组、驱动模组、数字视听、新型显示器、网络通信等电子产品以及精密制造、精密测量等电子信息产品、关联产品生产技术和配套材料高新技术	—

续表

重点子行业	细分行业	引进与创新的技术大类	与《国家重点节能技术推广目录（1~6批）》对接
机械电子	机械加工	工业专机、非晶变压器、水泥球磨和矿山机械、汽车货箱、混凝土搅拌机、农用机械、电动自行车、电子配料机等产品生产技术，整合改造市内中小机械生产企业所需采用的信息技术和光机电一体化等高新技术	频谱谐波时效技术、控制气氛渗氮工艺节能技术（第2批）直燃式快速烘房技术、塑料注射成型伺服驱动与控制技术、电子膨胀阀变频节能技术、工业冷却塔用混流式水轮机技术（第3批）自密封旋转式管道补偿节能技术、过程能耗管控系统技术（第4批）基于低压高频电解原理的循环水系统防垢提效节能技术、工业微波/电混合高温加热窑炉技术、数字化无模铸造精密成形技术、低压工业锅炉高温冷凝水除铁技术、新型桥式起重机轻量化设计节能技术（第5批）
建材	水泥及制品	新型干法旋窑水泥技术，水泥散装技术，商品混凝土、水泥外加剂、水泥制品、水泥包装袋、水泥环保设备生产技术	辊压机粉磨系统（第1批）新型水泥预粉磨系统节能技术（第6批）
	石英砂加工	资源深度开发技术，包括节能玻璃、光伏玻璃和玻璃制品生产技术	玻璃熔窑余热发电技术、全氧燃烧技术、富氧燃烧技术、高效节能玻璃窑炉技术（第1批）
	陶瓷	建筑陶瓷、卫生陶瓷、工业陶瓷等产品生产技术，开发利用尾矿和工业废渣生产建筑卫生陶瓷技术	—
	新型建材	沥青改性剂、隔震材料、轻钙开发、水泥外加剂等产品生产技术，使用钢铁水渣、油页岩、石英、优质石灰石等资源生产新型墙体材料、纳米涂料、新型管材管件和精细加工矿物材料等新型建材产品的技术	—

续表

重点子行业	细分行业	引进与创新的技术大类	与《国家重点节能技术推广目录（1~6批）》对接
农副产品加工	农特产品精深加工、肉食品加工	副产品加工技术、副产物的综合利用技术	—
	纺织服装	棉纺织业、服装业、丝绸业生产技术，以天然气为原料和以再生资源为原料的化纤生产技术	—
战略性新兴产业	产业融合技术	新一代信息技术、生物、新能源三大产业技术与电子机械和农副产品加工等传统行业相融合和提升的技术	热管/蒸汽压缩复合制冷技术（第4批）通信用240V高压直流供电系统技术、基站载频设备智能节电技术（第5批）通信用耐高温型阀控式密封电池节能技术（第6批）
	新材料产业	大力发展聚芳醚醚腈和硫酸钙晶须等化学新材料和高性能纤维材料生产技术单晶硅、多晶硅等硅材料产品深加工技术	—
	新能源汽车产业	电动客车整车生产与组装技术	—
电子信息产业领域	新型电子元器件技术	石英晶体频率片及振荡器技术、光传输转换件技术	—
	计算机软件及应用技术	嵌入式软件、中间件软件和管理软件技术，智能化安全防护软件技术，工业控制软件技术，基于PDM和ERP的企业综合集成技术	

重点子行业	细分行业	引进与创新的技术大类	与《国家重点节能技术推广目录（1~6批）》对接
通用技术	—	高效率锅炉、流化床燃烧技术、高效电动马达、调速电机、电动离心风机、LED节能照明	变频器调速节能技术、锅炉水处理防腐剂阻垢节能技术、中央空调智能控制系统、外动颚匀摆颚式破碎机、高效双盘磨浆机（第1批） 锅炉智能吹灰优化与在线结焦预警系统技术、全预混燃气燃烧技术、动态谐波抑制及无功补偿综合节能技术（第2批） 高压变频调速技术、高强度气体放电灯用大功率电子镇流器新技术（第3批） 永磁涡流柔性传动节能技术、工业冷却循环水系统节能优化技术、中低温太阳能工业热力应用系统技术（第5批） 基于感应耦合的无极荧光照明技术（第6批）

（二）能源供应

广元市能源供应领域低碳适用技术和产品需求主要集中于两大方面：一是改造提升煤化、石化、电力等传统产业的适用技术；二是支撑新能源、节能环保等战略新兴产业扩大产业规模，形成新的经济增长点的关键技术和重点产品。

综合上述两点和广元市国民经济发展任务分析，广元市能源供应领域节能减碳工作急需的重点技术和产品得到明确，主要集中于：①电力、石化、供热等行业工艺升级；②清洁发电技术、煤炭开采与综合利用技术；③大型发电机组关键零部件生产技术；④新能源技术、多硅晶及光伏电池关键技术、高能电池生产技术、地能、生物质能利用技术等，具体见表7－3。

表 7 - 3　广元市能源供应领域节能低碳适用技术需求

重点子行业	细分行业	引进与创新的技术大类	与《国家重点节能技术推广目录（1~6 批）》对接
化石能源领域	配煤技术	炼焦配煤专家系统——如何实现以最低的配煤成本,生产出优质的焦炭	—
	清洁发电技术	电力行业的节能改造和监测技术,高效洁净煤发电技术,清洁燃烧技术,粉尘和硫、硝回收技术	—
	煤炭开采与综合利用技术	煤炭高效开采机械化技术,煤矸石、煤泥和矿井水综合利用技术,高压真空配电装置,电子式电流、电压互感器,高低压变频起动技术,煤矿井下瓦斯抽排放技术,煤矿井下机电设备及环境地面监测控制技术	煤矿低浓度瓦斯发电技术、矸石电场低真空供热技术、选煤床高效低能耗脱水设备（第 1 批） 煤炭储运减损抑尘技术（第 2 批） 矿井乏风和排水热能综合利用技术、新型高效煤粉锅炉系统技术（第 3 批） 综采工作面高效机械化矸石充填技术（第 4 批） 煤矿矿井水超磁分离井下处理技术（第 5 批） 石化企业能源平衡与优化调度技术、超低浓度煤矿乏风瓦斯氧化利用技术、皮带机变频能效系统技术（第 6 批）
新能源产业领域	发电机组关键零部件生产技术	风力发电设备关键零部件技术与装机技术	—
	多晶硅及光伏电池关键技术	多晶硅节能降耗技术、多晶硅及单晶硅切片技术、高效晶体硅太阳能电池技术、太阳能电池组件及封装技术	—
	高能电池生产技术	动力型锂离子电池及材料技术、免维护长寿命铅酸蓄电池技术	—
	太阳能、地能、生物质能利用技术	地能空调、地能三联供热泵机组技术等地热资源综合利用技术,生物质气化利用技术,家庭太阳能供电系统技术,小型火电厂生物质与煤混烧发电技术	—
	电力电网	发电超临界机组、天然气联合循环、加压硫化床燃烧炉、风力涡轮机、整体煤气化联合循环、小型水电站	
	智能电网技术	变电环节智能变电站设计技术、智能变电站的规划技术、分布式电源/储能及微电网接入技术	—

（三）交通

广元市交通领域低碳适用技术和产品需求主要集中于四个方面：一是公路节能减排与材料循环利用技术的应用；二是在城市公共汽车节能技术重点领域开展科技攻关；三是在环保新材料等方面开展专项课题研究；四是节能新产品、新技术在交通重点工程中的应用等。

综合上述四点和广元市国民经济发展任务分析，广元市交通领域节能减碳工作急需的重点技术和产品得到明确，主要集中：工艺设备技术改造过程中，对节能低碳、清洁生产技术（产品）的引进、消化吸收与研发攻关，以及物流信息平台建设技术，具体见表7-4。

表7-4　广元市交通领域节能低碳适用技术需求

重点子行业	细分行业	引进与创新的技术大类	与《国家重点节能技术推广目录（1~6批）》对接
交通运输领域	交通工具	混合动力车、先进的柴油卡车、低能耗汽车、电动汽车、燃料电池汽车、天然气汽车、电气铁路机车	—
	基础设施、装备推广与改造技术	机车牵引、智能控制系统、公交汽车节能、汽车尾气减排等节能低碳技术（产品）	沥青路面冷再生技术在路面大中修工程中的应用技术、轮胎式集装箱门式起重机"油改电"节能技术（第3批）新型轮胎式集装箱门式起重机节能技术、过程能耗管控系统技术（第4批）高速公路电子不停车收费技术、高压变频数字化船用岸电系统技术、船舶轴带无刷双馈交流发电系统技术、混合动力交流传动调车机车技术、金属减摩修复技术（第5批）
		重点支持推广道路无损检测、道路养护和修复新材料、智能交通和交通安全信息集成等技术	
		新型节能环保公交车辆引进，调整优化公交线网以保障公交道路优先使用权，完善车用天然气加气站网络，建设市区公共自行车服务，推广应用不停车收费（ETC）、智能交通系统（ITS）等	
	物流信息平台建设技术	低碳仓储-物流配送管理系统	—

（四）建筑

广元市建筑领域低碳适用技术和产品需求主要集中于三个方面：一是在公共设施、宾馆商厦、居民住宅中推广采用高效节能办公设备、照明产品和家用电器；二是加快既有居民建筑和公共建筑节能改造，大力推行新型节能墙体材料；三是推进太阳能、地热能等可再生能源在建筑领域的应用等。

综合上述三点和广元市国民经济发展任务分析，广元市建筑领域节能减碳工作急需的重点技术和产品得到明确，主要集中于：①建筑市场上可提供的与建筑建设与维护相关的设施、设备推广应用与改造技术等减缓技术；②建材工业领域低碳技术和产品应用，具体见表7–5。

表7–5　广元市建筑领域节能低碳适用技术需求

重点子行业	细分行业	引进与创新的技术大类	与《国家重点节能技术推广目录（1~6批）》对接
建筑领域	建筑建设与维护相关设施、设备推广应用与改造技术	大型公建能源管理系统、高效绿色照明、太阳能与建筑一体化、高效供热制冷、余热及低品位能源利用、分布式冷热电三联供、供热计量、具有A级防火性能的建筑保温材料、制冷剂替代、氟化气体的回收及循环使用等节能低碳技术（产品）	热泵节能技术（第1批）温湿度独立调节系统（第3批）动态冰蓄冷技术、中央空调全自动清洗节能系统技术（第4批）双级高效永磁同步变频离心式冷水机技术，热泵技术之三–空气源热泵冷、暖、热水三联供系统技术，蒸汽节能输送技术，磁悬浮变频离心式中央空调机组技术，建筑（群落）能源动态管控优化系统技术（第5批）分布式能源冷热电联供技术、基于实际运行数据的冷热源设备智能优化控制技术、分布式水泵供热系统节能技术、基于人体热源的室内智能控制节能技术（第6批）

续表

重点子行业	细分行业	引进与创新的技术大类	与《国家重点节能技术推广目录（1~6 批）》对接
建筑领域	建材推广与应用	重点支持新型干法水泥、优质高效耐火材料、太阳能超白玻璃、汽车玻璃等技术的开发与应用，电石渣、磷石膏等工业废渣综合利用技术的开发与应用	立式磨装备及技术、聚氨酯硬泡体用于墙体保温配套技术（第 1 批） 水泥窑纯低温余热发电技术、稳流行进式水泥熟料冷却技术、四通道喷煤燃烧节能技术、高效节能选粉技术（第 2 批） Low-E 节能玻璃技术、烧结多孔砌块及填塞发泡聚苯乙烯烧结空心砌块节能技术、节能型合成树脂幕墙装饰系统技术、预混式二次燃烧节能技术（第 3 批） 高固气比水泥悬浮预热分解技术、曲叶型系列离心风机技术、过程能耗管控系统技术（第 4 批） 预应力高强混凝土管桩免蒸压技术、层烧蓄热式机械化石灰立窑煅烧节能技术、高效优化粉磨节能技术、气凝胶超级绝热材料保温节能技术、烧结砖隧道窑辐射换热式余热利用技术、新型干法水泥窑生产运行节能监控优化系统技术、金属涂装前常温锆化处理节能技术、高效节能型锥形同向双螺杆挤出技术、墙体用超薄绝热保温板技术（第 5 批）
		水泥及其制品：全部淘汰立窑水泥生产线，新型干法水泥比重达到 100%，水泥散装率达到 30% 以上	
		石英砂加工：加大对现有石英砂企业的整合力度，大力发展节能玻璃、光伏玻璃和玻璃制品等项目	
		陶瓷：大力发展建筑陶瓷、卫生陶瓷、工业陶瓷等产品，同时支持企业开发利用尾矿和工业废渣生产建筑和卫生陶瓷	
		新型建材：在现有沥青改性剂、隔震材料、轻钙开发、水泥外加剂等产品的基础上，围绕钢铁水渣、油页岩、石英、优质石灰石等资源，大力发展新型墙体材料、纳米涂料、新型管材管件和精细加工矿物材料等新型建材产品	

（五）农业

广元市农业领域低碳适用技术和产品需求主要集中于四个方面：一是改善农作物及放牧地的管理，增加土壤的固碳量；二是改进种植技术和氮肥施用技术；三是农业（包括畜禽养殖）废弃物处理和综合利用技术；四是农业基础设施配套技术和农业机械动力改造等。

综合上述四点和广元市国民经济发展任务分析，广元市农业领域节能减碳工作急需的重点技术和产品得到明确，主要集中于：①发展农业循环经济相关减缓技术；②改造提升畜牧养殖、农作物种植、林果栽培、花卉园林等产业的适用技术和产品应用，具体见表7-6。

表7-6 广元市农业领域节能低碳适用技术需求

重点子行业	细分行业	引进与创新的技术大类	与《国家重点节能技术推广目录(1~6批)》对接
农业领域	农业节水技术与设施	防洪抗旱与减灾技术、水旱灾情预警预测和综合调度技术、高效节水灌溉技术	—
	农业循环经济相关技术	测土配方施肥技术，水循环利用技术，农作物秸秆综合利用技术，利用秸秆生产饲料、肥料、食用菌、密度板、沼气技术，畜禽养殖废弃物资源化技术，大中型沼气和有机肥工程建设技术，形成"养殖废弃物－沼气－有机肥－高效生态种植"循环产业链	新型生物反应器和高效节能生物发酵技术(第3批)
	畜牧养殖技术	养殖场污染控制技术、资源化利用新技术	—
	种植技术	设施农业气候资源评估与利用技术，中低产田改造等技术，环境友好型农药、肥料等农业投入品的开发和推广	—
	农副产品深加工技术	农产品加工副产物的高效增值和循环利用技术、农业生物质资源的综合利用与精深加工技术、农产品加工标准体系与全程质量安全控制技术	粮食干燥系统节能技术(第5批)
	农业防灾减灾	农业适应气候变化对策研究和精细化农业气候区划技术及信息服务技术	—
	农作物病虫害绿色防控技术	生态调控、物理防治、生物防治、科学用药等绿色防控集成技术	—

（六）森林碳汇

广元市森林碳汇领域低碳适用技术和产品需求主要集中于三个方面。

一是重点加强林业生态建设、森林经营和保护、资源培育与高效利用、林业生物产业、林业碳汇、木本粮油、林业生物能源、林业装备等领域的重大关键技术研究。

二是研发生物质新材料、生物质能源和生物质化学品等林业资源高效加工利用新技术、新工艺、新产品等。

三是开发重大生物灾害控制技术与设备。

综合上述三点和广元市国民经济发展任务分析，广元市森林碳汇领域节能减碳工作急需的重点技术和产品得到明确，主要集中于：①林（果）业优化提升技术；②林业生态系统的修复技术；③培育丰产稳产、抗逆性强经济林新品种；④森林火灾预警防控与快速扑救等重大装备系统适用技术，具体见表7-7。

表7-7 广元市森林碳汇领域节能低碳适用技术需求

重点子行业	细分行业	引进与创新的技术大类
森林碳汇领域	林（果）业	林业生态安全技术研究与生态体系建设，林果主要病虫害监测和防治技术，林产品制造生物能源、代替化石燃料技术
	生态系统的修复技术	太行山地生态区和沿黄河生态涵养带天然林资源保护嘉陵江上游水源涵养技术，城周山体绿化及南河、嘉陵江、白龙江、清江河等水系绿化技术
	林产品深加工技术	林产品加工副产物的高效增值和循环利用技术、林业生物质资源的综合利用与精深加工技术、林产品加工标准体系与全程质量安全控制技术
	林业防灾减灾技术	林业适应气候变化对策研究和精细化农业气候区划技术
	信息服务技术	林业碳汇计量监测技术
	林业有害生物防治技术	生态调控、物理防治、生物防治、科学用药等绿色防控集成技术，飞机防治和人工防治技术，以生物农药、生物肥料、植物生长调节剂等为主的绿色生物产品

（七）废弃物处理

广元市废弃物处理领域低碳适用技术和产品需求主要集中于固体废弃物处理、污水处理、大气环境污染物处理，可概括为三个方面：一是"城市矿产"综合开发利用项目，完善回收处理网络；二是推进再生资源利用向集约化、规模化、产业化发展；三是构建以城市社区分类回收点为基础、以分拣中心和集散市场为枢纽、以分类加工利用为目的的再生资源循环利用体系。

综合上述三点和广元市国民经济发展任务分析，广元市废弃物处理领域节能减碳工作急需的重点技术和产品得到明确，重点围绕化学需氧量、二氧化硫、氨氮、氮氧化物等主要污染物减排和重金属污染治理，全面推进资源综合利用企业认定管理和工业、农业、建筑、商贸服务等领域清洁生产示范，主要集中于：①城市垃圾处理处置、固废综合处理技术；②节水及污水回用、污水高效处理、污泥处置利用、污染土壤修复技术；③节材及材料回收或再利用技术、资源综合利用技术，具体见表7-8。

表7-8 广元市废弃物处置领域节能低碳适用技术需求

重点子行业	细分行业	引进与创新的技术大类
废弃物处置领域	工业固体废物综合利用和处置技术	以提高资源利用率、节约能源、减少重金属污染物产排量为目的的节能技术和清洁生产技术，涉重金属企业利用自产含重金属固废、废液和废气进行有价重金属资源回收或综合利用深加工技术，治污设施提标升级技术，强制性清洁生产审核，含重金属废弃物的减量化和循环利用技术
		垃圾焚烧发电、金属分选和回炉冶炼再生技术、废塑料回收再生利用技术、纸浆模塑技术、纸基再利用技术、好氧生物堆肥技术、脱油饲料化技术、物理-生物混合处理技术等
	环境安全技术	冶炼渣综合利用和无害化处理技术、生活垃圾无害化处置及资源化技术、生活垃圾填埋场的渗滤液重金属污染物达标排放技术、烟气脱硝设施、布袋除尘器或高压静电除尘设施

续表

重点子行业	细分行业	引进与创新的技术大类
废弃物 处置领域	大气污染治理 技术	大气污染综合控制技术，电力行业脱硫脱硝、非电力行业脱硫脱硝、烟粉尘综合治理技术，磷酸尾气中氟及其化合物的治理技术
	水污染治理 技术	水源地保护及生态治理技术，安全饮用水保障技术，再生水、矿井水等非传统水资源利用技术，污水的深化治理及回用技术，铅冶炼废水的综合治理技术，污酸站污水处理回用技术
		FMBR（兼氧膜生物反应器）污水治理技术、地埋式一体化污水处理技术
	环境基础设施 部署	城市污水处理厂管网建设工程、小城镇污水处理工程

（八）小结

通过评估广元市重点领域低碳适用技术，明确了广元市低碳发展重要科技问题、节能低碳适用技术需求内容和发展重点。

（1）以节约能源资源、提高能效、工艺改进、改善环境为重点，加快能源供应、交通、建筑、工业、农业、森林碳汇、废弃物处理领域生产工艺、基础设施、装备等改造提升技术的研发部署与示范应用。

（2）以信息化带动、发展生产性服务业，加快先进适用并能带动形成相应领域新的市场需求、改善民生的技术和产品的研发部署和示范推广。

（3）在农业、林业、建筑业和城市基础设施等存在着协同作用的行业，促进适应与减缓政策与行动之间的技术协同。

（4）工业生产中，煤矿开采加工、建材行业水泥生产和有色金属行业电解铝生产是推广低碳适用技术的关键；农业领域内，种植业和畜牧业在广元市经济发展中占有重要位置，也是推广和应用低碳适用技术的重要方面；土地利用变化和林业碳汇方面，乔木林、经济林贡献最大；废弃物处理领域中，固体废弃物处理是低碳适用技术需求的重点。因此，有色金属行业、建材行业、煤矿开采加工、农用地、乔木林是低碳适用技术需求的关键方面。

第八章　低碳适用技术减排潜力评估
及推广应用障碍

　　低碳技术的研发与推广应用是增强应对气候变化科技支撑能力的重要方面。重点行业分析与技术路线图是城市低碳规划中非常有价值的内容，旨在识别城市减排的主要发力点，并为决策者提供切实可行的减排方案。为加快节能技术进步和推广普及，引导用能单位采用先进适用的节能新技术、新装备、新工艺，促进能源资源节约集约利用，缓解资源环境压力，国家发改委组织编制了《国家重点节能技术推广目录（1～6 批）》（以下简称《目录》）。本章主要基于《目录》来测算可能在广元市应用的低碳适用技术对广元市低碳发展目标的实现所产生的减排贡献率，同时分析广元市低碳适用技术应用方面存在的一些突出矛盾和问题，最后提出相应的对策建议。

一　低碳适用技术减排潜力评估

　　温室气体核算是一体化构筑城市低碳发展蓝图分析的起点，也是进行低碳适用技术潜力评估、识别城市低碳发展科技支撑方向和重点部门（行业）节能低碳适用技术需求内容的重要基础，对培育和完善有产、学、研等微观主体参与的城市区域创新系统有着积极意义。从温室气体核算方法看，温室气体排放量/吸收汇主要由目标城市相关活动水平和排放因子决定。其中，"排放因子"的变化一定程度上反映了目标城市特定部门（行业）的技术效率变化。本节主要通过对广元市一定时期（2020 年）相对减排量进行测算，评估广元市部门（行业）低碳适用技术减排潜力，步骤如下。

第一步，测算广元市为实现 2020 年低碳发展目标所需的减排量。根据广元市低碳城市建设实施方案，2020 年的目标是单位地区生产总值二氧化碳排放比 2010 年下降 35% 左右。基于这一低碳发展目标，假设以 2010 年为基期（当期碳排放总量为 1289.35 万吨二氧化碳当量，GDP 为 309.42 亿元），2010~2015 年年均 GDP 增长率为15%，2015~2020 年年均 GDP 增长率为 10%，为实现以 2020 年为目标期（2015 年，单位地区生产总值二氧化碳排放比 2010 年下降18% 左右，到 2020 年，单位地区生产总值二氧化碳排放比 2010 年下降 35% 左右①）的低碳发展目标，可分别得出 2020 年基准情景和低碳情景下的碳排放量，由此可计算出为实现低碳发展目标所需的减排量。

第二步，测算应用低碳适用技术在广元市各主要部门所能实现的减排量。基于广元市各主要部门低碳适用技术的需求评估，参考《目录》相关技术参数，可得出目标年各部门（领域）低碳适用技术应用所能实现的节能减碳量。

第三步，减排贡献率计算。将第二步各部门所能实现的减排量加

---

① 广元市发展和改革委员会、广元市低碳发展局：《广元市国家低碳城市试点工作实施方案》，2012。

总，并与第一步的减排量需求相比，即可得出低碳适用技术应用所能实现的减排贡献率。在假定广元市目标年（2020 年）各部门碳排放结构不变的情况下，可拆分出主要领域为实现低碳发展目标所需的减排量，将其与第二步各部门所能实现的减排量相比对，即可计算出各部门低碳适用技术应用的减排贡献率。这里，与目标年低碳发展达标情况下减排量相比得出部门（能源供应、交通、建筑、工业、农业、林业、废弃物处理七大领域）技术减排贡献率。需要强调的是，目标年实现低碳发展目标减排需求量的部门分解不包括林业。但林业碳汇的减排贡献率可以在总的减排贡献率中体现。

结合以上分析可以看出（见表 8 - 1），为实现广元市 2020 年低碳发展目标，低碳适用技术可实现大约 32.13% 的减排贡献率。其中，工业部门减排潜力最大，约占 17.07%；其次是能源供应部门，约占 7.04%；再次是农业部门，约占 5.41%。这也与广元市农业生产比重较大、农业碳排放量较大有关。另外，广元市林业资源丰富，森林覆盖率达到 55%，林业碳汇对广元市低碳发展可贡献 1.78% 的减排量。其他几个部门，如建筑、交通和废弃物处理，应用低碳适用技术的减排贡献率较小。这与广元市当前的经济发展阶段、排放构成、产业发展等关系密切。

表 8 - 1　2020 年低碳适用技术减排贡献率

单位：万吨 CO_2e，%

部门	各部门 2020 年减排需求量	2020 年低碳技术减排贡献率	
		各部门可实现减排量	各部门减排贡献率
1. 能源供应	64.61	23.50	7.04
2. 工业	160.47	56.97	17.07
3. 交通	20.08	0.27	0.08

续表

部门	各部门 2020 年减排需求量	2020 年低碳技术减排贡献率	
		各部门可实现减排量	各部门减排贡献率
4. 建筑	10.96	2.47	0.74
5. 农业	35.07	18.06	5.41
6. 林业	28.85	5.94	1.78
7. 废弃物处理	13.71	0.04	0.012
总减排需求量	333.76	107.24	32.13

二　低碳适用技术推广应用障碍

"十一五"期间，广元市"美丽广元、幸福家园"建设取得了新的进展，先后荣获"低碳中国贡献城市""低碳发展突出贡献城市""低碳生态先进城市""杰出绿色生态城市"等称号，并于 2012 年 11 月成功申报为"国家低碳试点城市"。但同时在低碳适用技术应用方面存在一些突出矛盾和问题，通过实地考察、听取报告、查阅资料等形式，结合广元市重点领域"节能减排与低碳适用技术"需求和课题组对行业形势的研究判断，得出低碳适用技术应用推广面临的障碍主要表现在以下几个方面（具体见表 8－2）。

一是低碳生产力转化与形成。在政治领导力与公众意识良好的工作氛围中，广元市整体上工业、能源供应、建筑、农业等领域依靠自主创新实现可持续发展，发展低碳经济、推进低碳试点城市规划与建设的政策效应仍需得到深度催化和释放，工业领域生产企业在资源综合利用技术研发与创新、相关节能低碳生产工艺与设备引进方面严重依赖财政资金支持，鼓励创新、支持创新的"市场决定"氛围还不够浓厚。

表 8 - 2　广元市重点领域低碳适用技术主要需求方向及障碍

重点领域	主要需求方向	重要低碳适用技术发展障碍				
		意识	资金	消化能力	人才	知识产权
工业	生产工艺、基础设施、装备等改造提升技术	□	■			■
	先进适用并能带动形成领域新的市场需求、改善民生的技术和产品的研发部署和示范推广		●	●	●	●
	企业能源管理中心			●	○	
能源供应	生产工艺、电力设施、装备等改造提升技术	□	■			
	先进适用并能带动形成领域新的市场需求、改善民生的技术和产品的研发部署和示范推广		●	●	●	
交通	基础设施、装备等改造提升技术	□	■			
	先进适用并能带动形成领域新的市场需求、改善民生的技术和产品的研发部署和示范推广	○			○	
建筑	建设营运、建筑内部设备设施等改造提升技术		■			
	先进适用并能带动形成领域新的市场需求、改善民生的技术、材料产品的研发部署和示范推广		●	○	●	
农业	生产工艺、基础设施、装备等改造提升技术	■	■	■		
	先进适用并能带动形成领域新的市场需求、改善民生的技术和产品的研发部署和示范推广	○	●		●	
森林碳汇	基础设施、装备等改造提升技术	□	■			
	先进适用并能带动形成领域新的市场需求、改善民生的技术和产品的研发部署和示范推广		●			
废弃物处理	设施、设备等改造提升技术		■			
	先进适用并能带动形成领域新的市场需求、改善民生的技术和产品的研发部署和示范推广		●		●	
	分拣中心		●	○		

注：■表示当前至 2015 年很重要的障碍，□表示当前至 2015 年不太重要但仍有影响的障碍，●表示 2015 至 2020 年很重要的障碍，○表示 2015 至 2020 年不太重要但仍有影响的障碍。

　　二是技术障碍。高等院校、科研单位等科研平台少，科研力量薄弱，缺少追踪高科技前沿技术的研发能力，工业、能源供应等领域多数企业的核心技术和装备依赖引进，对外依存度过高，缺乏拥有自主知识产权的核心技术，低碳技术自主创新能力不强。需强化工业领域建立在本市产业优势基础上的相关低碳适用技术、工艺与产品的自主创新，推进能源供应领域的电网并网技术和安全稳定技术的部署应用，以满足长远时期（2015～2020 年）新能源规模发展需求。

三是成本障碍。依靠自主创新实现可持续发展的成本竞争力不足，自我发展的内生动力机制还不健全，企业尚未因减排激励真正成为技术创新主体，工业、能源供应等领域节能减排科技研发投入不足，高新技术孵化器和多元化投融资机制尚未形成，长时期内（2015～2020 年）工业领域自主创新能力与由知识产权导致的引进成本大小之间有着强相关关系。当前时期能源供应、交通、建筑、工业、农业、森林碳汇、废弃物处理领域相关低碳适用技术与产品的推广应用严重依赖财政资金支持。需重点扭转工业领域相关低碳适用技术与产品的推广应用严重依赖财政资金的情况，同时，需加强对森林碳汇、农业和废弃物处理领域相关节能减碳适用技术研发、应用与推广方面的支持力度。

四是政策力度。政策法规和标准规范体系还不完善，与节能评估审核制度相关的节能减排统计计量、检测监测与考核评价等基础性工作薄弱，工业、建筑、交通领域节能减排监管能力还有待提升，需进一步明确各相关部门的工作责任，加大督导落实力度，完善考核奖惩体系，统筹推进，形成合力。需重点在建筑领域制定适合自身地域特征的绿色建筑技术体系、标准体系、管理制度及相关扶持政策。为推进废弃物处理领域相关低碳适用处理工艺和设备的应用，广元市垃圾服务费征收、电价补贴机制尚需完善。

五是专业技术人员缺乏。节能减排工作是一个系统工程，涉及管理机构、相关企业。从总体上来讲，工业、能源供应、农业等领域具备节能减排专业知识的人员还比较缺乏，需加强业务培训，提高工作人员的专业水平，在建筑领域，发展低碳住宅在资金、人才等，尤其是在技术层面都存在多方面的障碍。

六是科技服务体系不健全，管理有待完善。现代信息技术应用推广还比较滞后，节能减排技术、产品推广应用进展较为缓慢，节能减排技术产品和服务市场还有待进一步规范，农村低碳适用技术推广体系等都有待加强，交通、废弃物处理部分领域能源统计与分析制度尚未建立，节能减排统计制度不健全，仍主要采用传统的人工收集、填报方式，没有采集、传输、加工、存储和使用等一体化的能源统计信息系统，这使得行业数据收集不全，或收集数据不准确，缺乏时效性，无法全面、准确提供相应领域节能减排的综合信息。

三　政策建议

（一）深度催化和释放规划与政策引领效应

低碳适用技术的研究、发展与推广需要明确责任主体，只有权责明确才不会有"搭便车"和"公地悲剧"等现象发生。低碳适用技术涉及多部门、多环节，在其推广与使用过程中，形成一个统一的由市委（市政府）领导，市科技和知识产权局、市发改委、市经济和信息化委、市财政局、市统计局参加的低碳适用技术生产力促进中心，协调市环保局、市投资促进局、市商务局、市交通运输局、市农业局、市统计局、市林业园林局、市畜牧食品局、市煤管局等业务部门，明确责任单位、责任领导，建立"权责明确、分工协作、责任考核"的工作机制，实行目标责任管理，做到责任主体明确，责权利统一。只有加强部门间的协调配合，充分发挥各自的主观能动性，才能形成发展低碳适用技术的合力。

加强规划引领，强化减排约束。以市发改委（市低碳局）、市规划建设和住房局、市科技和知识产权局、市经济和信息化委、市环保局、市法制办等相关业务职能部门为主要责任单位，培养学生、政府职员、企事业单位员工的低碳素养，积极部署低碳技术发展规划和低碳城市发展规划的编制、温室气体排放清单的编制，加强广元市碳足迹计算器系统的开发与应用、区县级电子政务内网一体化应用平台的建设与应用，推动碳资产开发和交易，引导市场主体行为，明确政府工作重点，发展低碳科技，完善以企业为主体的低碳技术创新体系，立足"原始创新－集成创新－引进消化吸收再创新"，密切跟踪低碳领域技术的最新进展[1]，形成更多拥有自主知识产权的核心技术和具有国际品牌的产品[2]。确立以企业为服务主体的工作思路，重点抓好对电力、建材（水泥）、有色金属、煤矿开采加工等重点耗能行业及列入国家千家企业和省万家企业的监管与服务。继续开展能效对标活动，使全市 17 种重点耗能产品的单耗达到或优于全国同行业平均水平。对重点耗能企业的节能目标进行分解，全面落实节能目标，严格考核奖惩制度。

（二）助推企业低碳意识转化为低碳生产力

企业是低碳适用技术研究、应用的主体，完善面向生产性企业的采集、传输、加工、存储和使用等一体化的能源统计信息系统，强化减排约束，为低碳外部性影响内化为企业的生产成本提供科学的决策基础，

---

① World Wildlife Foundation （WWF）. "Booz & Company Analysis", *Reinventing the City*, March 22, 2010.

② 雷红鹏、庄贵阳、张楚:《把脉中国低碳城市发展——策略与方法》，中国环境科学出版社，2011。

激励市场经济条件下企业低碳生产力的提高；另一方面，在推广低碳适用技术的过程中，市民才是具体的使用人，他们对低碳适用技术的意识是否到位，生产、生活中是否使用低碳适用技术都直接决定了低碳适用技术工作的成败。

以市宣传部、市低碳局、市投资促进局、市商务局、市环保局、市文广新局等部门为主要责任单位，加强舆论宣传，多渠道、多层次、多形式开展宣传活动，提高全社会发展低碳经济、使用低碳适用技术的意识，增强企业家、市民对发展低碳适用技术重要性和紧迫性的认识。不断总结和挖掘典型经验，抓好示范引导，扩大建设影响，充分展示低碳适用技术生产工作成效，为推动低碳适用技术工作顺利开展构筑舆论支持。

（三）以绿色融资驱动低碳生产

做好政策配套，好的技术需要好的配套措施。以市金融办、市发改委、市国资委、市投资促进局等业务职能部门为主要责任单位，出台相应的鼓励政策，贯穿低碳适用技术的研究、发展与推广的全过程。引导企业和相关研究机构加强对低碳适用技术的研发，鼓励企业与市民使用和推广低碳适用技术，形成良性发展的局面。此外，要制定可操作性强、便于执行的低碳工作优惠政策、奖励办法，从资金上对低碳适用技术项目进行支持和鼓励。

资金支持主要有以下三个思路。第一，鼓励各类低碳适用技术项目的申报，争取国家、省部级的专项资金支持。第二，加大政府财政对低碳适用技术相关领域的资金投入力度，将重点项目和示范工程优先纳入国民经济和社会发展计划及财政预算，并通过积极的财政优惠政策，引导各类金融机构加大对低碳适用技术的投入。第三，完善市场化的资金支持，推进各领域的市场化改革，使其从政府资金投入的补充逐步发展为低碳适用技术的资金来源主体。例如推进电力市场化改革，依靠市场的力量促进低碳发展，以改革推进低碳电力发展，落实国家资源性产品价格政策。

（四）强化重点能耗地区和行业技术改进

低碳适用技术是实现低碳发展的现实路径，需要不断加强技术创新和全面推广，为广元市低碳发展提供技术支撑。以市重点办、市发改委、市经济和信息化委、市科技和知识产权局、市国资委、市投资促进局、市经济技术开发区管委会、市天然气综合利用工业园区管委会、旺苍、苍溪、剑阁为主要责任单位，实行强制性清洁生产审核，并做好以下工作。第一，对于目前已经成熟的低碳适用技术加大推广力度。第二，继续加强对现行低碳适用技术的深入研究，争取技术创新。低碳适用技术不仅要考虑其先进性、实用性，更应考虑其经济性，降低其应用成本，在工业领域，抓好工业集聚区低碳适用技术应用的成本优势，促进资源综合利用。以广元经济开发区，旺苍、苍溪、剑阁3个扩权县工业集中区为重点，开发应用源头减量、循环利用、再制造、零排放的技术，着力推动低碳技术创新，提高核心技术和关键技术水平，加强先进适用低碳技术、低碳工艺、低碳设备、低碳材料的推广应用。重点发展从冶炼渣、矿山尾矿中回收稀贵金属的技术，提高综合利用附加值；重点发展工业余热余压发电；重点推进煤矸石、冶炼废渣、磷渣、电石渣等固体废弃物的综合利用，提高资源综合利用率。第三，针对广元市各领域的特点，因地制宜，在相应的领域有所创新。如在农业领域，应加强农业低碳化技术的集成创新，加强化肥、农药等农业投入品减量使用技术的研究和低排放种养品种的选育。

（五）在重点企业构筑低碳人才资源高地

以市人力资源社会保障局等业务职能部门为主要责任单位制定低碳人才需求目录，人是低碳适用技术的使用主体，也是低碳适用技术使用的受益者。发展低碳适用技术至少要构筑三支人才队伍。第一，低碳适用技术的研发队伍，这是人才队伍中专业性要求最高的队伍，负责低碳适用技术的研发创新。第二，低碳适用技术的推广队伍，为使好的、适合的低碳适用技术落到实处、在生产生活中得到推广，需要一支专门的队伍。这支队伍对低碳适用技术的应用至关重要。第三，低碳适用技术的需求反馈队伍，他们是低碳适用技术的具体使用人员，是应用低碳适用技术的直接技术人员，在实践中，各种技术都会有这样或那样的问题，他们是低碳适用技术需求的反馈者。

（六）统筹领域内适应与减缓正向协同效应

尽管减缓和适应协同作用不能保证在寻求降低气候变化风险的过程中，以最有效的方式使用资金和技术，然而，建立适应和减缓之间的协同作用能够提高各项行动的成本效益，使之更能吸引潜在的资助方和其他决策者。广元市温室气体的重要排放源/吸收汇主要是有色金属行业、建材行业、煤矿开采加工、农用地、乔木林。以广元市科技和知识产权局、市发改委、市经济和信息化委、市财政局、市农业局、市林业园林局、市畜牧食品局、市规划建设和住房局为主要责任单位，积极促进农业、林业、建筑业和生产设备设施行业等对存在着协同作用的技术的应用，同时避免因把建立协同作用作为决策的一个主要标准，而忽略其他许多与气候相关行业无协同效应的低碳适用技术的引进、应用、推广及创新。

第九章　低碳发展重点任务与保障措施

广元市依托自身资源、地缘优势，借助智力支持，科学规划，积极探索西部欠发达地区低碳发展模式。与此同时，广元市正处于城市化和工业化快速发展阶段，未来一个时期温室气体排放增长成为必然，落实控制温室气体排放分解目标面临重要挑战。为实现低碳发展目标，结合广元市市情，未来广元市低碳转型的重点任务主要是调整产业结构，提升技术水平，构建低碳空间、交通及其他基础设施体系，发展低碳建筑、生态农林业，倡导低碳政务和低碳生活等。为确保这些工作顺利推进，广元市需要在组织、政策、制度、机制、资金、技术、人才及宣传方面做好保障工作，这样才能有力促进和保障低碳转型和低碳发展取得成功。

一　重点任务

（一）着力调整产业结构，构建低碳产业体系

目前，广元市产业结构中，工业和服务业占比偏低，均低于全国平均水平。工业以传统工业行业为主，技术水平落后，能源利用效率较低，能耗强度较高。今后，广元市需要通过技术升级、产业升级和发展现代服务业，构建低碳型产业体系，通过技术减排和结构减排降低碳排

放强度，实现降碳目标。

1. 提升技术水平，推动传统产业升级

目前，广元市工业经济以煤矿开采加工、建材、有色金属、农副产品加工等传统高消耗、高能耗、高排放产业为主，技术水平落后，能源利用效率偏低，2013 年全市规模以上工业万元增加值能耗为 2.535 吨标准煤，比全省平均水平高 56.2%，比全国平均水平高 56.5%。低能效导致高排放，广元市工业行业中煤炭开采、有色金属、建材等传统行业碳排放占比较高，是广元市碳排放重点领域，也是其未来节能减排的重点领域。

结合广元市工业行业现实情况分析，今后的工作重点有：推进电解铝、电力、化工、建筑、煤炭、建材、造纸等行业节能降耗技术改造；着力提高资源消耗领域的节材和综合利用水平；强化对有色金属、化工、建材及新材料、火力发电、煤炭等重点行业的能源、原材料、水资源等消耗的定额管理，实现能源梯级利用、资源高效利用和循环利用；充分利用广元市生产要素成本优势和生态环境优势，紧紧抓住发达地区向内陆地区产业转移的机遇，加大招商引资力度，把好低碳环保准入关口，积极引进先进装备制造、高新技术和低碳环保等类型的产业，这些产业具有资源能源消耗强度低、碳排放强度低、附加值高、单位土地空间产出高、增长快、市场前景好、环境友好等特点。

2. 发展现代服务业，提高服务业比重

2010 年，广元市三大产业产出之比为 23.8∶39∶37.2，三大产业温室气体排放之比为 19.1∶67.2∶13.7，三大产业碳生产力之比为 2.1∶1∶4.7，可见第三产业的碳生产力最高，因此提高服务业在三次产业机构中的比重将有利于广元市降低碳排放强度。

提高广元市的服务业比重、优化服务业内部结构的具体措施包括：大力发展金融、保险、物流、信息等现代生产性服务业；积极发展文化、社区服务等需求潜力较大的社区服务业；推动教育培训、养老服务、医疗保健等服务业产业化发展；促进商贸、餐饮、住宿等传统服务业规范化发展；扶持连锁经营、特许经营、代理制、多式联运、电子商务等新兴服务业成长；鼓励合同能源管理、低碳环保技术研发咨询、节能节水技术咨询、碳排放核查和碳资产管理、碳交易和环境权益交易、环境影响评估和自然资源资产评估等低碳环保服务业发展；做大做强低碳生态文化旅游业，依托国家森林公园等生态资源和女皇文化、蜀道文化、红军文化、千佛崖文化、民俗文化等文化资源，发展以历史名城、村寨接待和生态旅游为主要特色的低碳旅游服务业，设立创意文化产业园区，从而带动广元市发展，扩大广元市影响，提升广元文化软实力。

（二）大力发展清洁能源，构建低碳能源体系

优化能源结构，减少煤炭、石油等化石能源消费比重，提高水能、生物质能、太阳能、风能、地热能、天然气等清洁能源消费比重，大力提高清洁能源生产供应能力和效率，推进能源转化过程的低碳化及转化过程中所产生二氧化碳的回收利用和处理，努力构建低碳能源资源体系和低碳化能源生产体系，这些举措对创建低碳广元、降低广元市的碳排放意义重大。

1. 大力发展可再生能源，构建低碳能源资源体系

构建低碳能源资源体系，需最大限度利用零排放、低排放的新能源和可再生能源。

（1）要继续加快水能开发和水电建设。2015 年水电装机达到可开发量的 65%，年发电量折合 75.4 万吨标准煤；2020 年水电装机达到可开发量的 80%，发电量折合 92.8 万吨标准煤。

（2）要加快太阳能、风能、地热能的开发利用。在继续用好太阳

能热水器、太阳房的同时，拓展太阳能发电等多种利用模式。广元市在山脊、风口地带存在优质风能资源，要选址试建风电设施，与太阳能、水电联网，实现多能互补。广元具有较丰富的地热资源，要大力发展地热低温发电、供暖、温室、家庭用热水、工业干燥、沐浴、水产养殖、饲养牲畜、土壤加温、脱水加工等。

（3）努力提高生物质能（含沼气）的利用规模。推动沼气大型化、集中化和产业化发展，积极利用沼气发电。推广应用节柴灶、燃料乙醇、生物柴油及秸秆直接燃烧发电等多种低碳适用生物质能利用技术，扩大生物质能应用范围。通过生物质能利用，实现到2015年节约24.0万吨标准煤，减排59.8万吨二氧化碳，到2020年节约31.2万吨标准煤，减排77.8万吨二氧化碳。

2. 着力推进供能低碳化，构建低碳能源生产体系

首先，推进天然气资源勘探开发低碳化。合理布局输送管线、储库和天然气消费大户，减少输气损失。对天然气田的勘探、建设、开发和天然气的管线建设以及集、输、储运过程与广元低碳城市的农田保护、生态建设实行统筹规划，使其协调发展，力求气田开发的环境影响最小化，效益最大化。加强天然气企业的社会责任意识，追求"零事故、零伤害、零污染"，履行社会责任，建设环境友好型企业。其次，推进电力工业低碳化。继续调整电源结构，相对降低火电比重，增加水电比重和其他电力比重。合理布局电源，缩短与负荷的距离，提高电压等级，合理调度，降低输送和变电损失。认真做好水火电建设的环境影响评估和环境保护设计。最后，推进煤炭工业低碳化，适度控制煤炭产量。广元市煤炭消费量及相应碳排放量均占能源消费总量和碳排放总量的80%以上，节能减排的重点是煤炭生产和消费行业，需要做好长期规划，适度控制煤炭年度产量。对煤炭开采过程可能造成的环境污染需要从源头加以防治，提高煤矸石利用率，加强对煤炭共生与伴生资源的回收利用。广元含煤地层中，与煤共生、伴生的有煤层气、硫铁矿、水泥用石灰岩、粘土矿、海泡石及分散元素、优质粘土矿等，如果将其作为废石处理，不仅浪费资源，而且污染环境，今后需要逐步提高回收利用率。

（三）科学规划构建低碳空间、交通及其他基础设施体系

1. 科学布局城市空间，提高空间利用效率

科学规划、合理布局城市发展空间，是节能减排工作始点。科学布局将产生长期减排效应，反之将带来长期增排效应。目前，由于地形、河道、交通轴线等原因，广元市的发展格局相对分散，城镇之间难以形成发展协力。今后，广元市需要研究探索并推进城镇间组团式发展，紧密城镇间交通运输和经济联系，形成城镇间经济发展协力。

首先，做好城镇组团布局。可以利用城市西南部空港经济优势和交通枢纽优势，引导城市向西南方向延伸，同时向东拓展，形成东西联动的城市发展格局。其次，提高城区空间利用效率。合理引导城市用地在轻型产业、居住、公共服务与商贸服务等多种功能方面的复合利用，减少通勤量，提高城区公共设施和能源利用率，降低温室气体排放。最后，引导城乡空间布局与自然环境和谐相融。充分利用原有自然环境和条件，顺应地貌特征进行城市布局和城市建设，构建城市生态廊道和无障碍"风道"，维护城市自然水气循环，促进污染扩散，避免热岛效应。广元冬季盛行北风，夏季盛行东南风，主要街道宜东西走向，同时南北有"绿楔"① 嵌入城镇。

---

① "绿楔"是指从城市外围由宽逐渐变窄楔入城市的大型绿地，可以比较集中地将城郊生态信息导入城市，并联系内、外，主、次骨架，对于缓解城市热岛效应、提高生态环境质量，作用显著。

2. 优化交通线路和工具，构建低碳交通体系

交通领域碳排放是化石燃料燃烧碳排放的重要来源，2010 年交通碳排放占化石燃料燃烧碳排放的 8.2%。减少交通碳排放是未来广元市节能减排工作的重要组成部分，主要途径包括：一是合理安排交通路线和交通工具；二是合理设计道路结构；三是推广应用清洁能源交通工具；四是倡导低碳出行方式。

首先，建好低碳过境交通路网。广元市是成都、重庆连接中国西北、北方的重要通道和枢纽。以国家、省级高速公路网为依托形成以绵广、广陕、广巴、广南、广甘为射线的高速公路体系。为应对过境交通量大幅增长的局面，需提高过境交通效率，分流过境交通、市域交通和市内交通流量，避免过境交通拥堵，同时加强对过境车辆的排放管理。其次，合理安排城乡交通路网，立体部署市区交通路网。建设连接城乡交通路网干道的快速连接线，减少居民到市区的出行距离和时间。在城区内，对有轨电车线路系统、其他公共交通工具、自行车道、步行道有序布局。通过开辟自行车专用路、优先路，建立自行车与公共交通换乘体系等措施，为居民出行创造良好的骑行条件。推广应用低碳交通工具，加大宣传教育力度，引导市民中长距离出行优先选择公共交通工具，近距离出行优先选择自行车和步行方式，鼓励市民上班、旅游等拼车出行。

3. 统筹规划优质建设，构建低碳基础设施体系

统筹规划电力、电视、电信、网络、管网、垃圾处理及综合防灾系统等城市基础设施建设，改变过去短期、低效、重复、高碳的基础设施建设模式，在改善市民生活质量的同时降低由基础设施建设产生的温室气体排放。

首先，构建低碳电力生产和输送体系。支持可再生能源电力生产系

统建设，发展沼气发电、垃圾发电、秸秆发电和水能发电，利用城市生活废物和大型养殖场废物建设大中型沼气发电厂和垃圾发电厂，在中心城镇结合养殖业发展规划建设小型沼气发电厂。其次，建设"数字城市"，打造"智慧广元"。统筹规划市域电视、电信、网络基础设施建设，构建以"数字城市"为基础的电子政府、电子商务、电子生活一体化通信网络体系。再次，建设低碳城乡管网系统，完善低碳城乡供水系统、污水排放及处理系统。最后，建设低碳城乡垃圾处理体系。推广低碳化垃圾处理模式，从源头上减少生活垃圾产量并减少垃圾最终处理量。除了控制城市生活垃圾总量以外，还需要推进工业垃圾的循环综合利用。提高资源利用效率，实现固废减量化。

（四）推广节能建筑技术，发展低碳绿色建筑

2010 年，广元市建筑排放占化石燃料燃烧排放的 11.8%，高于交通领域碳排放。减少建筑排放也是未来广元市节能减排工作的重点之一。降低建筑碳排放的途径包括推进既有建筑节能改造、提高新增建筑节能标准和节能水平、推动可再生能源在建筑中的规模化应用、推广建筑节能技术和节能产品。

1. 有序推进既有建筑节能改造

既有建筑开展节能改造可以从以下四个方面展开：一是组织开展对大型公共建筑，政府、学校、医院等公共机构建筑的空调、采暖、通风、照明、热水等用能系统进行节能改造；二是引导有条件的商业楼宇、企事业单位实施地源热泵空调的节能改造，推广使用风能热泵热水器；三是结合庭院改善、危旧房改造等改扩建工程，以建筑门窗、外遮阳、自然通风等为重点，推进既有建筑节能改造；四是做好既有建筑节能改造的调查统计工作，制定具体改造规划，有序推进既有建筑节能改造。

2. 提高新建建筑节能标准和节能水平

严格执行新建城市公共建筑节能 50%、居住建筑节能 65% 的设计标准，加强对建筑规划、设计、施工和运行的监管。严格落实建筑节能强制性标准，实行设计环节标准化、施工环节规范化和验收环节闭合化的建筑节能管理模式，规范节能建筑设计标准和图集、施工技术规程、验收规范、运行管理规则的制定和实施，依法推进建筑节能工作。积极推动太阳能、地热能、风能、生物质能等可再生能源在建筑中的应用，推动可再生能源建筑应用规模化。在严格执行国家对新建居住建筑和公共建筑节能标准要求的同时，积极推广建筑节能技术和材料，建成一批低碳示范建筑，建成社区建筑节能示范以及雨水回收利用示范。

（五）减少农业排放，增加森林碳汇

2010 年，广元市第一产业温室气体排放约为 213.25 万吨二氧化碳当量，约占 19.14%。其中，农业能耗排放约占 1.98%，农业排放约占 180.29%，土地利用变化和林业吸收约占 -82.27%；农用地排放是主要农业排放源，乔木林的碳汇量最大。今后，广元市需要发展生态农业，减少农业排放，加强对林地及林业的管理和建设，增加森林碳汇。同时，还需要加强对广大农村地区污水、垃圾及污染物的处理和防治工作。

1. 大力发展生态农业

广元市应大力发展以低能耗和低污染为基础的低碳农业经济，降低农业生产温室气体排放。加强低碳农业发展政策宣传和低碳农业生产实用技术培训，增强广大农民的低碳生产意识和技能。加速推广成熟的低碳农业技术，如测土配方、节水灌溉、植被保护、沼气利用等，优先推广应用化肥、农药减量使用技术和低排放种养品种选育技术。加大对农村因大量使用化肥、农膜、农药所造成污染的整治，结合生物质能的开发，大力发展和应用有机肥料。推广使用新型可降解农膜，推动农业发展模式由设施农业向有机生态农业的转型，发展高附加值绿色精品农产品及其加工品。建设符合乡村特色的固废收集、储运体系及相应的垃圾卫生填埋、堆肥场所，改变乡村垃圾自然堆放的现状。

提供政策扶持，引导农民和农业企业应用低碳农业技术。建立低碳农业示范区，发挥示范区示范效应。挑选部分现代农业示范园区和农业精品产业园区，将其建设成低碳农业示范园区，开展低碳农业技术应用和示范项目，以示范效应带动加快低碳农业发展。加大农村清洁能源推广应用力度，促进农村能源、经济、社会和生态协调发展。通过发展经济林、坡改梯、封禁治理、保土耕作、整治建设塘堰、修建蓄水池和排灌沟渠等多种途径，有效控制广元市的水土流失。

2. 加强林地保护和林业建设

根据环境条件的地域差异，有针对性地加强林业碳汇建设。广元市北部地区海拔较高，自然生态系统保存完好，天然植被条件较好，重点是继续加强天然林地动植物系统生态保护，切实保护好森林资源，努力维护好现有生态体系。全面停止天然林商品性采伐，减少森林资源消耗，保护生物多样性。在荒山荒坡地带，大力开展退耕还林还草、营造人工生态公益林，并逐步发展工业用材林和以中草药为主的经济林。在南部山区以封山绿化育林为主，逐步加大农业经济林（油料、水果）的比重，不断提高造林成活率、保存率和林分质量，巩固造林成果。在中部河谷地区大力提高绿化覆盖率，培育人工植被生态系统，建设广元绿色廊道，认真实施林业重点工程项目，加快发展林业产业，带动整个林业发展，使中部地区由"碳汇凹地"向"碳汇平地"转变。

（六）推行低碳政务，倡导低碳生产生活

创建低碳广元，需要政府、企事业单位和广大市民、村民共同行动。政府需要带头推行低碳政务，发挥示范带动作用，同时通过加强宣传教育，创建低碳示范单位，引导企事业单位以及广大市民、村民逐步形成低碳生产生活方式。

1. 推行低碳政务

政府推行低碳政务，涉及政府消费、政府采购、公共服务、信息化建设等方面。政府低碳消费行为包括政府办公楼及设施的建设与管理、公务用车和办公用品的采购等。政府低碳采购主要是优先采购低碳产品和低碳服务，扶持本土低碳产品和低碳服务的提供企业，助力本土低碳企业提升市场竞争力，同时降低政府消费碳排放。对政府资金投入建成的公共建筑，包括医院、学校、办公楼、文化场馆、体育和博物馆设施，在其最初规划设计阶段和运营管理阶段都应采取节能减排措施。实施"政府上网工程"和"电子政务"，在其管理和服务职能中运用现代信息技术，逐步形成精简、高效、廉洁、公正的低碳政务模式。

2. 低碳生产生活

引导企业树立低碳经营理念，加强低碳管理。加强宣传和培训，建立奖惩制度激励员工和管理人员积极节能降耗，创新、改进生产技术、工艺和流程，逐步在企业管理人员和员工中形成内生性节能降耗增效的低碳生产方式和氛围。鼓励企业主动承担低碳社会责任，指导大型企业逐步建立碳排放清单制度，将其生产全过程中的碳排放列入年度报告。发展电子商务，降低流通环节碳排放，推动低碳物流业发展，降低商品流通环节碳排放。

在市民和村民中广泛宣传低碳生活理念、知识和技能，在全社会形

成浓厚的低碳氛围。在市区，大力创建低碳社区，提高低碳社区比例。在乡镇，评选低碳村镇，增强农村居民的低碳环保意识。鼓励居民建设节能住宅，购买节能家电，安装使用太阳能热水器和地源热泵，购置新能源汽车和小排放节能型汽车，再生利用生活废旧物品以减少垃圾排放量，自觉保护周边生活生态环境，逐步引导市民和村民养成低碳消费习惯，形成低碳生活方式。

二　保障措施

（一）加强机构建设，提供组织保障

成立市、县（区）两级低碳经济工作领导小组，下设专题工作组和办公室，按照政策制定、项目识别和规划、教育宣传、资金筹集和审批、监察和反馈等方面进行划分，做到分工明确、层次分明、协作统一。完善低碳经济发展责任考核评价办法，将规划建设任务分解细化，明确责任单位与领导。建立考核制度，将低碳经济规划完成情况纳入市、县（区）二级领导及各部门的年度目标考核，落实奖惩制度。

加强政府低碳发展能力建设，具体做法如下：一是出台低碳发展相关管理办法，划分政府职能部门职责分工和工作流程，固化工作模式，形成长效机制；二是建立部门联动机制，加强部门之间信息交流，强化联合办公，保障低碳发展工作顺利开展；三是出台温室气体排放统计、监测和考核制度，规范化、标准化政府相关部门的工作，保证统计数据的真实性、有效性，从而使参考依据的决策更加科学，推动控制温室气体目标的实现。

（二）落实配套政策，提供政策保障

低碳转型各个领域都需要政府制定优惠配套政策助力推进。包括可再生能源发展项目、低碳环保产业培植、低碳示范园区、低碳示范社区、低碳示范村镇、既有建筑低碳化改造、新能源汽车推广应用等领域都需要政府推出具体的财政、税收、土地、金融等优惠扶持政策。同时，对于与低碳绿色发展相悖的产业、企业、项目和产品，则需制定相应的惩罚性政策，逐步将其挤出市场。

（三）优化产业结构，提高能源效率

将低碳发展理念贯穿于广元市经济社会各领域，整体推进资源节约型、环境友好型城市建设；优化产业结构、提升发展水平，降低建筑能耗、提高能源效率，为后发地区低碳转型提供示范。在加快经济发展的前提下，实现能源效率提高和碳排放强度降低。以推动产业结构的战略性调整为动力，加快淘汰落后技术设备，改造传统产业，积极发展战略性新兴产业和以生产性服务业为主的第三产业，促进产业结构升级和经济发展方式转变，实现可持续发展。加大经济结构低碳化调整力度，将经济结构低碳化调整分为新增、落后和既有三个部分。对于新增温室气体排放，需要从规划入手，合理配置，注重评估城市控制温室气体排放目标与资源环境承载力；对于落后产能，继续加大淘汰力度，推动企业兼并重组；对于既有产能，持续推进节能减排，促进产业优化升级。

（四）突破重点领域，增加碳汇潜力

突破重点领域，以点带面，低碳发展。重点节能减排领域为有色金属（电解铝）行业、建材行业、煤矿开采加工、城市交通领域。在有色金属（电解铝）行业，电力间接排放是主要因素，优化能源消费结构，增加清洁能源水电的消耗，可有效降低温室气体排放。在建材（水泥）行业，通过节能升级发展循环经济、技术创新以减少碳排放、延长产业链以提高水泥附加值、提高水泥生产能效、调整材料组成等措施和技术进行节能减排。在煤矿开采加工行业，努力提高煤炭入选率，改进技术和设备，使煤炭开采加工向绿色化、集约化、高产高效化发展。在城市交通领域，优化城市交通网络，提高网络运行效率，积极发展新能源交通工具和电气轨道交通；加强对公众低碳交通理念的宣传和引导，倡导市民绿色出行；发展智能交通技术，强化车辆节能技术的应用。

持续增加碳汇潜力，继续抓好生态环境建设。在农用地领域，大力发展低碳农业，推行有害投入品（化肥、农药、农用薄膜）减量，立体种养节地、节水、节能，清洁能源、新能源使用，种养废弃物再利用，退耕还林还草、减免耕、秸秆还田等措施，以减少温室气体排放和增加吸收能力。除此以外，还要重视以下有效途径：产业化经营实现低碳生态农业高效益，开发安全、优质的农产品，利用政策杠杆减少化肥的使用量，提高农民的生态意识等。研究林业碳汇和碳交易在国际国内碳交易市场上的发展趋势，加快完成全市森林碳汇资源调查，包装一批碳资产项目进入市交易所挂牌，进行市场外（自愿）交易，将生态资源优势转化为现实经济优势。加快发展特色林业产业，推动林业经济和旅游业发展。

（五）坚持政府引导，发挥市场作用

加快体制机制创新，构建高效的监管体系，加强政策导向和信息引导，营造良好的政策和市场环境；完善财税金融政策和价格引导机制，积极推动合同能源管理，参与自愿减排及碳交易，构建政府主导、企业为主、全民参与的低碳发展机制。

大力拓展碳交易。努力形成政府为主导、企业为主体、全社会广泛参与的工作格局，需突出企业为主体的作用，充分发挥市场调节手段，更多地应用价格、财政、税收政策推动企业温室气体减排。积极推行碳交易、碳金融等，使得碳作为一种生产要素，其价格能更好地体现资源稀缺性、市场供需变化和环境成本。积极制定和实施财税政策，结合节能减排边际成本不断提高的情况，逐步加大对节能减排技术改造、示范和推广的支持力度；鼓励生产、使用节能减排产品。

（六）加强低碳管理，提供制度保障

逐步建立健全低碳发展、能源消耗等相关法律法规和日常管理制度，完善能源消耗和碳排放统计、核查、报告、评估、考核制度体系，探索生态环境和自然资源资产台账管理制度，从而便于随时跟踪和掌控本市能耗、碳排放、生态环境和自然资源资产状况。同时指导企事业单位、社区和乡镇相应对口建立管理制度，安排专兼职人员。逐步建立温室气体基础统计制度和核算体系，主要有两个方面：一是加强基层统计能力建设，逐步扩大能源统计调查范围，加强新能源分类和统计，建立健全能源核算体系；二是制定规范的温室气体统计工作和管理制度，组建专职工作队伍和基础统计调查队伍，建立地方、企业的温室气体排放基础统计和核算工作机制，对关键类别（农用地、有色金属行业、建材行业等）实施重点统计监测，推动完成各区县温室气体清单编制工作，逐步建立区县控制温室气体排放指标分解和考核体系。

加强政策支持，积极引导重点行业、重点领域、重点企业深入推进低碳发展；健全碳排放统计、监测和考核体系，分解落实碳排放总量目标，明确主体责任，强化目标考核，加强监督检查，确保实现低碳发展目标。

（七）发展低碳技术，提供技术保障

目前，广元市工业企业普遍陷入技术落后—竞争力差—效益低下的互为因果的困局中。为摆脱此困境，广元市需要鼓励企业通过自主研发、吸收引进和合作开发等方式创新、改进低碳环保增效型技术，政府提供财政资金以及引导企业提供专项资金重奖本地在低碳环保技术方面取得重大突破的先进个人、团队和单位，对取得明显经济、社会、环境效益的小发明、小创新、小改进也均予以适当奖励，调动生产企业和基层员工创新技术、工艺和管理方法的积极性。适时评估广元市低碳技术供求状况，有针对性地自主研发和联合开发低碳先进技术、引进和推广应用低碳适用技术，为广元市低碳发展提供技术保障。

（八）拓宽融资渠道，提供资金保障

广元市低碳转型资金需求巨大，加之经济基础薄弱、财政支持力度有限，导致资金需求缺口较大。为满足各领域低碳发展资金需求，广元市需要拓宽融资渠道，主要包括：一是作为国家低碳试点城市和西部贫困地区，争取更多的国家和省级财政资金支持，甚至创造条件争取世界银行、亚洲开发银行等国际金融组织的支持；二是鼓励本地银行、投资机构等金融机构拓展绿色信贷业务，对广元市企业低碳技改、建筑低碳化改造、可再生能源开发等项目的融资需求提供优惠贷款，增加授信额度；三是通过财政资金设立碳基金，撬动社会资本投资，专项支持广元市低碳转型融资需求；四是通过国内外碳交易市场，将本地的可再生能源开发项目、林业碳汇项目产生的减排效益转化为经济效益。

（九）创新机制安排，增强发展活力

低碳试点，充满未知，也充满机遇，需要不断创新工作机制，才能不断突破障碍，推动低碳发展不断前进。一是在广元市有色金属、建材、煤矿开采加工业等能源密集型和碳排放密集型工业企业中，探索推行能源带宽分析方法，分析生产企业现有技术条件下主要能耗生产环节、产品及其工序流程，进而找到主要节能降耗潜力空间所在，为促进节能减排找准着力点和对策。二是探索新的环境权益交易机制，包括碳市场交易、节能量交易、水权交易、排污权交易、合同能源管理等市场机制，促进企业降低节能减排和节水成本，形成内生节能降耗减排增汇激励。三是积极推进生态补偿机制落地。广元市作为国家和省重要的生态功能保护区，生态环境保护和建设成本承担较多，需要获得相应的生态补偿。在国家生态文明体制改革加速推进阶段，广元市应积极推动省和地区间生态补偿机制落地。

（十）储备人才队伍，提供人才保障

广元市的低碳转型和低碳发展需要大量低碳技术的研发、推广、应用以及管理人才和低碳服务型人才。缺乏不同层次的技术人才是广元市低碳转型的重要制约因素。为改变人才不足的局面，广元市需要制定优惠政策，从本地选拔一批年轻骨干进行培训，再从高校和外地企业中招收一批低碳技术研发人才、应用人才、管理人才及服务人才，充实企业、社区、乡村等基层队伍，为广元市低碳发展提供人才保障。

（十一）加大宣传力度，提供舆论保障

借助广播电视、网络报刊等媒体以及居委会、村委会、社区等基层干部队伍，在企业、市民和村民中广泛宣传气候变化、低碳经济、生态环保等知识，举办低碳生产技术、低碳农业技术、低碳生活技术等低碳技能培训班，开展"低碳机关、低碳企业、低碳园区、低碳校园、低碳社区、低碳村镇、低碳先锋人物"等低碳先进评选活动，在全市范围内形成浓厚的低碳发展氛围。

本篇参考文献

[1] 广元市发展和改革委员会:《关于广元市 2012 年国民经济和社会发展计划执行情况及 2013 年计划草案的报告》,2013。

[2] 广元市发展和改革委员会、广元市低碳发展局:《广元市国家低碳城市试点工作实施方案》,2012。

[3] 广元市发展和改革委员会:《广元市"十二五"节能专项规划》,2010。

[4] 广元市环境保护局:《广元市环境保护"十二五"规划》,2012。

[5] 广元市交通运输局:《关于二○一二年工作情况和二○一三年工作安排的报告》,2013。

[6] 广元市人民政府:《广元市"十二五"工业经济发展规划》,2011。

[7] 广元市人民政府:《广元市"十二五"能源发展规划》,2011。

[8] 广元市人民政府:《广元市城乡环境综合治理"十二五"规划》,2011。

[9] 广元市人民政府:《广元市创建四川省环境保护模范城市规划》,2012。

[10] 广元市人民政府办公室:《关于印发广元市"十二五"低碳经济发展规划的通知》,2012。

[11] 广元市人民政府人口普查领导小组办公室、广元市统计局:《广元市 2010 年第六次全国人口普查主要数据公报(第 1 号)》,2011。

[12] 广元市水务局:《广元市"十二五"水利发展规划》,2012。

[13] 广元市天然气综合利用工业园区管委会委员会:《关于报送〈2011 年工作总结和 2012 年工作安排〉的报告》,2012。

[14] 国家发展和改革委员会:《国家重点节能技术推广目录(1~6 批)》,2008~2013。

[15] 国家发展和改革委员会:《中国应对气候变化国家方案》,2007。

[16] 雷红鹏、庄贵阳、张楚:《把脉中国低碳城市发展——策略与方法》,中国环境科学出版社,2011。

[17] 庄贵阳:《中国经济低碳发展的途径与潜力分析》,《国际技术经济研究》2005 年第 3 期。

[18] World Wildlife Foundation(WWF), "Booz & Company Analysis", *Reinventing the City*, March 22, 2010.

第三部分

济源篇

第十章　社会经济现状及低碳发展的
工作基础

济源市是河南省重要的重工业城市，工业结构偏重，地域面积较小，资源环境约束趋紧，在经济高速增长的同时，如何实现经济低碳转型和可持续发展是其面临的重要现实问题。济源市虽然建市时间不长，但它在河南省内乃至全国都是较早实践低碳发展的城市。济源市在低碳发展上做出了一系列的努力，具备良好的低碳发展工作基础。

一　基本情况

济源市因济水发源地而得名，位于河南省西北部。济源市地处古代华夏文明的中心地区，历史悠久，为河南省历史文化名城，是传说中愚公的故乡，"愚公移山"故事的发祥地。明清时期属河南怀庆府，1912年直属河南省，1949年改属平原省新乡专员公署，1952年平原省被撤销，济源县改属河南省新乡专员公署，1975年济源工区办事处成立，济源属工区办事处，1986年济源县改属焦作市，1988年国务院批准济源撤县建市，为省直辖县级市，计划单列由焦作市代管，1997年实行省直管体制，2001年成为河南省18个省辖市之一。目前全市辖5个办事处，11 个镇，526 个村（居），市域面积 1931.6 平方千米，其中建成区面积 24.3 平方千米，2012 年底总人口 68.49 万人。

（一）地理气候

济源市地处北纬 34°53′~35°16′，东经 112°01′~112°45′，北依太行，与山西省的阳城县、晋城市毗邻；南临黄河，与古都洛阳市的孟津、新安县隔河相望；西踞王屋，与山西省运城市的垣曲县接壤；东接华北平原，与焦作市的孟州、沁阳市相连，有"豫西北门户"之称。济源总地势呈现出西北高、东南低的特点，山区面积约占全市国土总面积的 62.1%，丘陵面积约占 18.7%。其平原地区主要位于太行山以南、黄土丘陵以北，约占国土总面积的 19.2%，市区位于平原区。市内共有大小河流百余条，皆为黄河水系。

济源市属暖温带大陆季风性气候。受季风的影响，四季变化明显，差异性大，总体呈现出春季温暖多风、夏季炎热多雨、秋季天高气爽、冬季干冷少雪的气候特征。常年平均气温 14.6℃，降雨量 696mm，平均无霜期 223 天。

（二）自然资源

1. 矿产资源

济源市矿产资源丰富，矿产种类较多，经多年地质普查与勘探，已查明各种金属、非金属、能源、水气等矿藏 41 种，探明储量的有 19 种，已开发利用的有 16 种，其中，能源矿产 2 种，金属矿产 3 种，非金属矿产 11 种。108 处矿床（点）分布在济源市各个镇区，具有开发利用前景。矿产资源主要有煤、铁、铜、铝矾土、石英石、白云石、水泥灰岩、高岭土、耐火黏土等。煤炭储量 2.85 亿吨，发热量均在 5000 大卡以上。无烟煤分布在克井镇，烟煤分布在下冶、邵原等镇。

2. 水资源

济源市年均地表径流量为 3.12 亿立方米，地下水储量为 2.39 亿立方米。扣除重复量 1.11 亿立方米，济源市水资源年均总量为 4.4 亿立方米。此外，一般年份还引用黄、沁河过境水 2.74 亿立方米（干旱年引水可达 3.95 亿立方米），加上入境水 0.723 亿立方米，济源市可利用水总计均值为 7.86 亿立方米。

受自然和社会经济条件的制约，水资源开发利用存在着明显差别。以 75% 保证率计算，济源市水资源可利用总量为 6.725 亿立方米（包括利用入境和过境水），已开发利用量为 3.331 亿立方米，占可利用总量的 49.5%。在已开发利用的水资源总量中，有地表水（包括引用过境水）2.524 亿立方米，地下水 0.807 亿立方米。其利用形式为农田灌溉 2.6624 亿立方米，工业企业用水 0.3459 亿立方米，乡村企业用水 0.1406 亿立方米，农村人畜吃水 0.1399 亿立方米，城镇居民生活用水 0.0422 亿立方米。

济源市大部分地区水质较好，矿化度低，矿化度大于 1 克/升，硅酸超过 5 毫克/升，属偏硅酸型医疗矿泉水，含有氨、锂、锶、钡等分子，适合农田灌溉和人畜饮用。地热水距地面 35 米左右，平均水温 55℃，地热水资源区现有生产井 4 眼，年开采量为 30.31 万立方米。

3. 土地资源

济源市土壤分为三类：棕壤、褐土、潮土，有八个土属，其分布具有明显的垂直变化规律。平原主要是两合土和部分红黏土，肥力较高，保水、保肥性能好；南部丘陵是砂礓土，多石砾，团粒结构不好，易漏水肥；西南部山区是红土、白土和沙壤土，质地较紧实，耕性与生产性能较差；北部深山区为棕壤土和山地褐土，土层薄，质地黏重，宜作林、牧用地。

济源市土地总面积 1931.26 平方公里，以林地居多，交通用地最少。其中，耕地结构按地貌类型划分，平川地约占 20%，丘陵塬地占32%，山坡地占 48%；未利用土地比重较大，对于后续低碳规划来说具有一定的开发潜力。

4. 动植物资源

济源市山区地形复杂多样，气候丰富多彩，茂密的森林为动物栖息繁育提供了天然场所。济源市有各种动物 697 种，其中被列为国家重点保护动物的有 44 种。其中，一类动物有白鹳、黑鹳、金雕、玉带海雕、虎头海雕、金钱豹 6 种；二类保护动物有大鲵、猕猴、青羊、林麝等 38 种。

济源市属于暖温带落叶阔叶林区，有针叶林、阔叶林、竹林、灌丛及草灌丛、草甸、沼泽及水生植物 6 个植被类型，共计有 83 个群系。共有森林面积 5.7 万公顷，森林覆盖率 42.9%，林地面积 9.7 万公顷，农田林网覆盖面积 1.46 万公顷。有各种植物 197 科 1760 种，其中苔藓植物 34 科 76 种，蕨类植物 20 科 87 种，裸子植物 4 科 12 种，被子植物139 科 1585 种。属国家和省级保护植物的有 34 种，其中国家二类保护植物 8 种，三类保护植物 15 种，省级保护植物 11 种。济源市主要树种有栎、柏、杨、槐、榆、桐等。经济林面积 9484.9 公顷，品种有苹果、李、柿、山楂、梨、桃、葡萄等。境内分布着各种珍稀古树 30 余株，其中王屋千年银杏树、阳台宫七叶树、天坛山南方红豆杉、邵原橿子栎、济渎庙桧柏等均为河南省现存最古老、最大的树种。

（三）经济发展

济源市是全国最大的铅锌冶炼基地和河南省重要的钢铁、能源、化工、机械制造基地。经济发展以钢铁、铅锌、能源、化工、机械制造、矿用电器六大支柱产业为支撑。近些年来，济源市经济保持快速增长势头。"十五"期间（2005～2010年），济源经济年均增长17.9%；"十一五"期间（2006～2010年），济源经济年均增长14.8%。2011～2013年，济源经济增速略有放缓，增速依次为14.7%、11.6%和12%。经过多年的快速增长，到2013年，济源市GDP达到460.1亿元。2013年，济源市GDP构成中，第一产业增加值为21.5亿元，增长4.6%；第二产业增加值为344.1亿元，增长13.6%；第三产业增加值为94.5亿元，增长6.5%；三大产业结构为4.7∶74.8∶20.5。在第二产业中，工业增加值为324.6亿元，比上年增长13.8%，约占GDP总额的70%。其中，规模以上工业增加值为295亿元，增长15.7%；轻工业增长6.5%，重工业增长16.8%，轻、重工业比例为10.8∶89.2。可见，济源经济以工业为主，主要依靠工业增长带动经济增长，其中又以重工业为主。

济源市现有规模以上工业企业225家，2011年主营业务收入超过百亿元的企业有2家（济钢、豫光金铅），主营业务收入超20亿元的企业有6家（金利冶炼、华能沁北发电、万洋冶炼、金马焦化、恒通化工、济源供电公司），主营业务收入超10亿元的企业有5家，主营业务收入超5亿元的企业有17家。这些骨干企业是济源经济发展的主力军，是未来济源节能减排低碳转型的重点阵地，将发挥极大的示范带动作用。

（四）能源消费

济源市在中原地区具有重要的战略地位，是中原经济区重要的能源基地和原材料基地，拥有丰富的矿产资源、水利资源，形成了以有色金属、黑色金属、电力热力生产供应、非金属矿物制品、炼焦、煤炭开采、化工、金属制品等资源能源密集型产业为支柱产业的产业结构体系，高度依赖煤基能源，对非化石能源的开发利用偏少。从标准量来看，2010年济源市共消耗653.6万吨标准煤。其中，原煤占46.5%，洗精煤占 27.7%，焦炭占 9.6%，煤炭类能源合计占比高达 91.95%；石油类能源合计占 0.86%；天然气占 0.78%；生物质能占 0.02%；热力占 0.3%；电力占 6.09%。煤矸石、工业废料、城市固体垃圾、余热余压等其他能源未加利用或利用量极少而未予统计。可见，济源市对煤炭类能源依赖度极高，而余热余压、生物质、城市固体垃圾等非化石能源还尚待开发利用。

济源市于 2007 年、2009 年连续两次荣获"全国科技进步先进市"，2008 年率先在河南省省辖市中建立了省级可持续发展实验区，其经济结构不断优化，钢铁、铅锌、能源、化工等传统产业增加值占工业增加值的比重与"十五"末相比下降了 8 个百分点，高新技术产业增加值年均增长 25% 以上，万元 GDP 能耗下降了 16.2%，超额完成了河南省委省政府下达给济源市的 12% 的目标任务，单位 GDP 综合能耗由 2005 年的 2.64 吨标准煤/万元降低到 2010 年的 2.03 吨标准煤/万元，累计下降 23.02%，能源强度累计下降 25.33%，二氧化硫和化学需氧量排放分别下降 27% 和 12%，圆满完成"十一五"节能减排的低碳发展目标。

二 低碳发展的工作基础

发展低碳经济是全球经济继工业革命和信息革命之后的又一次系统变革，也被视为推动全球经济复苏的新动力源泉。济源市虽然建市时间不长，但是在践行低碳发展道路上走在了前列。济源市在河南省内乃至全国都是较早践行低碳发展的城市，在这个过程中，有经验、有创新，也取得了一些成绩。其享有低碳发展的自然资源优势，具备良好的低碳发展示范试点经验，低碳发展规划和政策措施日趋完备，发展循环经济节能降耗效果显著，抓住产业转移机遇促进升级转型并积极建设完善的低碳交通运输体系，这些都是济源市低碳发展重要的工作基础。

（一）享有低碳发展的自然资源优势

森林可以通过吸收大气中的二氧化碳减少碳排放，从而增强碳汇能力，实现低碳发展，这是缓解气候变化的重要方式。济源市在创建森林城市过程中做了一系列努力，也取得了一些成绩。2013 年，济源市被授予"国家森林城市"称号，这是中国城市绿化方面的最高荣誉。济源市还不断加强对外经济技术合作。2012 年 5 月，济源市政府与丹麦丹佛斯集团签订了战略合作协议，在节能减排和低碳经济建设领域展开战略性合作。豫光锌业与华睿集团公司合作开展 CDM 项目，实现了减排 3 万吨二氧化碳指标的转让交易。

除了森林资源以外，济源市还拥有丰富的矿藏资源、煤炭资源、水利资源和旅游资源，这些都是其经济长期持续发展的坚实基础。矿产资源为其实体经济源源不断地输入血液，煤炭资源为其生产生活源源不断地提供动力，水利资源为其提供清洁电力，旅游资源为其发展低碳旅游、生态旅游服务业助力。实体经济发展壮大进而又为科研、金融、技术服务、信息咨询等现代服务业的发展提供了市场需求，因此这些自然资源优势是济源市经济长期健康持续发展的坚固基石。

（二）具备良好的低碳发展示范试点经验

近十几年来，济源市高度重视环境保护，美化生态环境，努力处理好经济发展、社会进步与环境保护之间的关系，始终在探索绿色发展的道路。2004 年济源市荣获"河南人居环境奖"；2005 年被列为河南省城乡一体化试点城市；2006 年荣获"中国人居环境奖"，2006 年、2007 年先后荣获

"国家卫生城市"和"国家园林城市"称号；2008 年成为河南省首个省级可持续发展实验区，并规划创建"国家森林城市"；2010 年成为第二批国家低碳试点城市和第三批河南省循环经济试点城市；2011 年，济源市被批准成为"国家可持续发展实验区"，是河南省首个获此荣誉的省辖市。2012 年，济源市成为低碳交通运输体系建设试点城市，并与北京、上海、海南等 29 个省、市一起被列为第二批国家低碳试点城市，成为河南省唯一一个国家级低碳试点城市；2013 年，济源市被确定为首批六个"中美低碳生态试点城市"之一。济源市通过政策引导、专家咨询、技术支持、人员培训、企业参与等方式使低碳试点工作得到稳步推进。

"国家可持续发展实验区"是我国科技部推动的一项综合试点工作，旨在依靠科技进步、机制创新和制度建设，全面提高实验区的可持续发展能力，探索不同类型地区的经济、社会和资源环境协调发展的机制和模式，为不同类型地区实施可持续发展战略提供示范。低碳试点城市是指在城市内实行低碳经济，包括低碳生产和低碳消费，建立资源节约型、环境友好型社会，建成一个良性的、可持续的能源生态体系。十几年来，济源市一直走在绿色发展的轨道上，一直在努力创建资源节约型、环境友好型城市，这些成绩为未来的低碳转型奠定了良好的工作基础，所取得的荣誉也必将成为济源市未来低碳发展的内生驱动力，同时也能为其争取到更多的国家和省级政府的政策支持。

（三）低碳发展规划和政策措施日趋完备

根据自身战略定位，济源市先后制定了一系列低碳绿色发展规划和政策措施，具体如下。

《济源市国民经济和社会发展第十一个五年规划纲要》《济源市国民经济和社会发展第十二个五年规划纲要》《济源市城乡总体规划

（2012～2030年）》《济源市土地利用总体规划（2006～2020年）》等政策文件明确了济源市的总体发展战略、目标和方向，是指导济源市低碳转型工作的基本方针。

《济源市森林城市建设总体规划（2008～2020）》《济源市林业生态建设规划》统筹考虑了生态建设和经济发展需要，对增加济源市的森林碳汇提供了政策支持。

《济源市循环经济试点实施方案（2010～2020）》《关于落实科学发展观加强环境保护的意见》《关于全面整顿和规范矿产资源开发秩序的通知》《济源市人民政府办公室关于加快建设节约型机关的通知》《济源市开展节水型社会建设的工作意见》《关于印发济源市节能减排实施方案的通知》等政策文件，提出了发展循环经济的指导思想、原则、目标和重点，将推动济源市循环经济规模化发展。

《济源市低碳城市试点实施方案》《济源市"十二五"节能减排综合性工作方案》《济源市综合交通运输"十二五"发展规划》《济源市低碳交通实施方案》《济源市各项低碳交通运输相关规划》以及《河南省交通运输行业能源消耗发展目标》等政策文件的出台，有力推动了节能减排，促进了济源市的低碳发展。

正在拟订中的《济源市"十二五"淘汰落后产能工作方案》《济源市"十二五"传统产业升级改造实施方案》《济源市低碳农业实施方案》《济源市城市建筑低碳化实施方案》《济源市固定资产投资项目节能评估和审查管理办法》等政策文件，将进一步推动在工业、农业、建筑业、投资等领域的低碳转型。

（四）发展循环经济节能降耗效果显著

循环经济作为一种先进的经济发展模式，是与低碳经济相近的发展理念，它是济源市实现可持续发展、走新型工业化道路、保障生态安全、促进人与自然和谐发展的有效途径。济源市在循环经济试点工作中做出了一系列的成绩。

济源豫光 10 万吨再生铅分离工程是国家首批循环经济试点项目之一，2007 年，济源市济钢和金马的省循环经济试点实施方案获批实施，成为河南省第二批发展循环经济的试点企业（共 34 个）。2010 年初，济源市被列入河南省第三批循环经济试点初选单位。2012 年，济源玉川产业集聚区成为河南省首个创建省循环经济标准化示范园区的试点单位。济源市积极开展资源循环利用，针对以钢铁、铅锌、能源、化工、建材、机械加工为主导的典型的"资源依赖型"产业结构，初步构建了四大循环经济产业链，实施了一批工业循环项目，使工业固体废弃物综合利用率达到 96%，工业废水排放达标率达到 98%，秸秆综合利用率达到 79%，主要资源综合利用指标均走在了河南省前列。

"低碳济源"要求坚持把发展低碳经济与经济结构调整、发展方式转变结合起来。济源市先后淘汰了 81 家冶炼、水泥、化工等落后产能企业，引进富士康等全球 500 强企业以及国内的行业龙头企业、知名企业，充实了电子信息、高端装备等产业，使全市轻重工业比例由 2008 年金融危机前的 4∶96 调整到 2012 年的 11∶89，传统产业占工业的比重从 2008 年前的 80% 左右降低到 2012 年的 60% 左右。

济源市规划从"推动产业低碳化发展""优化能源结构""提高能源利用效率""提高林业碳汇能力""倡导低碳生活""加强支撑能力建设""开展低碳园区、社区示范试点""加强国际合作"八个方面努力，力争到 2015 年单位生产总值二氧化碳排放比 2010 年降低 19%；单位生产总值能耗比 2010 年降低 17%；服务业生产总值占国内生产总值的比重提高到 28% 左右；非化石能源消费占一次能源消费的比重提高到 5% 左右；分布式光伏发电装机达到 5 万千瓦，风力发电装机达到 10 万千瓦；城市居民燃气普及率达到 100%；森林覆盖率达到 45%。

近些年来，济源市采取组合措施推进节能降耗，取得了明显效果，主要包括以下几个方面。一是坚决淘汰落后产能，促进技术升级。按照国家淘汰落后产能的要求，济源市关停了 16 条水泥机立窑生产线、30 多家黏土砖厂、河南济钢两座 120 立方米炼铁小高炉、豫源化电的 92MW 小火电机组和电石生产线、恒通集团的隔膜法烧碱生产线、济源市恒利肥业有限公司的合成氨生产线、4 家小炼焦厂等一批规模小、能耗高、技术落后的企业或生产工艺。抓住国家强化重金属污染防治的机遇，出台了《关于对电解铅企业进行深化治理的意见》，鼓励豫光、金利、万洋等大型有色冶炼企业进行技术升级，并对济源市 32 家小型铅冶炼企业进行深度治理。二是实施"621 节能攻坚计划"，抓好重点耗能行业和企业的节能降耗工作。即在电力、煤炭、有色、建材、化工、钢铁六大行业，加快实施燃煤工业锅炉改造、余热余压利用等重点节能工程，总投资 25 亿元，实施 20 个重点节能项目，实现节能量 10 万吨标准煤。三是扶持高新技术产业和低能耗企业发展。济源市大力扶持高新技术产业和低能耗企业发展，一批企业正在快速成长。例如，济源市矿用机电产业中部分拥有自主知识产权的产品已占全国市场 60% 以上的份额，中原特钢（于 2010 年上市）的限动芯棒产品、石油钻具和铸管模等产品已跻身国内先进水平，双汇食品公司的单位产值能耗仅为 0.02 吨标准煤/万元。四是对高耗能行业实施限产。2010 年，根据河南省对高耗能行业进行限产的紧急要求，济源市节能办发出《济源市关于对"两高"行业和产能过剩行业实行停产限产的紧急通知》，对 6 家洗煤企业、4 家水泥企业、2 家火电厂实施不同程度的限产。这些措施降低了济源市的能耗强度。"十一五"期间，济源市的单位 GDP 能耗累计下降 25.3%，单位产品能耗也均有不同幅度的下降。济源市前期节能降耗工作不仅降低了能耗强度，也为今后实施低碳转型积累了工作经验。

（五）抓住产业转移机遇促进升级转型

发达地区由于劳动、土地等生产要素成本上升，竞争压力加大，以IT、汽车、装备制造为代表的高新技术产业纷纷向内地转移。济源市积极抓住发达地区产业转移的机遇，积极引进高新技术企业入驻，带领自身实现产业结构优化升级。其中，富士康公司是典型代表，济源富士康自 2012 年 8 月投产以来，对工业增长的拉动作用和对工业结构的调整作用十分明显，较大幅度提高了高新技术产业产值占比。进入 2013 年下半年后，一批低能耗与新兴产业项目相继投产，显著改善了济源市以重工业为主的工业结构。其中包括济源伊利项目（预计年产值 26 亿）以及虎岭产业集聚区机械加工园、鲁泰能源高新合成材料、富士康模具生产线等项目。这些项目的投产将进一步优化济源市的产业结构，促进结构节能。

（六）积极建设完善的低碳交通运输体系

交通运输业是国家应对气候变化工作部署中确定的以低碳排放为特征的三大产业体系之一，加快建设以低碳排放为特征的交通运输体系是中国积极应对全球气候变化的一项新的战略任务。2011 年 6 月，济源市交通运输局被河南省交通运输厅确定为河南省第一批低碳交通运输体系建设试点单位；2012 年 2 月，济源市被交通运输部确定为全国第二批低碳交通运输体系建设试点城市，成为河南省首获此殊荣的城市。通过不断强化道路通行基础能力建设，济源市率先实现了镇镇通高速、村村通公交，构建起市域平原区"15分钟"和市域"30分钟"两大交通经济圈。

按照规划，济源市低碳交通运输体系以运输通道资源优化配置、城乡客运一体化、智能交通建设为特色，突出低碳交通基础设施、低碳交通运输装备、交通运输组织模式优化和智能交通系统四大建设重点，通过进一步挖掘济源市发展低碳交通的优势，突出济源市低碳交通建设的特点、亮点和重点，力争在城乡交通一体化、道路景观碳汇林等更多方面创造经验，发挥先行表率作用，推动全省、全国低碳交通运输体系建设的全面展开。截至2013年5月，济源市已启动的交通相关建设项目有17个，完成投资近3亿元，预计每年可节约标准煤3.2万吨，节约标准油4.9万吨，实现直接经济效益4.6亿元。

第十一章 温室气体排放现状与低碳 发展面临的挑战

济源市是中国中部地区以重化工业为主导的新兴城市。根据中国社会科学院城市发展与环境研究所最新研究成果《中国城市（镇）温室气体清单编制指南》所编制的济源市 2010 年温室气体清单报告，济源市的二氧化碳排放呈现出工业排放和人均排放双高的特征。未来济源市既要做大做强传统产业，又要千方百计地控制温室气体排放，面临的压力巨大。

一 济源市温室气体排放现状分析

（一）温室气体清单报告

济源市 2010 年温室气体直接排放为 2248.18 万吨 CO_2e，间接排放为 -866.49 万吨 CO_2e，碳汇为 102.17 万吨 CO_2e，总净排放量为 1279.52 万吨 CO_2e。温室气体排放的基本情况和清单见表 11 - 1、表 11 - 2。

表 11-1 2010 年济源市温室气体排放基本情况

项 目		单 位	范围 1	范围 2	范围 1 + 范围 2
温室气体	总排放量	万吨 CO_2e	2248.18	-866.49	1381.69
	净排放量	万吨 CO_2e	2146.01		1279.52
	人均排放量	吨 CO_2e/人	31.76		18.94
	单位 GDP 排放量	吨 CO_2e/万元	6.25		3.73
二氧化碳	总排放量	万吨 CO_2e	2190.85	-866.49	1324.36
	净排放量	万吨 CO_2e	2088.68		1222.19
	人均排放量	吨 CO_2e/人	30.91		18.09
	单位 GDP 排放量	吨 CO_2e/万元	6.08		3.56

注：①人均排放量 = 净排放量/常住人口
②单位 GDP 排放量 = 净排放量/GDP（2010 年不变价）

表 11-2 济源市 2010 年温室气体排放清单

排放源与吸收汇种类	CO_2（万吨）	CH_4（万吨）	N_2O（万吨）	HFCs（万吨）	PFCs（万吨）	SF_6（万吨）	温室气体（万吨 CO_2e）	比例（%）
直接排放（总排放）	2190.85	1.99	0.05				2248.18	100
直接排放（净排放）	2088.68	1.99	0.05				2146.01	
能源活动	2031.00	0.67	×				2044.97	90.96
1. 化石燃料燃烧	2031.00	×	×				2031.00	—
2. 生物质燃烧		×	×				0.00	—
3. 煤炭开采逃逸		0.65					13.65	—
4. 油气系统逃逸		0.02					0.32	—
工业生产过程	159.85		×				159.85	7.11
1. 水泥生产过程	12.24						12.24	—
2. 石灰生产过程	21.76						21.76	—
3. 钢铁生产过程	59.12						59.12	—
4. 铅生产过程	26.64						26.64	—
5. 锌生产过程	40.09						40.09	—
农业	0.00	1.16	0.05				39.91	1.78
1. 稻田		0.00	—				0.00	—
2. 农用地		—	0.03				8.99	—
3. 动物肠道发酵		0.72					15.18	—
4. 动物粪便管理系统		0.44	0.02				15.74	—
林业	-102.17						-102.17	
1. 乔木林	-130.17						-130.17	
2. 经济林、竹林、灌木林	0.00						0.00	
3. 疏林、散生木和四旁树	-0.42						-0.42	
4. 活立木消耗	28.42						28.42	—

续表

排放源与吸收汇种类	CO_2（万吨）	CH_4（万吨）	N_2O（万吨）	HFCs（万吨）	PFCs（万吨）	SF_6（万吨）	温室气体（万吨 CO_2e）	比例（%）
废弃物处理	0.00	0.16	×				3.44	0.15
1. 固体废弃物	0.00	0.00	×				0.00	—
2. 废水	0.00	0.16	×				3.44	—
国际（国内）燃料舱	0.00							—
国际（国内）航空								—
国际（国内）航海								—
间接排放	− 866.49 万吨 CO_2e							
电力调入	495.48 万吨 CO_2e							
电力调出	1361.97 万吨 CO_2e							
直接排放（净排放）+ 间接排放	1279.52 万吨 CO_2e							

注："×"表示需要报告的数据。

（二）温室气体排放特征

1. 按碳源、碳汇分类

2010 年，济源市 CO_2、CH_4、N_2O 三种温室气体净排放量为 1279.52 万吨 CO_2e。其中，温室气体直接排放约为 2248.18 万吨 CO_2e，由电力调入调出带来的间接排放为 − 866.49 万吨 CO_2e，林业碳汇约 −102.17 万吨 CO_2e（见图 11 − 1）。

2. 按清单编制范围分类

按照《IPCC 国家温室气体清单指南》的划分方法，范围 1 的排放为 2146.01 万吨 CO_2e（直接排放 + 碳汇），范围 2 排放为 − 866.49 万吨 CO_2e（见图 11 − 2）。济源市的一个特点是，电力以调出为主，间接碳排放量为负。

3. 按温室气体种类分类

不同温室气体的排放量分别如下：二氧化碳约为 1324.36 万吨，甲烷约为 1.9875 万吨，氧化亚氮约 0.0503 万吨，参考 IPCC 提供的全球

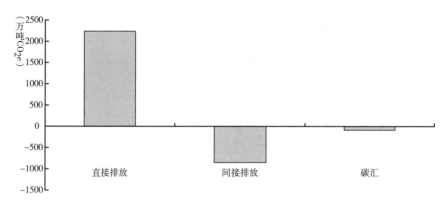

图 11 - 1　济源市 2010 年温室气体排放（按碳源、碳汇）

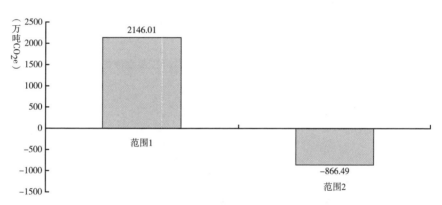

图 11 - 2　济源市 2010 年温室气体排放（按清单范围）

增温潜势数据计算，在济源市 1381.69 万吨 CO_2e 温室气体排放量中，CO_2、CH_4、N_2O 的占比分别为 95.85%、3.02%、1.13%（见图 11 - 3）。

4. 按部门分类

按照清单编制的部门分类，在直接排放中，济源市能源活动占排放总量的比重最高，为 90.96%，其次是工业生产过程，占 7.11%，农业和废弃物处理所占比例较少，分别为 1.78% 和 0.15%（见图 11 - 4）。

5. 按产业结构分类

按照第一产业、第二产业、第三产业和居民生活对产业结构进行分

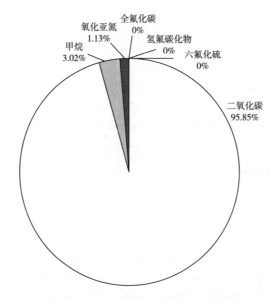

图 11-3 济源市 2010 年温室气体排放（按温室气体种类）

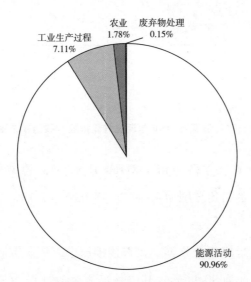

图 11-4 济源市 2010 年温室气体直接排放（按部门）

类，观察济源市 2010 年温室气体排放在产业之间的分布情况。由于缺乏不同产业使用外部调入电力的数据，因此该部分在计算各产业化石能源燃烧碳排放时，只采取终端消费数据。

经核算，2010 年济源市第一产业排放温室气体 47.4 万吨 CO_2e，第二产业排放 1553.3 万吨 CO_2e，第三产业排放 39.35 万吨 CO_2e，居民生活排放 44.57 万吨 CO_2e。其中，第一产业排放构成包括第一产业化石燃料燃烧和农业排放两部分，第二产业排放包括第二产业化石燃料燃烧、工业生产过程、工业废水处理三部分，第三产业排放仅为第三产业使用化石燃料排放的温室气体，居民生活排放则包括居民生活使用化石燃料燃烧排放和居民生活废水处理引发的温室气体排放。

从不同产业角度来看，济源市温室气体排放中第二产业排放占据绝对主体地位。

6. 从人均碳排放量看

从表 11 - 3 可以看出，济源市 2010 年人均碳排放量为 31.76 吨 CO_2e/人（范围 1 排放），约是中国平均水平的 5 倍。即使扣除范围 2 的电力调出排放，济源市 2010 年的人均碳排放量仍然高达 18.94 吨 CO_2e/人。这说明济源市经济具有高碳特征，在人均碳排放方面，还有较大的减排潜力。

表 11 - 3　温室气体排放指标（人均碳排放量）比较

单位：吨 CO_2e/人

	年份	范围 1	范围 2	范围 1 + 范围 2
中　　国	2010	6.23		
济 源 市	2010	31.76		18.94
广 元 市	2010			3.68
杭州市下城区	2010			4.96

资料来源：①王伟光、郑国光：《气候变化绿皮书：应对气候变化报告（2011）》，社会科学文献出版社，2012。
②中国社科院、广元市科学技术普及开发交流中心：《广元市温室气体清单编制报告》，2012。
③杭州市下城区：《杭州市下城区"十二五"低碳城区发展规划》，2011。

二　低碳发展面临的挑战

济源市是河南省重要的重工业城市，在可持续发展的国际国内背景下，济源市节能减排的空间和余地相对较小，当前正处在淘汰落后产能的攻坚阶段。济源在节能减排、低碳发展方面面临着一系列的挑战，具体有如下几点。

（一）排放特征：人均净排放与工业排放呈现双高特征

根据《济源市温室气体清单编制报告（2010 年度）》的核算结果，济源市 2010 年的温室气体[①]净排放为 1279.52 万吨 CO_2e，人均净碳排放高达 18.94 吨 CO_2e，远高于我国 6.23 吨 $CO_2e/$人的平均水平。同时，济源市的工业排放水平也呈现出与此类似的特征。第二产业碳排放包括第二产业化石燃料燃烧、工业生产过程、工业废水处理三部分，济源市第二产业排放是温室气体总排放的绝对主体。

济源市以工业为主，工业结构中又以有色金属、黑色金属、电力热力生产供应、非金属矿物制品、炼焦、煤炭开采、化工、金属制品等资源能源密集型产业为主，高消耗、高能耗、粗放型增长特征还比较明显，这决定了其节能降耗、减排降污的任务和压力较重。济源市是中原经济区重要的能源基地，能源供应以煤炭为主，而煤炭属于高碳能源，因此降低单位 GDP 碳排放已不易，降低人均碳排放更困难。

---

① 指 CO_2、CH_4、N_2O 三种温室气体。

（二）发展阶段：城市化与工业化处在快速发展阶段

"十一五"期间，济源市强力实施"工业强市、开放带动、科技兴市、三产富市、文化立市"五大战略，大力推进工业化、城镇化和农业现代化建设，较好地完成了"十一五"的规划目标，实现了国民经济快速发展和社会全面进步。工业是济源市国民经济的重要组成部分，同时也是济源市能源消费和碳排放的重要领域，2010年济源市第二产业温室气体排放占总排放的92.20%。

近年来，济源市工业持续增长，工业规模不断壮大，占GDP的比重始终保持在较高水平。2012年，济源市第二产业的产值达335.12亿元，占GDP的比重更是达到了76.2%，见表11-4。此外，当年济源市城镇化率达到53.44%。济源市正处在城市化与工业化快速发展的阶段，城市化率仍将不断提升，工业化在近期内还将保持快速增长。"十二五"时期，济源市规划国内生产总值年均增长14%左右，人均生产总值突破15000美元，短期内工业的主导地位难以改变，这将是济源市低碳发展的现实挑战。

表11-4 济源市2006~2012年三次产业增加值及占比数据

单位：亿元，%

时间	国内生产总值	第一产业GDP	占GDP比重	第二产业GDP	占GDP比重	第三产业GDP	占GDP比重
2006年	181.03	11.2	6.2	125.85	69.5	43.98	24.3
2007年	223.41	11.92	5.3	159.97	71.6	51.52	23.1
2008年	288.35	14.49	5.0	212.36	73.6	61.19	21.2
2009年	287.61	14.54	5.1	213.59	74.3	59.48	20.7
2010年	343.38	15.98	4.7	259.85	75.7	67.54	19.7
2011年	373.36	18.36	4.9	278.11	74.5	76.89	20.6
2012年	439.95	19.4	4.4	335.12	76.2	85.43	19.4

（三）工业布局：以高耗能的重化工业为主

济源是全国重要的铅锌深加工基地和电力能源基地、中西部地区重要的矿用电器生产基地和煤化工基地、河南省重要的盐化工和特种装备制造基地。在长期的发展中，济源形成了以钢铁、铅锌、能源、化工、机械制造、矿用电器六大产业为支柱的经济结构。其中，有色、重化工、能源产业占工业总量的80%，这使得济源成为重要的新型有色、装备制造、能源工业基地，而这些重化工行业都是高耗能、高排放的行业。

从能耗量和温室气体排放量看，电力及热力生产和供应业、黑色金属冶炼及压延加工业、有色金属冶炼及压延加工业、非金属矿物制品业、化学原料及化学制品制造业是主要耗能行业，2010年，综合能源消费量为513.2万吨标准煤，占工业能源消费总量的81.5%，温室气体排放量为1911.9万吨CO_2e，占济源市温室气体净排放总量的89.1%（范围1）。其中，综合能源消耗量最高的是电力及热力生产和供应业，其综合能源消费量为258.2万吨标准煤，占工业综合能源消费总量的41.0%，温室气体排放量为1277.1万吨CO_2e，占济源市温室气体净排放总量的59.5%（范围1）。

济源市低碳转型的关键是构建低碳工业体系，促进资源能源密集型工业体系低碳化。技术减排和结构减排的实现需要较长周期和较大投入，济源市前期节能降耗主要依靠行政措施，通过行政措施关停、淘汰落后产能，见效快，成本低。然而，这部分节能潜力挖掘殆尽之后，未来需要转向依靠技术含量的提升，推广应用低碳技术，更新先进设备，推动生产工艺流程的节能改造，同时优化产业结构，增加低碳产业和低能耗产业的比重，优化能源结构，增加非化石能源的比重。也就是说，未来需要依靠技术减排和结构减排，然而技术减排和结构减排的实现需要较长周期，并且需要较大资本投入。低碳转型需要大量高端的低碳科技和技术应用人才。目前，低碳技术领域的科研能力、科研经费投入和相关科研技术人才均存在不足，这些不足使得济源市的低碳转型难以获得充足的智力支持和人才支持。

（四）能源结构：以高排放的煤炭为主要能源

济源市矿产资源种类较多，富有煤炭资源，2010 年底查明煤炭资源累计储量 4.5932 亿吨，保有资源储量 3.4569 亿吨。济源市的主导产业对能源的需求量巨大，近几年能源消费量也持续上升，2010 年，能源消费量达到 653 万吨标准煤，其中一次能源消费总量 595 万吨标准煤，由于具备煤炭资源优势，煤炭、焦炭、电力、石油、天然气的消费占比分别为 75%、10%、6%、1%、1%。化石能源中，煤炭燃烧排放的温室气体最多。以 2010 年为例，济源市因化石燃料燃烧造成的温室气体排放总计 2031 万吨 CO_2e，其中原煤和焦炭燃烧是排放温室气体最主要的燃料类型，这两大燃料类型分别导致了 1394.44 万吨 CO_2e 和 350.12 万吨 CO_2e 的碳排放，共占化石燃料燃烧排放的 85.9%。

济源市非化石能源产业和非化石能源的推广应用发展相对滞后。目前，济源市太阳能、风能、地热能、生物质能等低碳非化石能源产业在其产业结构中占比极小，天然气、生物质能、太阳能、风能、地热能、余热余压等非化石能源应用数量也较少。未来济源市要实现生产生活方式低碳转型，优化能源结构，发展非化石能源产业及推广应用非化石能源是其需要着力推进的重点领域。

第十二章　低碳发展情景预估
与目标设定

在国内外气候变化和低碳转型大背景下，济源市作为中原地区战略要地，中原经济区重要能源基地和原材料基地，河南省改革创新基地、北方生态旅游城市、国家可持续发展实验区、国家低碳交通运输体系建设试点城市、国家低碳试点城市，承担着为周边地区经济社会发展输送能源和原材料，以及引领河南省探索低碳发展、可持续发展道路的使命。设定科学合理的碳排放目标对于济源市具有重要的战略意义，本章采用低碳发展情景预估的方法确定济源市低碳发展目标。

一　低碳发展情景分析

运用低碳发展情景分析框架，根据过去一段时间及未来宏观经济走势预估经济增速，结合当前国家和地方节能降耗政策力度预计能耗强度降速、当前国家和地方减排政策力度及其减排基础条件设定。在上述这些指标参数合理预设的基础上，预估济源市未来经济增长、能耗强度、能源消费、碳排放强度、碳排放总量、碳排放峰值等经济、能源与碳排放关键指标的数值。

目前，情景设定方法大多采取虚拟政策、技术的不同情境，并设定不同情境下的参数值的方法。然而，政策技术情境与参数值之间联系的主观判定因素较大，政策技术情境间的差异带模糊不清，这会导致参数设定依据不足以及情景模拟分析结果不确定性较大，从而降低可信度。本研究选择从较易把控的经济增速、能耗强度下降目标、碳排放强度下降目标等指标切入，虚拟几种不同经济增速、降耗减碳目标的情景，预估未来实现值和目标值。未来只需将真实值与估算值对比，便可知道济源市低碳发展水平、绩效及偏差原因，从而为改进工作、选择对应的政策工具提供决策参考。

（一）计算方法的简要说明

假定基期数值为 N_0，变化率为 r，则第 T 期数值为

$$N_T = N_0 \cdot (1 + r)^T \qquad (12 - 1)$$

以下在估算 2015～2030 年间 GDP、能耗强度、能耗总量、碳排放强度、碳排放总量、人均碳排放等指标值时依据该公式进行。

（二）关键变量预测

1. 济源市经济增长预测

2010～2013 年，济源市名义 GDP 分别为 343.4 亿元、409.5 亿元、440 亿元、460.1 亿元，名义 GDP 增速分别为 10.4%、19.2%、7.4%、4.6%，增速由快转缓。以 2010 年为基准年，2011～2013 年实际 GDP 分别为 390 亿元、408 亿元、417.1 亿元，2010～2013 年实际 GDP 增速依次为 6.3%、13.6%、4.6%、2.2%，增速显著趋缓。

考虑到目前国内外市场需求没有明显改善、国内化解过剩产能难度和经济转型升级力度加大等因素影响，济源市经济增长在近期仍然乏

力。长期来看，一方面改革红利将会逐步释放，产业结构得到优化，这将促进经济增长；另一方面，经济规模基数增大，周边国际环境呈现复杂化趋势，科技创新与应用能力提升趋缓，这又将使经济增速放缓。因此，长期来看，经济增速将有所回升，但整体呈放缓态势。基于以上判断，对济源市 2014～2030 年间的经济增速做出如下假定。

（1）2015 年之前将延续 2010～2013 年的走势，增速按加权速度计算，2010～2013 年权重依次赋值为 0.5、0.3、0.1、0.1，计算济源名义 GDP 增速和实际 GDP 增速依次为 9% 和 4.5%。

（2）适当调整济源市"十三五"（2016～2020 年）、"十四五"（2021～2025 年）、"十五五"（2026～2030 年）期间的经济增速，将济源市名义 GDP 增速设定为 8%、7% 和 6%，将济源市实际 GDP 增速设定为 5.5%、5%、4.5%。

根据上述设定测算，济源市 2015～2030 年间的名义 GDP 和实际 GDP 计算结果见表 12-1。

表 12-1　2015～2030 年济源市名义 GDP 和实际 GDP 预测值

单位：亿元，%

年份	名义 GDP		实际 GDP（2010 年为基准年）	
	规模	年均增速	规模	年均增速
2015	546.6	9	455.5	4.5*
2016	590.4		480.5	
2017	637.6		506.9	
2018	688.6	8	534.8	5.5
2019	743.7		564.2	
2020	803.2		595.3	
2021	859.4		625.0	
2022	919.6		656.3	
2023	984.0	7	689.1	5
2024	1052.8		723.6	
2025	1126.5		759.7	

续表

年份	名义 GDP		实际 GDP(2010 年为基准年)	
	规模	年均增速	规模	年均增速
2026	1194.1		793.9	
2027	1265.8		829.6	
2028	1341.7	6	867.0	4.5
2029	1422.2		906.0	
2030	1507.6		946.8	

注：＊2015 年仅是当年增速，而"十二五"期间的年均增速计算结果是 6.26%。

2. 济源市能耗强度目标水平预估

能耗强度指标是国家和地方国民经济和社会发展的约束性指标。国家"十一五"时期能耗强度整体下降了 19.1%，"十二五"时期计划在 2010 年基础上降低 16%。2011 年国务院发布的《"十二五"控制温室气体排放工作方案》中，确定河南省"十二五"时期单位 GDP 能耗目标降幅为 16%。在《济源低碳试点城市实施方案》中，确立了到 2015 年单位 GDP 能耗在 2010 年基础上降低 17% 以及到 2020 年较 2010 年降低 30% 的目标（相当于 2020 年较 2015 年降低 15.7%）。

目前，国家尚未确定"十三五"（2016～2020 年）、"十四五"（2021～2025 年）、"十五五"（2026～2030 年）能耗强度降幅指标。鉴于能耗强度降速在技术进步速度递减和成本递增因素作用下呈现先快后缓的特征，预计未来后续规划能耗强度降幅指标将会微调。再考虑到济源市能耗强度基准年份数值较高，促降空间较大，况且作为河南省国家低碳试点城市，节能降耗推进力度应达到河南省的领先水平，争取达到发达地区的平均水平等一系列因素，其单位 GDP 能耗降幅应高出河南省平均降幅，争取达到发达地区的平均降幅，成为河南省节能减排、低碳转型的示范城市。当然也需要考虑到济源市是中原经济区能源和原材料基地，产业结构特征表现为资源能源密集型等因素，预测其节能降耗难度较大。因此，综合考虑这些因素，预定济源市"十二五""十三五""十四五""十五五"时期单位 GDP 能耗降幅分别为 18%、17%、16% 和 15%（较上期末水平），其中"十二五""十三五"时期实际降幅预计应略微高出《济源低碳试点城市实施方案》预设的目标水平，以体现其作为国家低碳试点城市的先进性。

2010 年，济源市万元生产总值能耗即能耗强度为 1.903 吨标准煤/万元。由于能耗总量等于能耗强度乘以实际 GDP（能耗总量 = 实际 GDP × 能耗强度），所以在估算未来历年能耗强度的基础上，利用实际 GDP 预测数据，便可估算能耗总量规模。根据上述四个五年规划预设的能耗强度降幅目标，可以估算 2015 ~ 2030 年的能耗强度，再结合表 12 - 1 中的实际 GDP 数值，可以估测 2015 ~ 2030 年的能耗总量规模。济源市 2015 ~ 2030 年能耗强度和能耗总量目标值测算结果见表 12 - 2。

表 12 - 2 济源市 2015 ~ 2030 年能耗强度和能耗总量目标水平

年份	能耗强度目标水平				能耗总量目标水平（万吨标准煤）
	目标水平（吨标准煤/万元）	年均降幅（%）	较上期末降幅（%）	较 2010 年降幅（%）	
2010	1.903	3.89	"十二五"累计下降 18%	—	653.5
2015	1.561	3.66		18	725.8
2016	1.503	3.66	"十三五"累计下降 17%	21	737.7
2017	1.448	3.66		24	749.8
2018	1.395	3.66		27	762.1
2019	1.344	3.66		29	774.6
2020	1.295	3.43		32	787.3
2021	1.251	3.43	"十四五"累计下降 16%	34	798.3
2022	1.208	3.43		37	809.4
2023	1.166	3.43		39	820.8
2024	1.126	3.43		41	832.2
2025	1.088	3.20		43	843.9

年份	能耗强度目标水平				能耗总量目标水平 (万吨标准煤)
	目标水平 (吨标准煤/万元)	年均降幅 (%)	较上期末降幅 (%)	较2010年降幅 (%)	
2026	1.053	3.20		45	853.6
2027	1.019	3.20	"十五五"累计	46	863.5
2028	0.987	3.20	下降15%	48	873.5
2029	0.955	3.20		50	883.6
2030	0.924	3.89		51	893.8

注：能耗总量目标水平 = 实际GDP × 能耗强度目标水平。

　　表12-2显示，到2015、2020、2025、2030年，济源市能耗强度较2010年累计降幅依次为18%、32%、43%和51%，相应年份的能耗总量水平依次为725.8万吨标准煤、787.3万吨标准煤、843.9万吨标准煤和893.8万吨标准煤。

3. 济源市二氧化碳排放目标水平预估

　　与能耗强度指标相似，国家对碳排放强度指标在"十三五""十四五""十五五"时期的目标分解任务也尚未确定。2009年中国政府就对国际社会郑重承诺，到2020年碳排放强度（单位GDP二氧化碳排放量）在2005年基础上降低40%~45%。国民经济"十二五"规划确定了"十二五"时期碳排放强度降低17%的目标。国务院《"十二五"控制温室气体排放工作方案》中分配给河南省"十二五"碳排放强度降幅任务是降低17%，与全国平均水平持平。《济源低碳试点城市实施方案》确立了到2015年单位GDP碳排放在2010年基础上降低19%以及到2020年较2010年降低35%的目标（相当于2020年较2015年降低19.8%）。

二　低碳发展情景设定

　　虽然各地低碳调整政策类型及方向大体相似，但各自的施政力度千差万别，从而会带来不同的低碳发展情境。按照低碳政策施政力度的不同，将济源市低碳发展情景设定为基准情景（BAU 情景）、一般低碳情景（中等情景）和强化低碳情景（领跑情景）三种。

（一）设定低碳发展情景

（1）基准情景（BAU 情景）

按照目前既定的政策发展，济源市的碳排放降速会略超过全国或河南省碳排放强度平均降速，如持续按照《济源低碳试点城市实施方案》设定的每五年下降 19% 的速率推进减排，碳排放强度年均下降约4.13%。在此情景下，济源市只需略超河南省或全国平均水平，达到发达省份平均水平即可。

（2）一般低碳情景（中等情景）

济源市作为国家低碳试点城市，需要积极引领河南省低碳转型，努力成为河南省低碳转型示范城市，主动进行低碳技术创新，推行低碳管理新政，推动能源结构优化，创造比河南省平均降速更快的碳排放强度降速，而不仅仅以完成河南省下达的分解任务为满足。为此，设定济源市"十二五""十三五""十四五""十五五"期间碳排放强度四个五年降幅依次为 19%、20%、21%、22%。

（3）强化低碳情景（领跑情景）

在此情景下，济源市放眼全国，紧跟世界，将低碳转型视为转变经济增长方式的重大战略，抓住气候变化背景下低碳转型时期的重要发展机遇，在工业企业中大范围推广先进能源管理控制模式，推动企业更新设备、升级技术，加强能源和碳资产管理，提高非化石能源比重，优化升级产业结构，不机械跟随全国或河南省低碳转型的平均节奏，争取形成减排降碳加速度，努力成为河南省乃至全国资源能源型工业城市低碳转型先锋典范，引领河南省乃至全国资源能源型城市朝低碳化方向发展。为此，在领跑情景下，设定济源市"十二五""十三五""十四五""十五五"期间碳排放强度四个五年降幅依次为 19%、22%、24%、23%。考虑到低碳技术创新难度与节能减排边际成本递增，以及减排压力相对减轻等因素，对"十五五"期间降幅稍作调整。

　　总之，BAU 情景描述的是济源市按目前既定政策情景发展，一般低碳情境描述的是济源市达到河南省低碳发展的领先水平，强化低碳情景描述的是济源市达到全国资源能源型城市低碳转型的领先水平，成为全国资源能源型城市低碳转型的领跑者。

表 12 - 3　济源市三种情景下的碳排放强度降幅比较

单位：%

时期	BAU 情景		一般低碳情景		强化低碳情景	
	累积降幅	年均降幅	累积降幅	年均降幅	累积降幅	年均降幅
"十二五"	19	4.13	19	4.13	19	4.13
"十三五"	19	4.13	20	4.36	22	4.85
"十四五"	19	4.13	21	4.61	24	5.34
"十五五"	19	4.13	22	4.85	23	5.09

（二）碳排放峰值的出现条件

$$C_t = GDP_t \cdot CEI_t \qquad (12 - 2)$$

　　其中，C 是碳排放总量，GDP 是国民生产总值，CEI 是碳排放强度，t 是时期。

　　在第 $t+1$ 时期，GDP 按速率 a 增长，CEI 按速率 b 下降，则

$$\begin{aligned} C_{t+1} &= GDP_t(1 + a) \cdot CEI_t(1 - b) \\ &= GDP_t \cdot CEI_t \cdot (1 + a - b - ab) \end{aligned} \qquad (12 - 3)$$

要使碳排放总量拐头向下从而出现峰值，必须

$$1 + a - b - ab \leq 1 \qquad (12-4)$$

不等式变形得到：

$$b \geq \frac{a}{1+a} \qquad (12-5)$$

即 $b \geq \dfrac{a}{1+a}$ 是一国或地区碳排放总量拐头向下的必要条件。

由于测算是按照实际 GDP 进行的，因此在表 12-1 假定经济增速的情景下，济源市在各个时期出现碳排放总量峰值的条件依次如下。

① "十二五"期间，$a = 6.26\%$，因此根据（12-5）式计算得到 $b \geq 5.89\%$，这是济源市 "十二五"期间碳排放总量峰值出现的条件。以五年为一规划周期，则 "十二五"期间碳排放强度降幅应达到 $1 - （1 - 5.89\%）^5 = 26.2\%$。

② "十三五"期间，$a = 5.5\%$，相应计算得到 $b \geq 5.21\%$，以及 "十三五"期间济源市的碳排放强度降幅应达到 23.5%，才能出现碳排放总量峰值。

③ "十四五"期间，$a = 5\%$，相应计算得到 $b \geq 4.76\%$，以及 "十四五"期间济源市的碳排放强度降幅应达到 21.6%，才能出现碳排放总量峰值。

④ "十五五"期间，$a = 4.5\%$，相应计算得到 $b \geq 4.3\%$，以及 "十五五"期间济源市碳排放强度降幅应达到 19.8%，这是跨过峰值的必要条件。

对照表 12-3 可以看出，在 BAU 情景下，济源市在 2030 年之前不具备出现峰值的条件；在一般低碳情景下，预计济源市将在 "十五五"

期间即 2026 年出现下行拐点，到 2025 年出现峰值；在强化低碳情景下，预计济源市将在"十四五"期间即 2021 年出现下行拐点，在 2020 年出现碳排放峰值。

三 情景分析结果

基于济源市低碳发展情景分析框架，设定三种低碳发展情景，得出济源市在不同情景下的低碳发展分析结果：碳排放强度和碳排放总量目标值估算、人均碳排放水平预估以及减排政策选择与非化石能源目标预估。

（一）碳排放强度和碳排放总量目标值估算

以 2010 年为基准值，2010 年济源市碳排放总量为 2248.18 万吨 CO_2，除以当年 GDP 值得到三种情形下济源市 2010 年碳排放强度为 6.55 吨 CO_2/万元。在 BAU 情景、一般低碳情景和强化低碳情景下，2015~2030 年的碳排放强度目标水平预估和总量目标预估结果见表 12-4 和表 12-5。

表 12-4 济源市碳排放强度在三种情景下的目标水平预估结果

单位：吨 CO_2/万元，%

年份	碳排放强度			碳排放强度降幅（较 2010 年）		
	BAU 情景	一般低碳情景	强化低碳情景	BAU 情景	一般低碳情景	强化低碳情景
2015	5.30	5.30	5.30	19	19	19
2016	5.09	5.07	5.05	22	23	23
2017	4.88	4.85	4.80	25	26	27
2018	4.67	4.64	4.57	29	29	30
2019	4.48	4.44	4.35	32	32	4
2020	4.30	4.24	4.14	34	35	37
2021	4.12	4.05	3.92	37	38	40

续表

年份	碳排放强度			碳排放强度降幅（较2010年）		
	BAU 情景	一般低碳情景	强化低碳情景	BAU 情景	一般低碳情景	强化低碳情景
2022	3.95	3.86	3.71	40	41	43
2023	3.79	3.68	3.51	42	44	46
2024	3.63	3.51	3.32	45	46	49
2025	3.48	3.35	3.14	47	49	52
2026	3.34	3.19	2.98	49	51	54
2027	3.20	3.04	2.83	51	54	57
2028	3.07	2.89	2.69	53	56	59
2029	2.94	2.75	2.55	55	58	61
2030	2.82	2.61	2.42	57	60	63

表 12 - 5 显示，在 BAU 情景下，济源市的碳排放总量始终缓慢上升，2030 年前没有出现碳排放峰值；在一般低碳情景下，济源市的碳排放总量在 2025 年达到峰值，为 2545.1 万吨 CO_2；在强化低碳情景下，济源市的碳排放总量在 2020 年达到峰值，为 2464.4 万吨 CO_2。

表 12 - 5　济源市碳排放总量在三种情景下的目标水平预估结果

单位：万吨 CO_2

年份	BAU 情景	一般低碳情景	强化低碳情景
2015	2413.9	2413.9	2413.9
2016	2445.8	2436.2	2426.6
2017	2473.9	2458.6	2433.3
2018	2497.6	2481.6	2444.1
2019	2527.8	2505.2	2454.4
2020	2559.6	2523.9	2464.4
2021	2575.1	2531.4	2450.1
2022	2592.3	2533.2	2434.8
2023	2611.7	2535.9	2418.7
2024	2626.5	2539.7	2402.2
2025	2643.9	2545.1	2385.5
2026	2651.7	2532.6	2365.9
2027	2654.9	2522.1	2347.9
2028	2661.6	2505.6	2332.2
2029	2663.6	2491.5	2310.3
2030	2669.9	2471.0	2291.2

（二）济源市人均碳排放水平预估

首先，需要预测济源市人口变化趋势。近年来，济源市人口整体呈小幅增长。2011～2013 年济源市人口自然增长率依次为 5.86‰、6.05‰和 5.85‰，平均增速为 5.92‰。以 2013 年人口为基数，假定济源市 2014～2030 年人口自然增长率按照年均 5.92‰的速率增长，可估算出 2015～2030 年的人口规模。然后，再利用估测得到的三种情景下的碳排放总量数据除以人口规模，便得到相应年份三种情景下的人均碳排放量。计算结果见表 12–6。

表 12–6　2015～2030 年济源市人均碳排放量预估水平

单位：人，吨 CO_2/人

年份	人口	BAU 情景	一般低碳情景	强化低碳情景
2015	697085	34.63	34.63	34.63
2016	701163	34.88	34.75	34.61
2017	705265	35.08	34.86	34.50
2018	709390	35.21	34.98	34.45
2019	713540	35.43	35.11	34.40
2020	717715	35.66	35.17	34.34
2021	721913	35.67	35.07	33.94
2022	726136	35.70	34.89	33.53
2023	730384	35.76	34.72	33.12
2024	734657	35.75	34.57	32.70
2025	738955	35.78	34.44	32.28
2026	743278	35.68	34.07	31.83
2027	747626	35.51	33.73	31.40
2028	751999	35.39	33.32	31.01
2029	756399	35.21	32.94	30.54
2030	760824	35.09	32.48	30.11

表 12 - 6 显示，在三种情景下人均碳排放出现峰值的时间不同。在 BAU 情景下，要到 2025 年出现人均碳排放峰值，人均碳排放峰值为 35.78 吨 CO_2/人；在一般低碳情景下，要到 2020 年出现人均碳排放峰值，人均碳排放峰值为 35.17 吨 CO_2/人；在强化低碳情景下，要到 2015 年出现人均碳排放峰值，人均碳排放峰值为 34.63 吨 CO_2/人。

（三）减排政策选择与非化石能源目标预估

1. 数理模型与减排政策选择

首先讨论最完整的情形，即碳排放净值情形。下面通过数理模型分析碳排放净值的影响因素。

$$C_{10} + C_{20} = C_{30} \qquad\qquad (12 - 6)$$

其中，C_1 是碳排放净值，C_2 是碳汇量，C_3 是净碳排放量。0 代表初期值。其中，$C_{20} = S_0 \cdot \lambda$，$S$ 是林木蓄积量，λ 是碳储量转换因子，假定 λ 相对稳定。

$C_{30} = GDP_0 \cdot e_0 \cdot r_0 \cdot a_0$，其中 e 是能耗强度，r 是化石能源占比，a 是排放因子。因此，

$$C_{10} + S_0 \cdot \lambda = GDP_0 \cdot e_0 \cdot r_0 \cdot a_0 \qquad\qquad (12 - 7)$$

相应地，第 t 期有，

$$C_{1t} + S_t \cdot \lambda = GDP_t \cdot e_t \cdot r_t \cdot a_t \qquad\qquad (12 - 8)$$

假定到第 t 期，净排放增长率为 m，林木蓄积量增长率为 j，GDP 增长率为 n，能耗强度降幅为 x，化石能源被非化石能源替代比率为 y，排放因子因清洁生产技术应用下降，假定下降系数为 h（$h \leqslant 1$），则，

$$
\begin{aligned}
C_{10} \cdot (1 + m) + S_0 \cdot (1 + j) \cdot \lambda &= GDP_0 \cdot (1 + n) \cdot e_0 \cdot \\
&\quad (1 - x) \cdot r_0 \cdot (1 - y) \cdot a_0 \cdot h
\end{aligned} \qquad (12 - 9)
$$

令 $C_{20}/C_{30} = k$，是常数项，根据初期碳汇量和直接排放量可以计算得到。

则（12-9）式可转化为，

$$(1 - k)(1 + m) + k(1 + j) = (1 + n)(1 - x)(1 - y)h \qquad (12 - 10)$$

上式进一步变形得到，

$$m = \frac{(1 + n)(1 - x)(1 - y)h}{1 - k} - \frac{1 + kj}{1 - k} \qquad (12 - 11)$$

根据（12-11）式可知，未来济源市净碳排放增长率 m 的决定因素包括经济增长率、能耗强度降幅、非化石能源替代比率、能源清洁利用技术引致的排放因子下降系数、林木蓄积量增长率等因素。它们之间的关系如下：

（1）n 越小，m 越低，表明经济增速放缓可以压低碳排放增长率；

（2）x 越大，m 越低，表明提高能效可以限制碳排放增速；

（3）y 越大，m 越低，表明增加非化石能源比重、优化能源结构可以促进减排；

（4）h 越小，m 越低，表明推广能源清洁利用技术、降低排放因子可以达到减排效果；

（5）j 越大，m 越低，表明通过植树造林提高林木蓄积量、增加碳汇可以抵减碳排放增量。

因此，未来济源市的碳排放净值增长率由上述五个方面因素共同决定，也意味着济源市可通过上述组合政策形成合力来实现碳排放约束目标，即在不自行限制经济增速的情形下，可通过提高能效、提高非化石能源比重、推广能源清洁利用技术、增加碳汇等组合政策共同实现。至于哪种类型政策产生多大减排效益并不能确定，不过，不同类型政策之间具有可替代性，当一种政策的实施遭遇刚性阻力时，可通过其他政策组合来加以代替，以实现既定降碳目标。

（12-11）式中，非化石能源占比是重要变量。由于 h 值相对稳定，故将其视为常数。由能源清洁利用技术引致的排放因子下降所带来的降碳收益就算作计划外的额外收益，即在推广应用能源清洁利用技术的情况下，未来降碳收益将大于预期收益。因此，（12-11）式变形得到，

$$y = 1 - \frac{(1-k)(1+m) + k(1+j)}{(1+n)(1-x)} \qquad (12-12)$$

接下来讨论净碳排放量和碳排放总量情形，即考虑不剔除碳汇量的情况。实际上，相当于上述讨论中 $k=0$，$j=0$ 的情形。因此，（12-11）式转化为，

$$m = (1+n)(1-x)(1-y) - 1 \qquad (12-13)$$

（12-12）式转化为，

$$y = 1 - \frac{1+m}{(1+n)(1-x)} \qquad (12-14)$$

2. 非化石能源目标预估

根据（12-12）式和（12-14）式可估算出济源市实现碳排放总量控制目标的非化石能源占比目标值。预估结果见表12-7。

在不考虑剔除间接排放和碳汇量的情形下，为实现碳排放总量控制目标，在 BAU 情景下，2015、2020、2025、2030 年非化石能源比重分别应达到 1.3%、3.5%、7.0%、11.3%；在一般低碳情景下，2015、2020、2025、2030 年非化石能源比重分别应达到 1.3%、4.8%、10.5%、17.9%；在强化低碳情景下，2015、2020、2025、2030 年非化石能源比重分别应达到 1.3%、7.1%、16.1%、23.9%。

表 12 - 7　2015～2030 年间济源市非化石能源占比目标预估值

单位：%

年份	非化石能源比重		
	BAU 情景	一般低碳情景	强化低碳情景
2015	1.3	1.3	1.3
2016	1.6	1.9	2.3
2017	2.0	2.6	3.6
2018	2.7	3.3	4.8
2019	3.1	4.0	5.9
2020	3.5	4.8	7.1
2021	4.3	5.9	8.9
2022	5.0	7.1	10.7
2023	5.5	8.3	12.5
2024	6.3	9.4	14.3
2025	7.0	10.5	16.1
2026	7.8	11.9	17.7
2027	8.7	13.3	19.3
2028	9.6	14.9	20.8
2029	10.5	16.3	22.4
2030	11.3	17.9	23.9

四　低碳发展目标设定

根据以上分析结果，按照国家和河南省低碳发展目标要求，结合济源市市情，确定济源市 2015～2030 年低碳发展总体目标和具体指标。

（一）总体目标

到 2015 年，碳排放强度在 2010 年基础上降低 19%；到 2020 年，碳排放强度在 2010 年基础上降低 35%～37%；到 2025 年，碳排放强度在 2010 年基础上降低 49%～52%；到 2030 年，碳排放强度在 2010 年基础上降低 60% ~63%。碳排放总量争取到 2030 年前达到峰值，人均碳排放争取到 2025 年左右达到峰值。碳排放强度指标值下限是济源市在一般低碳情景下达到的目标水平，是约束性指标；碳排放强度指标值上限是济源市在强化低碳情景下争取达到的目标水平，是期望性指标。

总体目标的实现途径主要包括：一是提高工业能效，降低能耗强度；二是发展非化石能源，提高非化石能源替代化石能源的比重；三是建设低碳交通、低碳建筑、低碳社区、低碳乡村等；四是加强生态建设，增加林木蓄积量。

（二）具体指标

在能效提高方面，以 2010 年为基准，能耗强度争取到 2015 年降低 18%，到 2020 年降低 32%，到 2025 年降低 43%，到 2030 年降低 51%。

在能源结构优化方面，为实现碳排放总量控制目标，在 2010 年基础上，需争取到 2015 年增加非化石能源替代化石能源比重 1.3%，到 2020 年增加非化石能源替代化石能源比重 4.8% ~7.1%，到 2025 年增加非化石能源替代化石能源比重 10.5% ~16.1%，到 2030 年增加非化石能源替代化石能源比重 17.9% ~23.9%。其中下限指标为约束性指标，上限指标为期望性指标。① 如果未来其他类型政策推进受阻，需要相应提高非化石能源替代比重；如果未来非化石能源利用受限，需要加大其他类型政策力度。

_____

① 在允许剔除间接排放的情况下，2015、2020、2025、2030 年非化石能源比重需相应达到 1.2%、4.7% ~7.2%、10.4% ~16.1%、18.1% ~23.7%；在允许剔除间接排放和碳汇量情况下，2015、2020、2025、2030 年非化石能源比重需相应达到 0.2%、1.7% ~4%、4.9% ~10.1%、8.9% ~14.6%。将这些作为备选目标指标，以便济源市根据实际情况相机调整。

在生态建设领域，争取到 2015 年林木蓄积量达到 421.8 万立方米，到 2020 年达到 548.3 万立方米，到 2025 年达到 712.8 万立方米，到 2030 年达到 926.7 万立方米。

在建筑领域，广泛推广以节能技术应用为重点的绿色低碳建筑，到 2030 年实现绿色建筑比例达到 50% 以上。

在交通领域，到 2030 年实现绿色出行比例达到 90% 以上，市区公共交通出行方式分担率达到 80% 以上，新能源与节能型交通工具比例达到 40% 以上。

开展低碳社区建设，使居民养成低碳生活方式，增强生态低碳环保观念，实现到 2030 年垃圾分类家庭比率达到 60% 以上，低碳社区比率达到 30% 以上。

第十三章　重点领域低碳适用
技术需求评估

　　城市温室气体排放清单详细记录了一个城市各部门的碳排放状况，是摸清城市碳排放"家底"的重要前提；低碳发展路线图的作用则是为实现城市低碳发展提供战略、目标和规划。济源市已经在这两方面做出相应的努力：摸清了碳排放"家底"，明确了低碳发展的目标。为实现济源低碳发展的目标，需要在经济社会各领域发展、采用、推广低碳适用技术，对济源市低碳适用技术需求进行研究、评估，寻求低碳发展的技术解决方案。本章就济源市重点领域低碳适用技术需求进行调研，通过收集济源低碳发展领域的相关规划、了解一线企业低碳适用技术应用现状和发展需求以及专家对济源市未来低碳适用技术发展的意见，在综合研判的基础上，提炼出济源市低碳发展的科技支撑方向、节能低碳适用技术需求内容和发展重点，以期为济源市低碳发展提供智力支持。

一　重点领域低碳技术应用情况

　　我国政府在《中国应对气候变化国家方案》中明确提出，要依靠

科技进步和科技创新应对气候变化，发挥科技进步在应对气候变化中的
先导性和基础性作用。作为中原经济区重要的前沿城市和我国中部地区
以重化工业为主导的中小城市，"十一五"期间，济源市积极争取并推
动国家可持续发展实验区建设、低碳交通运输体系试点城市建设、国家
低碳试点城市建设，以城市低碳转型为抓手，以实施节能减排为着力
点，以科技创新为支撑，通过建章立制、科学规划、重点突破、科技创
新、宣传引导、市场机制等，在能源供应、交通、建筑、工业、农业、
林业、废弃物处理七大领域积极开展低碳工作，部署低碳技术创新与应
用，以"建设生态济源、持续进取、多种措施并举"探索重工业城市
低碳转型的可持续发展之路。

（一）工业

工业是济源市国民经济的重要组成部分，也是济源市能源消费和碳
排放的重要领域。济源市单位工业增加值能耗由 2005 年的 5.85 吨标准
煤/万元降低到 2010 年的 3.80 吨标准煤/万元，累计下降 35%，主要产
品能耗水平大都低于省内平均水平，体现出提高能源利用效率的良好效
果。"十一五"期间，济源市实施节能技改的重点项目约 105 个，总投
资约 150 亿元，项目建成后形成节能 100 万吨标准煤的能力，其中包括
重点推广的钢铁、有色、化工、建材等行业 55 项先进适用节能技术，
以及聚氯乙烯、烧碱、钢铁等 17 个重点行业和铅锌冶炼等 5 个行业共
59 项清洁生产技术（部分见表 13 - 1）。

（二）能源供应

能源供应是社会经济发展必不可少的基础工业，同时也是温室气体
排放的主要来源，面对低碳经济的发展趋势，能源供应部门将成为减排

表 13 – 1　2012 年济源市工业领域主要先进节能技术应用情况

行　业	单位名称	主要节能技术应用
烧碱行业	河南联创化工有限公司	烧碱用盐水膜法脱硝技术
		离子膜法烧碱生产技术
		"零极距"离子膜电解槽
		氯化氢合成余热利用技术等
聚氯乙烯行业	河南联创化工有限公司	低汞触媒技术
		PVC 聚合母液处理技术
		盐酸深度脱吸工艺技术等
钢铁行业	河南济源钢铁(集团)有限公司	洁净钢生产系统优化技术
		TRT 发电技术推广实施
		烧结余热发电技术
		钢渣微粉生产技术等
铅锌行业	河南豫光金铅集团	氧气底吹——液态渣直接炼铅还原技术
		铅锌冶炼废水分质回用技术
		富氧直接浸出湿法炼锌技术
	金利冶炼和万洋冶炼公司	氧气底吹——液态渣直接炼铅还原技术、铅锌冶炼技术
		废水分质回用技术
肉类加工行业	济源双汇食品有限公司	肉类产品冷冻、冷藏设备节能降耗技术
		新型节能塑封包装技术与设备
		现代化生猪屠宰成套设备
		猪血制蛋白粉新技术
		节水型冻肉解冻机
		畜禽骨深加工新技术等
磷肥行业	济源市丰田肥业有限公司	湿法磷酸尾气回收氟硅酸钠
		磷铵料浆浓缩技术

最重要的部门之一。济源市的能源供应部门主要包括煤电、天然气、非化石能源和城市供热，电力生产用化石燃料燃烧、煤炭开采和矿后活动是温室气体排放的主要方面。

在煤电供应和天然气使用部门，济源市主要通过优化电力结构、"上大压小"、加大小火电关停力度、热电联产机组建设积极开展低碳工作，部署低碳技术创新与应用，在巩固和稳定现有天然气供应的同时，鼓励发展天然气分布式能源建设项目，开拓新气源，增加天然气供应量和使用量，推进节能减碳。在非化石能源使用方面，济源市主要发展风能、太阳能和生物质能；提高可再生能源的利用比例，如垃圾填埋气发电和秸秆沼气利用。同时，济源市还积极推进清洁低碳城市供热体系的技术改造，推进节能减碳。

1. 煤电供应和天然气使用

煤电供应和天然气低碳技术主要应用在电源建设、电网改造、天然气配套基础设施改造等方面。济源市在电源项目建设方面，推进沁北四期 2×1200MW 超超临界机组项目的前期工作；为能享受国家《关于促进低热值煤发电产业健康发展的通知》（国能电力［2011］396号）文件中提到的优惠政策，积极推进 2×35 万千瓦低热值煤发电项目，编制完成了《济源市济源煤田低热值煤发电专项规划》。在电网改造方面，建设 220KV 孔山变电站、110KV 双桥变电站和 110KV 玉泉变电站，于 2013 年 7 月开工建设 110KV 济水变电站，于 2013 年 12 月开工建设 110KV 坡头变电站，并形成环网通道，提高终端用户的供电质量和可靠性。在天然气基础设施完善方面，建设中裕燃气公司安洛线孟州—济源支线项目和中原天然气公司沁阳—济源燃气项目；完善天然气门站、管线、储备设施和加气站等配套工程建设。

2. 非化石能源

非化石能源低碳技术主要应用在发展风能、太阳能、生物质能等可再生能源方面。济源市已开展垃圾填埋气发电、中和环能公司秸秆沼气利用、沁北风电机组、国电大岭风电机组、尚阳科技太阳能光伏发电等新能源重点项目建设。重点实施的项目包括河口村水库发电项目，国电大岭 10 万千瓦风电机组，华能 10 万千瓦风电机组，玉川、虎岭太阳能电站等项目。推进太阳能建设工程，鼓励分布式光伏发电的开发利用，推进与建筑结合的地热利用和地源热泵供暖制冷技术，鼓励在城市公共建筑和城市新建住宅小区开展地源热泵项目示范，提高低温地热资源利用水平。在生物质能方面，累计发展农村沼气用户39507户，分别占全市适宜建池总户数和全市总农户的68.1%和35.3%。

3. 城市供热体系

城市供热体系低碳适用技术主要应用在推进城市集中供热工作中，包括城镇供热锅炉并网规划技术，通过供热锅炉改燃或热电联产技术，对燃气管网内的工业锅炉推行燃气锅炉替代燃煤锅炉的技术改造等。济源市以华能沁北电厂和国电豫源电厂为热源，实施集中供热，逐步淘汰工业锅炉，实现能源的高效利用，以满足产业集聚区、济源市中心城区、各镇（街道）居民生活用热及集聚区周边企业的用热需要。

能源清洁化领域低碳技术应用：

①热电联产机组；

②2×1200MW 超超临界机组；

③2×35 万千瓦低热值煤发电技术项目；

④垃圾填埋气发电技术；

⑤清洁低碳城市供热体系改造技术；

⑥分布式光伏发电。

能源清洁化领域低碳技术部署：

①部署高效节能环保型蓄电池的开发；

②地能三联供热泵机组技术；

③小型火电厂生物质与煤混烧发电技术；

④地源热泵项目示范；

⑤推广高效照明产品（节能灯）；

⑥以煤焦化－煤焦油深加工、煤焦化－焦炉煤气－煤气深加工产业链为重点，开发应用煤气化、煤化工等转化技术，以及以煤气化为基础的多联产系统技术。

（三）交通

交通运输业是国家应对气候变化工作部署中确定的以低碳排放为特征的三大产业体系之一，建设低碳交通运输体系对于应对气候变化、实现低碳减排目标具有重要作用。济源市交通部门是移动源化石燃料燃烧温室气体排放的主要来源之一，交通运输领域节能减排工作主要围绕交通建设工程、公交改革惠民工程、低碳智能交通工程展开，积极部署低碳技术创新与应用。

"十一五"期间，济源淘汰老旧高耗能汽车500余辆，建成加气站6座，完成848辆出租车和部分公交车的燃气改造，优化了运力结构，城乡道路基础设施条件得到提升和改善，至"十二五"中期，济源市开展了11个低碳交通项目建设，通过统筹推进城乡基础设施和公共服务体系建设，干线公路优良率达89.3%，县乡公路优良率达85%，先后荣获2010～2011年度全省农村公路"好路杯"竞赛特殊贡献奖和2011～2012年全省干线公路"好路杯"竞赛特殊贡献奖。

1. 公共交通系统和非机动车出行系统

公共交通系统和非机动车出行系统领域的低碳技术主要应用在基础设施的改造和新建方面。公共交通系统可以为大众提供方便而节能的出行服务，既能减少交通拥堵，又有利于改善环境。在交通部门，各国政府都积极推广公共交通，控制以私人小汽车为主体的私人交通的增长。完善的公共交通网络为公众出行提供了大容量、快捷的交通服务。公共交通可分为轨道交通主导和地面公交主导两种模式。地面公交在济源市公共交通体系中占据主导地位。济源市城乡客运一体化建设实现了市区、镇、新型农村社区间客运公交化、网络化。城际公共交通系统实现了客运"零换乘"，提升了公共交通服务能力，提高了公交吸引力，引导公众出行方式向公共交通转变。轨道交通方面，济源市已委托中铁咨询公司、铁三院公司分别编制完成了济源至焦作、济源至洛阳城际铁路的可行性研究报告。结合老城区改造和新区建设，逐步推进和提升自行车道和行人步道建设。济源市公共自行车租赁工程建设服务站点 20 个，提供公共自行车达 300 辆。

2. 交通网络

交通网络领域的低碳技术主要应用于智能交通系统。网络化交通管理数据平台可以加强交通公共信息发布服务能力，完善管理体制和行业发展政策。济源市智能交通信息化工程建设包括"2 个中心、2 个门户、14 个应用系统、12 个支撑平台"，实现了物流信息、车辆信息、物流中心、产业集聚区和货运站信息的共享，营造了低碳化交通环境，达到了节能减排的目的。截至目前，已建成 1 个市级道路运输车辆智能监控平台和 16 个企业监控平台，在全市客运车辆、危险品运输车辆上全部安装了监控设备，并在部分重型载货汽车上进行了推广安装，截至目前，已安装营运车辆 1919 辆。通过监控系统建设，实现了营运车辆远程监控和有效调度，改变了以往对营运车辆营运过程"看不到"、对违规行为"查不全"的局面，有力提升了道路运输市场的管理水平，并通过有效调度实现了节能减排，每年可节能 3699 吨标准煤。

3. 交通基础设施和交通运输装备

交通基础设施和交通运输装备领域的低碳技术的主要应用包括

在交通建设领域研发推广新材料、新技术，采用新能源运输装备等。新材料技术应用包括改造沥青拌合站，在道路建设中应用工业废料——电石渣，以降低原材料消耗，促进节能减排，并在 207 国道贺坡至彭庄段一级公路改造工程中实验采用厂拌乳化沥青冷再生技术。

在低碳交通运输装备方面，自 2006 年起，济源市公路运输管理处淘汰老旧高耗能汽车 500 余辆，建成加气站 6 座，开始对城市公交车辆、出租车进行改装，推广车辆油改气。截至 2011 年底，济源市 867 辆出租车已经全部改成双燃料车，清洁能源汽车比例达到 100%，其中乙醇汽油车 9 辆。济源市共有公交车 264 辆，其中液化石油气车 14 辆，天然气车 20 辆。新能源、清洁能源汽车的投入使用有效降低了城市公共交通行业的碳排放量，促进了城市节能减排工作和低碳城市建设的开展。天然气在交通运输中的应用方面完成投资 4000 万元，对全市 867 辆出租车全部进行了"油改气"改造，新购置 25 辆天然气客运车辆，该项目每年可节能 4836 吨标准煤，可替代燃料 5034 吨标准油。投资 2300 万元，新建一个新能源加气站。实施驾驶员培训教学用车"油改气"项目，对全市 309 辆教练车进行了"油改气"改造，总投资 172.4 万元，每年可节能 300 吨标准煤。

交通清洁化领域低碳技术应用：

①网络化交通管理数据平台；

②沥青拌合站改造技术；

③工业废料——电石渣再使用技术；

④厂拌乳化沥青冷再生技术；

⑤路面基层现场冷再生技术；

⑥城市公交车辆、出租车油改气技术。

交通清洁化领域低碳技术部署：

①城际轻轨项目；

②电动汽车充换电设施：截至 2013 年 3 月，已建成充电桩 12 台，用于服务电动汽车；

③建成加气站 6 座；

④新建新能源加气站 1 座；

⑤驾驶员培训教学用车"油改气"项目；

⑥推广应用燃油添加剂、节油器。

（四）建筑

建筑维护和使用是能源消耗和温室气体排放三大领域之一，随着城镇化进程的加快和人民生活水平的提高，建筑所占的能耗份额将不断提升，控制建筑能源消耗和温室气体排放成为节能减排的重点领域之一。济源市紧紧围绕国家和省委省政府关于低碳建筑发展的工作要求，以建筑节能改造和绿色建筑发展为重点，积极推进可再生能源及节能技术在建筑中的规模化应用，通过先行先试、示范带动、政策支持、强化宣传等措施积极开展低碳工作，部署低碳技术创新与应用，推动低碳建筑在城市建设中的广泛应用和发展，2012 年，济源市成功获批国家可再生能源示范县，2013 年 2 月，市内沁园春天 A 区一期项目获得二星级绿色建筑评价标识；5 月，济源市被住建部评为全国第一批 6 个中美低碳生态试点城市之一，济东新区创申国家绿色生态示范城区已获住建部专家评审。

1. 新建建筑严格落实强制性节能标准

自 2007 年 10 月 1 日开始，济源市所有新建居住建筑严格执行《河南省居住建筑节能设计标准》（DBJ41/062 - 2005）节能 65% 的标准，公共建筑严格执行《河南省公共建筑节能设计标准实施细则》（DBJ41/075-2006）节能50%的标准。通过严格的施工图审查、建筑节能施工备案、节能分部工程专项验收备案，新建建筑节能设计标准执行率达100%，节能标准实施率达100%。每年济源市新建居住建筑面积达130万平方米，新建公共建筑达10万平方米，可节约标准煤3.57万吨，减排二氧化碳8.9万吨。

2. 既有建筑节能改造大力推进

济源市"十二五"期间既有居住建筑节能改造任务为34.6万平方米，其中2011~2013年改造任务为24.6万平方米，根据《济源市人民政府办公会议纪要》（〔2012〕7号）要求，济源市对济水苑小区进行改造，2013年应完成省厅下达的2012年和2013年既改任务21.36万平方米，可节约标准煤0.55万吨，减排二氧化碳1.38万吨。

3. 推进可再生能源在建筑中的规模化应用

2012年，济源市成功获批国家可再生能源示范县，两年内新增可再生能源示范项目21个，总示范面积44.241万平方米。按应用技术类型分类，地源热泵应用总面积36.476万平方米，太阳能光热建筑一体化应用总面积6.99万平方米；按项目类别分类，卫生院项目4个，总示范面积2.51万平方米，中小学幼儿园项目5个，总示范面积4.305万平方米；房地产项目12个，总示范面积37.426万平方米。可节约标准煤1.59万吨，减排二氧化碳3.98万吨。

4. 大力发展绿色建筑

为推动绿色建筑发展，切实转变城乡建设模式和建筑业发展方式，提高资源利用效率，实现节能减排约束性目标，济源市出台了《济源市绿色建筑管理办法》（济政办〔2013〕26号），要求新建国家机关办公建筑、大型公共建筑、学校、医院、保障性住房、建筑面积10万平

方米以上的住宅小区等民用建筑应当率先执行绿色建筑标准。积极引导
商业房地产开发项目执行绿色建筑标准，鼓励房地产开发企业建设绿色
住宅小区，切实推进绿色工业建筑建设。

建筑绿色化领域低碳技术应用：

①既有建筑节能改造技术；

②建筑能耗监测技术；

③水源热泵技术；

④外墙围护结构单项/综合节能改造技术。

建筑绿色化领域低碳技术部署：

①开展建筑材料和产品的新技术推广应用及建筑节能技术研究；

②地源热泵应用；

③太阳能光热建筑一体化应用；

④新建建筑节能设计标准执行；

⑤绿色建筑标准执行。

（五）农业

气候变化加剧了传统自然灾害对农业生产活动的影响，农业领域是
进行适应气候变化的重要领域之一。“十一五”末济源市农业总产值实
现 26.84 亿元，是“十五”末的 1.6 倍；农民人均纯收入达到 7784 元，
约是“十五”末 3676.66 元的 2.1 倍，全市农机总动力达到 105.2 万千
瓦，百亩耕地农机动力达到 196 千瓦，农机机械化综合作业水平达
85%，建成 5 个省级科普示范点或科普教育基地，累计推广应用了 35
个主导品种和 15 项主推技术，农业科技贡献率达到 55%，主要农作物
良种覆盖率保持 98% 以上，农业领域减缓和适应气候变化工作主要围
绕创新农村能源循环利用模式、推动畜牧业模式多样化低碳转型展开，

部署低碳技术的创新与应用。

1. 创新农村能源循环利用模式

随着 2007 年第一座大中型沼气工程落户济源市梨林镇，济源市大中型沼气工程迅猛发展的序幕拉开。济源市不断提升沼气工艺，为农村沼气建设增添活力。为了达到双节能、双优先、高效低能的目的，济源市大中型沼气工程不断采用先进技术，由原始的地下隧道式发酵工艺发展到 USR 新型工艺，再到秸秆发酵新技术，实现了技术的新跨越。济源市承留镇北勋村建成投入的 USR 沼气工程，日产沼气 1600 立方米，供应 1000 余户农户生活用能，同时年产沼液 3.7 万吨、沼渣 2400 吨作为有机肥料，取得了良好的经济效益、社会效益和生态效益；在济源市克井镇白涧村率先建成的高浓度秸秆发酵、全自动电脑控制、刷卡式沼气计量、企业化管理的集中供气工程，以及沼气"刷卡"也成为农民使用沼气的一个新时尚。"十一五"时期累计发展农村沼气用户 39507户，分别占全市适宜建池总户数和全市总农户的 68.1% 和 35.3%。

2. 多种低碳畜牧业模式并重

除在农村能源以及废弃物利用方面推进低碳改革外，济源市还不断推进低碳畜牧业发展，主要有如下几个模式。

第一，"养—沼—菜"模式。如梨林镇范庄村，建有年出栏 2000头的猪场和年出栏 5000 头的养猪小区，配套建设 600 立方米的沼气池，年处理粪便污水 1500 吨，产沼肥 1080 方，年产气 36 万立方米，将沼肥用于村里 250 亩蔬菜生产，可获经济效益达 350 万元，户均增收 3.8万元。

第二，林下生态养殖模式。如柳江禽业公司创建的林下生态养殖模式。该公司在承留镇仓房底村占用林地 5000 亩，建生态鸡舍 3000 栋，饲养蛋鸡 10 万只，年产优质有机鸡蛋 170 万公斤，年利润达 1000 余万元，该模式采用生态环保设计理念，林下养鸡，鸡食虫、草，鸡粪肥林，实现鸡、草、林、地和谐发展。2010 年该公司创建的"依山依林"牌鸡蛋获欧盟、中国双有机食品认证，成为国内首家通过双认证的林下生态养殖基地。

第三，秸秆养畜模式。济源市规模奶牛场均采用这种模式，如济源市克井镇虎尾河奶牛场，存栏奶牛 1200 余头，流转土地自种饲料玉米 8000 亩，每年青贮玉米秸秆 1.6 万立方米；年产牛粪 1.2 万吨，经自然发酵后用于玉米种植；该场年产鲜奶 3600 吨，年收入 150 余万元。全市存栏奶牛 1.2 万头，年收购青贮秸秆 10 万吨，仅此一项每年可增加农民收入 1600 万元。

第四，畜禽粪便资源化利用模式，主要是有机肥生产模式。目前济源市有 1 家生物有机肥生产厂、3 家奶牛场建成有机肥生产线，年加工有机肥能力达 32.3 万吨。众德生物科技有限公司设计年产生物有机肥 30 万吨，主要生产蔬菜专用型、烟草专用型、花卉专用型、果树专用型等产品，目前一期工程投资 1.06 亿元，主体已完成，达产后年产值可达 1.7 亿元。金河奶牛场、永兴奶牛场、富民奶牛合作社分别建设了 10000 吨、8000 吨、5000 吨的有机肥生产线，达产后年销售收入总计可达 2760 万元。

3. 推广应用多种农业低碳技术

测土配方施肥技术。测土配方施肥技术的核心是调节和解决作物需肥与土壤供肥之间的矛盾，有针对性地补充作物所需的营养元素，达到减少肥料使用量和提高肥料利用率，从而提高作物产量和品质的目的。2007～2012 年，济源市推广测土配方施肥面积累计达 366.4 万亩，共取土、化验土样 7639 个，推广销售配方肥 50850 吨，施用面积 120 万亩。该项目自 2007 年开始以来，6 年间总节肥 6802 吨，总增产粮食 93114

吨，全市配方施肥节本增效 15743.78 万元。

科学使用农药技术，主要有 6 个方面：一是按照"安全、高效、低毒"原则更新、替代高毒、高残留农药品种；二是选用先进植保器械、采取综合防治措施提高植保防治质量；三是改变传统耕作、栽培技术，适时用药，减少用药次数，提高用药时效性；四是大力推广物理防治病虫害技术；五是严格农药市场监督管理；六是以白云实业为依托，采用生物防治概念。

合理使用农膜技术。积极引导农民使用可降解农膜替代常规农膜，号召农户在使用后及时把残留农膜清理回收，防止散落于农田中或随风刮走，减少二次污染，目前农膜回收率已达 85% 以上。

农业现代化领域低碳技术应用：

①种子种苗产业化配套技术；

②基因工程育种技术；

③配套饲养技术；

④疫病综合防治技术；

⑤生态农业及设施农业技术；

⑥以沼气建设为核心的可再生能源技术、农村节能技术；

⑦以完善济源科技信息网和农业信息网为基础，有选择、有重点地实施"百村、千户"上网工程。

农业现代化领域低碳技术部署：

①建设分子生物学实验室，加快良种的繁育和产业化开发，实施诱变育种和基因工程育种技术，选育优质的小麦、玉米新品种；

②开展农产品保鲜、包装、储运、精深加工等技术研究；

③重点突破水果、蔬菜的保鲜、保质和专储、专运技术，以及农产品精深加工技术；

④开发、应用新型饲料、饲料添加剂以及先进的生产设施；

⑤推进畜牧业标准化工作；

⑥加强动物疫病防治体系建设和畜产品质量安全体系建设；

⑦引导和支持养殖业环境治理。

（六）森林碳汇

森林是陆地上最大的"储碳库"和最经济的"吸碳器"，在减少温室气体排放和吸收大气中的二氧化碳等温室气体减排固碳方面具有基础性作用，全球森林对碳的吸收和储量占全球每年大气和地表碳流动量的90%。济源市主要通过以重点工程构筑城乡生态防护屏障、以城市生态系统建设打造秀美济源、着力提高造林质量和森林质量，开展低碳工作，部署低碳技术创新与应用，推进森林碳汇建设。至2013年，全市林业用地173万亩，森林覆盖率达到44.39%，其中有林地面积119.8万亩，林木蓄积量384.8万立方米。全市共有5个国有林场，总经营面积39万亩，境内有太行山国家级自然保护区和黄河湿地自然保护区2处，保护区总面积58万亩，城市绿化覆盖率达到39%，城市环境质量进入全省良好城市行列，空气优良天数连续5年达到310天以上。

1. 以重点工程构筑城乡生态防护屏障

林业生态体系建设工程。济源市先后实施完成天然林保护工程139.5万亩，退耕还林14.68万亩，荒山造林50万亩，建成太行山猕猴和黄河湿地2个国家级自然保护区，完成水源涵养林、水土保持林16万亩，绿化率达到95%，对遏制山区水土流失、确保小浪底水利枢纽工程的安全起到了积极的作用。

林业产业建设工程。济源市加大产业结构调整步伐，发展壮大产业规模，构建以薄皮核桃、生态旅游、苗木花卉等为主的现代产业体系。

全市已初步形成王屋山苹果、下冶石榴、坡头薄皮核桃、邵原花椒等果品生产基地，年产值近 3 亿元，其中薄皮核桃基地规模已达 12 万亩。

生态家园建设工程。济源市按照村庄园林化、庭院花果化、道路林荫化、农田网格化的总体要求，在全市 16 个镇（街道）所在地和 534 个村（居）开展绿色家园建设，对村庄周围、街道和庭院进行全面绿化，目前，全市已完成生态家园村建设 196 个，栽植各类绿化苗木 392 万株，80％的镇（街道）达到绿色镇（街道）或省级绿化模范镇标准，80％的村达到绿色家园标准，涌现了玉泉办事处竹峪、轵城镇王礼庄、克井镇逢南村等一大批绿色生态家园建设示范村。

生态网络建设工程。济源市全面加快生态网络建设，全市农田林网面积达 15.1 万亩，林网控制率达到 95％以上，全部达到河南省平原绿化高级标准；扩展城乡绿地面积，提高绿化质量，完成通道绿化 3450 公里。高速公路、一级路、国道、干流绿化宽度达到 50 米以上，铁道、省道绿化宽度达到 30 米以上，通村道路绿化宽度达到 6 米以上；完成水系绿化 489.5 公里。

城郊生态体系建设工程。根据城市区划和工业企业分布情况，济源市重点实施了"一环、二屏、三带、四园、五围"生态体系建设工程："一环"，以高大乔木为主，沿两条环城路两侧各栽植了宽 100 米的防护林带；"二屏"，南部以黄河湿地保护区生态系统恢复为重点，北部以沿南太行一线防护林带建设为重点，建设城郊南北生态防护屏障；"三带"，以防护林带建设为主，沿工业区与城区间建设绿化隔离带，建成了玉川、虎岭、高新技术开发区三条与市区间的绿化隔离带；"四园"，以乡土树种为主，在城区和城市近郊区建设古轵生态苑、南山森林公园、蟒河森林公园和龙潭生态园四个森林生态公园；"五围"，以建设绿化隔离带为主，在金马、豫港、金利、万洋、沁北五个大型企业厂区周围，建设宽 1000 米的围厂绿化隔离带。通过城郊生态工程建设，在市区周围形成了较为完善的生态防护网。

2. 以城市生态系统建设打造秀美济源

城市公共绿地绿化。济源市以增加城市绿量、提高绿化档次和加强绿地管理为重点，坚持高起点规划、高质量建设、高标准管理，加快公园绿化步伐，先后完成了市区南北蟒河总长达 10 余公里的治理，建成了 4 个滨河公园和 8 个游园，建成了 30 余处街头绿地，绿化街道 110 公里，实施了河堤、建筑墙面、单位和居住区围墙、花架、花廊、阳台等垂直绿化，扩展了市区绿化空间，满足了市民出门 500 米有休闲绿地的需求。

道路景观绿化。坚持适地适树、树种多样、色彩丰富、景观优美的原则，集中对主次干道进行绿化改造，先后对北海路、沁园路、黄河大道、学苑路、天坛路等 20 余条城市道路实施高标准绿化，建成区道路绿化普及率 100%，市区干道绿地率达到 26%。

庭院小区绿化。坚持居住区绿化与工程建设同步规划、同步设计、同步建设、同步验收，新建居住区普遍辟有中心绿地，配置有休闲和健身活动设施，园林生态景观在新居住区开发中得到广泛应用。同时，对原有居住区绿地进行了升级提高，通过拆墙透绿、见缝插绿、立体造绿，最大限度增加绿量和绿地面积，提高绿化覆盖率。

单位绿化。济源市将绿色单位创建与卫生单位、文明单位创建活动相结合，不断加大资金投入，拓展绿化空间，提高绿化档次，先后建成"绿色单位"219 个，建成省级园林单位 5 个，市级园林（花园）式单位 105 个，占建成区单位总数的 65%。

3. 着力提高造林质量和森林质量

加快林木良种化进程。济源市坚持"面向生产、立足优势、主攻重点工程、保证种苗供应"的原则，全面推进林木良种选育推广、林木种苗生产供应、林木种苗行政执法、林木良种社会化服务体系建设。具体有以下 3 个方式：一是加强林木良种基地营建与管理；二是有效保护济源市林木种质资源；三是建设保障性苗圃。

以森林经营完善可持续发展。森林经营是现代林业建设的永恒主题，"十二五"期间，济源市以森林可持续经营为指导，以构建健康、稳定、高效的森林生态系统为目的，以增加森林资源、提高林地生产力、增强森林综合功能和效益为根本，以中幼林抚育和低质低效林改造为重点，分类经营、定向培育，优化森林结构，提高森林质量，建设和培育稳定的森林生态系统。

打造森林质量监管体系。济源市推进从造林绿化招投标、作业设计、采种育苗、整地栽植、抚育管护、有害生物防治到采伐更新全过程的质量管理和标准化生产。对于政府投入的造林绿化工程，逐步推行招投标管理制度，评估机构必须有造林绿化专家参加。工程造林的作业设计要由有资质的设计单位完成，按规定程序审批。加强种子执法和苗木检验检疫工作，实行种源管理制度，强化林木种苗生产经营许可制度、标签制度、档案制度、检验检疫制度和主要林木品种审定制度。逐步推进施工队伍专业化，建立并推行施工单位资质证书制度。逐步实行工程造林监理制，建立营造林工程监理单位、监理工程师、监理员资格准入制度。推行造林绿化科学设计、全程监理、严格验收的质量监管，坚持实行县级自查、市级复查、省级核查的检查验收制度，保证造林绿化质量。对森林质量监管的经营成效进行评价，定期公布结果。

森林碳汇领域低碳技术应用：

①天然林资源保护技术；

②退耕还林技术；

③森林抚育技术；

④湿地保护与恢复技术；

⑤困难地绿化造林技术；

⑥保水剂技术。

森林碳汇领域低碳技术部署：

①实施农田防护林体系改扩建；

②城市林业生态建设；

③村镇绿化。

（七）废弃物处理

废弃物处理不仅影响居民的生活环境质量，而且还是温室气体的主要排放源之一，产生甲烷、二氧化碳、氧化亚氮等温室气体。济源市废弃物处理主要分为工业废弃物处理、城市生活废弃物处理和农业废弃物处理，其中，工业废弃物指工矿企业在生产活动过程中排放出来的各种废渣、粉尘及其他废物等，农业废弃物是农业生产、农产品加工、畜禽养殖业和农村居民生活排放的废弃物的总称，城市生活废弃物是城市居民在日常生活和各种活动中产生的综合废弃物的总称。"十一五"期间，济源市围绕工业废弃物处理、城市生活废弃物处理和农业废弃物处理，建立了"村收集、镇运输、市处理"的城乡垃圾处理体系，初步实现了城乡生态、环境一体化，同时积极部署资源综合利用企业认定管理工作。

1. 工业废弃物

工业废弃物处理低碳技术主要以有色、化工、建材、农副产品加工等行业为重点，构建了"钢铁—深加工—废弃物综合利用""铅锌冶炼—精深加工—废物综合利用—再生铅回收""碳四、碳五、碳九—种烷烃、烯烃、二烯烃—精细化工产品""煤炭—焦炭（火电）—副产及废弃物综合利用""种植、养殖—加工—综合利用"五大循环经济产业链。以产业集聚区、工业园区为载体，着力打造循环产业链，提高资源利用效率。按照循环经济理念要求，规划、建设和改造各类产业园区，通过引进关键链接技术，建设关键链接项目，最大限度地节能、节地、节水、节材，实现土地集约利用、能量梯级利用、资源综合利用、废水循环利用和污染物集中处理。玉川产业集聚区循环经济低碳示范区建设形成规划项目循环经济网络模式，实现装置间、企业间原料、中间体产品、副产品和废弃物的互供共享关系，推进有色金属、化工废弃物与建材等相关产业衔接，提高资源综合利用水平，达到资源的减量投入、集聚生产和循环利用。

2. 城市生活废弃物

城市生活废弃物处理低碳技术主要应用在垃圾填埋场、垃圾处理场渗滤液处理项目和垃圾无害化处理场。济源市生活垃圾填埋场填埋气发电项目——济源市生活垃圾填埋场位于济源市轵城镇西南、枣树岭村的东北部，距中心城区约 10 千米。目前市区每天运送至济源市生活垃圾填埋场处理的垃圾量达到 300 吨/天以上。填埋场为一条北东—南西向的冲沟，填埋气发电系统是一项新能源利用项目，这种处理方向与传统的填埋法和堆肥法相比，具有污染少、最终处理量小以及资源可回收利用等优点。济源市垃圾处理场渗滤液处理项目的内容主要包括：综合房、生化反应池、厌氧反应器、MBR 池、污泥池、消防贮水池、场区道路、截洪沟等土建工程和供电线路工程、场区绿化工程，以及曝气系统、高效生物滤池、污水管道、空压机、膜处理设施、电气控制系统、全自动监控系统等设备。济源市垃圾处理场渗滤液处理项目采用目前国内先进的生化处理 + 反渗透膜处理工艺对垃圾渗滤液进行无害化处理，设计出水水质符合《生活垃圾填埋污染控制标准》（GB16889－2008）

的排放要求。济源市城市垃圾无害化处理场位于济源市小浪底专用线西侧枣树岭，距市区 10 公里，总占地面积 12.5 公顷。该工程由天津市环境卫生工程设计院设计，为沟谷型填埋场，采用防渗、导气、覆土、压实等卫生填埋工艺对城市生活垃圾进行无害化处理。

3. 农业废弃物

农业废弃物低碳技术主要应用于推广畜禽粪便、农作物秸秆和林业剩余物等农业废弃物资源化利用等示范工程。2011 年济源市克井镇东许村 1000 立方米大型秸秆沼气工程得到国家农业部的批复。该工程总投资 364 万元，其中争取中央资金 150 万元。该工程采取"预处理 + CSTR + 干式储气 + 沼肥利用"的处理工艺，主要建设 2 座容积为 500 立方米的发酵罐、1 座容积为 400 立方米的双膜干式储气柜，并购置相应仪器设备。该工程采用国内领先的高浓秸秆发酵装置和上料装置，在沼气建设上实现了历史性突破。同时，该工程还首次采用太阳能加热系统，在寒冷的冬季可以利用太阳能加热系统维持罐体需要的发酵温度，确保寒冷季节全天候供气。该工程建成后将实现高浓度秸秆发酵、全自动电脑控制、刷卡式沼气计量、企业化物业管理、太阳能和沼气能源的综合利用，年可处理干秸秆 876 吨或青储秸秆 2628 吨，年生产固体有机肥 767 吨，年产液体有机肥 2190 吨，年产沼气 29.2 万立方米，可有效解决东许村 580 余户农户的日常生活用气，填补了济源市大中型沼气工程沼气能源和太阳能综合利用的空白。

废弃物领域低碳技术应用：

①以循环经济产业链为基础的废弃物综合利用技术；

②"预处理 + CSTR + 干式储气 + 沼肥利用"的处理工艺；

③生化处理 + 反渗透膜处理工艺；

④卫生填埋工艺。

废弃物处理领域低碳技术部署：

①填埋气发电系统；

②垃圾处理场渗滤液处理项目；

③推广畜禽粪便、农作物秸秆和林业剩余物等农业废弃物资源化利用等示范工程；

④秸秆沼气制浆与综合利用工艺；

⑤生物质气化和机制木炭工程。

二 重点领域低碳适用技术需求评估：2015~2020 年

依据城市低碳适用技术需求评估方法学，通过收集一线企业、专家对济源市未来节能低碳适用技术发展的意见、文献以及挖掘专利数据库数据等方法对济源市重点领域适用技术进行需求评估。明确济源市工业、能源供应、交通、建筑、农业、森林碳汇和废弃物处理重点领域低碳发展的重要科技问题、节能低碳适用技术需求的内容和发展重点。

（一）工业

1. 主要低碳适用技术和产品需求

一是改造提升铅锌、钢铁、化工等传统产业的适用技术，例如金属再生综合利用技术，钢材品质提升技术，使用本地产优质钢材生产新能源产品和关键零部件的技术，煤化、盐化、石化产品深加工技术。

二是支撑新能源、新材料、食品加工、生物、电子信息、节能环保等战略新兴产业扩大产业规模，以形成新的经济增长点的关键技术和重点产品。

综合上述两点和济源市国民经济发展任务分析，济源市节能减排工作中急需的重点技术和产品得到明确，主要集中于电力、石化、化工、建材、供热等行业工艺升级、产品深加工、节材及材料回收或再利用技术，锅炉及工业炉窑改造、高效低氮燃烧、高压变频技术、余热余压利用、高效换热技术、小粒径除尘、氮氧化物脱除等节能低碳技术（产品），以及原材料替代或减少等控制工业生产过程温室气体排放的技术，具体见表 13 - 2。

表 13 - 2　济源市工业领域节能低碳适用技术需求

有色金属工业领域	铅锌冶炼及精深加工关键技术	铅、锌合金化和终端产品精深加工技术；熔池熔炼直接炼铅工艺技术
	铅锌冶炼综合回收利用技术	烟化炉渣的干法磁化粒化技术；铅锌冶炼节能技术；铅锌再生回收技术；有价、有害元素综合提取技术；废气、粉尘、废水回收和余热利用技术
	钢铁冶炼新技术	高效低成本洁净钢及纯净钢生产技术；非高炉炼铁技术
	钢铁新产品技术	高强度机械用钢、新型高强度建筑用钢技术；高强度大规格抗震钢筋生产技术；精密复合不锈钢技术；低温、超高压等特殊用途钢及大型锻材技术
	节能减排关键技术	钢渣、磷渣、铅锌废渣综合利用，烧结余热利用技术；烟气脱硫技术；高炉炉顶余压发电和干法除尘技术；转炉煤气干法除尘及回收利用技术
化学工业领域	煤化工关键技术	燃煤催化燃烧技术；高温高压干熄焦生产技术；焦炉煤气综合利用技术；煤制乙炔技术；煤焦油精深加工技术；焦化粉尘、废气、废水、余热回收利用技术
	化工关键技术	氧阴极低槽电压离子膜法电解制烧碱技术；缓控释肥料生产技术
	高分子化工关键技术	专用树脂和高性能工业塑料生产技术；PVC 树脂精深加工技术；高附加值精细化工产品生产技术
装备制造领域	矿用电器设备制造	高低压矿用变频器技术；精确控制技术；智能化技术；不间断安全供电技术；矿用安全装备技术
	机械装备及关键件生产技术	高速卷取机、高精度拉校机、矿井机械、新型矿山装备、新型钻探装备生产技术；主辅逆变器及安全控制装备技术；高压锅炉管、超高压容器、工程液压缸、液压支架技术
	大型工模具产品开发	高强高韧耐腐蚀新型石油钻具、限动芯棒、大型铸管模生产技术
	节能照明技术	大功率荧光节能灯、LED 冷光源灯、节能矿灯技术

续表

新材料产业领域	金属合金复合材料关键技术	铅、锌合金材料生产技术；高强、高韧、耐高温、耐腐蚀洁净合金钢材料生产技术；单晶铜制备及集成电路用引线制备技术；新型金属耐磨材料、功能性复合材料技术；绿色环保钎料技术
	功能材料关键技术	高品质石英晶体材料、磁致伸缩材料、高性能结构陶瓷和功能陶瓷技术；塑料光纤材料、生物可降解水处理剂、新型环保材料、高分子功能材料技术；新型环保材料技术；纳米材料制备和应用技术
电子信息产业领域	新型电子元器件技术	石英晶体频率片及振荡器技术；光传输转换件技术
	计算机软件及应用技术	嵌入式软件、中间件软件和管理软件技术；智能化安全防护软件技术；工业控制软件技术；基于 PDM 和 ERP 的企业综合集成技术
生产安全领域	救援技术	煤矿、危险化学品、职业危害等高危行业事故预防、控制、监管、事故处置与应急救援技术及装备
制造技术服务领域	工业设计信息化技术	基于计算机与网络的工业设计技术；应用概念设计技术；概念建模技术；快速成型技术；产品造型技术；人机工程技术；色彩设计技术；产品形象技术；设计管理技术；集成工程制造全过程计算机化技术

2. 重点推荐低碳适用技术

作为典型的重工业城市，济源市是全国重要的铅锌深加工基地和电力能源基地，这些都是高耗能、高排放的产业。济源市工业领域重点推荐的低碳适用技术也主要集中在这些行业。

重点推荐低碳适用技术一：铅、锌合金化和终端产品精深加工技术。

虽然铅、锌的冶炼耗能较高，但是济源的技术水平处在领先地位，粗铅综合能耗和铅冶炼综合能耗等技术指标均大幅优于河南省平均水平，以豫光金铅为代表的大型企业的炼铅能耗高出世界平均水平10%左右。事实上熔池熔炼直接炼铅工艺技术已经有所应用，豫光金铅就承担了熔池熔炼直接炼铅新工艺技术省级重大科技专项，并取得了一定的成果。因此铅、锌合金化和终端产品的精深加工技术是提升济源铅锌冶炼及精深加工水平的关键技术，这是济源提升有色金属工业领域竞争力的重要保障，该技术的研发、推广与应用显得尤为重要。

重点推荐低碳适用技术二：高效低成本洁净钢及纯净钢生产技术。

济源具有工业排放为主体的碳排放特征，而在工业生产过程中，钢铁生产过程又是排放主体，占整个工业排放的 59.12%，因此引入钢铁冶炼的新技术十分必要。其中非高炉炼铁技术虽然具有低能耗、低成本和环境优越性的特点，但其在技术成熟度、可靠性、生产能力等方面还远不能和高炉炼铁相比，目前只能作为高炉炼铁的补充。新中国成立以来，中国钢铁产量持续攀升，并于 1999 年达到世界第一，满足了中国快速发展对钢材量的需求。然而，随着时代的发展，市场对钢材质的要求逐渐提高，洁净钢和纯净钢可以进一步改善钢材的使用和加工性能，提高服役寿命。济源在钢铁冶炼方面具有一定的优势，如何从"做大"向"做强"转变，提升钢材产品品质，并在冶炼中采用高效、低成本的技术工艺尤为重要。

（二）能源供应

1. 主要低碳适用技术和产品需求

一是改造提升煤化、石化、电力等传统产业的适用技术；

二是支撑新能源、节能环保等战略新兴产业扩大产业规模，以形成新的经济增长点的关键技术和重点产品。

综合上述两点和济源市国民经济发展任务分析，济源市能源供应领域节能减碳工作急需的重点技术和产品得到明确，主要集中于：①电力、石化、供热等行业工艺升级；②清洁发电技术、煤炭开采与综合利用技术；③大型发电机组关键零部件生产技术；④新能源技术、多硅晶及光伏电池关键技术、高能电池生产技术、地能、生物质能利用技术等，具体见表 13 – 3。

表 13 – 3　济源市能源供应领域节能低碳适用技术需求

化石能源领域	配煤技术	炼焦配煤专家系统的相关技术——如何实现以最低的配煤成本生产出优质的焦炭
	清洁发电技术	高效洁净煤发电技术；电力行业的节能改造和监测技术；清洁燃烧技术；粉尘和硫、硝回收技术
	煤炭开采与综合利用技术	煤炭高效开采技术；煤矸石、煤泥和矿井水综合利用技术；高压真空配电装置，电子式电流、电压互感器，高低压变频起动技术；煤矿井下瓦斯抽排放技术；煤矿井下机电设备及环境地面监测控制技术
新能源产业领域	大型发电机组关键零部件生产技术	风力发电机设备关键零部件技术；核电站装备铸锻件技术
	多晶硅及光伏电池关键技术	多晶硅节能降耗技术；多晶硅及单晶硅切片技术；高效晶体硅太阳能电池技术；太阳能电池组件及封装技术
	高能电池生产技术	动力型锂离子电池及材料技术；免维护长寿命铅酸蓄电池技术
	太阳能、地能、生物质能利用技术	地能空调技术；生物质气化利用技术；家庭太阳能供电系统技术；地能三联供热泵机组技术；小型火电厂生物质与煤混烧发电技术
	智能电网技术	变电环节智能变电站设计技术；智能电网的建设发电环节 AGC、AVC、PSS 大范围投运技术；配电环节 145 条 10 千伏主干线路配电自动化技术；智能变电站的规划技术；分布式电源/储能及微电网接入技术；稀土永磁同步节能电机生产技术

2. 重点推荐低碳适用技术

重点推荐低碳适用技术：高效洁净煤发电技术。

济源市 2010 年的温室气体净排放量为 1279.52 万吨 CO_2e，而电力调出产生的温室气体排放量达到 1361.97 万吨 CO_2e，已超过年净排放量，电力生产的排放不可忽视。由于济源具备煤炭资源优势，煤炭与焦炭的消费占比达到 85%。济源的电力生产以燃煤发电为主，并且这个电力生产能源结构在未来相当长的一段时间仍将保持，因此重点推荐高效洁净煤发电技术。高效洁净煤发电技术旨在最大限度地发挥煤作为发电能源的潜能，同时实现最少的污染物及 CO_2 排放，达到煤的高效、清洁利用和发电的目的。它主要有以下几个关键的技术领域：一是煤炭利用前的洗选处理技术；二是煤炭燃烧过程中的洁净燃烧技术；三是烟气净化技术；四是 CO_2 的减排技术；五是煤的转化方式与利用效率方面的技术。

（三）交　通

1. 主要低碳适用技术和产品需求

一是在公路节能减排与材料循环利用技术、城市公共汽车节能技术重点领域开展科技攻关；

二是在环保新材料等方面开展专项课题研究；

三是推广节能新产品、新技术在交通重点工程中的应用等。

综合上述三点和济源市国民经济发展任务分析，济源市交通领域节能减排工作急需的重点技术和产品得到明确，主要集中于工艺设备技术改造过程中，对节能低碳、清洁生产技术（产品）的引进、消化吸收与研发攻关，以及物流信息平台建设技术，具体见表 13 – 4。

表 13 – 4　济源市交通领域节能低碳适用技术需求

交通运输领域	基础设施、装备推广与改造技术	机车牵引、智能控制系统、公交汽车节能、汽车尾气减排等节能低碳技术（产品）
		智能交通信息集成技术；道路无损检测技术、道路养护和修复新材料
	物流信息平台建设技术	现代物流信息系统技术；仓储管理系统、采购管理系统、物流配送系统、资金结算系统技术；冷链物流技术，应用条码技术，射频技术，地理信息系统、全球卫星定位系统技术，快速响应和电子订货系统及数据仓库技术

2. 重点推荐低碳适用技术

重点推荐低碳适用技术：智能交通信息集成技术。

济源市建市时间不长，地理位置优越，依山傍水，作为新建城市，其交通领域的低碳适用技术应该着眼于整个交通系统的低碳化设计，确保交通运输体系的低碳化和智能化。所谓智能交通信息集成技术，是将先进的信息技术、数据通信传输技术、电子传感技术、控制技术及计算机技术等有效地集成运用于整个地面交通管理系统而建立的一种在大范围内、全方位发挥作用的，实时、准确、高效的综合交通运输管理系统。最终通过效率的提高提升城市交通领域的低碳竞争力。

（四）建筑

1. 主要低碳适用技术和产品需求

一是在公共设施、宾馆商厦、居民住宅中推广采用高效节能办公设备、照明产品和家用电器；

二是加快既有居民建筑和公共建筑节能改造，大力推行新型节能墙体材料；

三是推进太阳能、地热能等可再生能源在建筑领域的应用等。

综合上述三点和济源市国民经济发展任务分析，济源市建筑领域节能减排工作急需的重点技术和产品得到明确，主要集中于：①建筑市场上可提供的与建筑建设和维护相关的设施、设备与改造技术等；②建材工业领域的低碳技术和产品，具体见表13-5。

2. 重点推荐低碳适用技术

重点推荐低碳适用技术：节能与生态建筑技术。

研究表明，世界范围内建筑能耗约占能源消费总量的30%，若加上建筑运行能耗的话，建筑能耗的总量接近全部能耗的50%。因此，

表 13 – 5　济源市建筑领域节能低碳适用技术需求

建筑领域	建筑建设与维护相关设施、设备与改造技术	大型公建能源管理系统、高效绿色照明、太阳能与建筑一体化、高效供热制冷、余热及低品位能源利用、分布式冷热电三联供、供热计量、具有 A 级防火性能的建筑保温材料、制冷剂替代、氟化气体的回收及循环使用等节能低碳技术（产品）
	节能建材	重点支持新型干法水泥、优质高效耐火材料、太阳能超白玻璃、汽车玻璃等技术的开发与应用
	建筑节能技术	节能与生态建筑技术、太阳能建筑一体化技术、新型构造体系及可再生能源应用技术

建筑领域的低碳适用技术应集中于节能与生态建筑技术。建筑领域的节能无非集中在两个层面，一是既有建筑的节能改造，二是新建建筑的节能方案、技术和产品的应用。济源市正处在快速城镇化过程中，城镇化率保持较快增长，大量基础设施亟待建设。因此，节能与生态建筑技术应该体现在济源城市规划和建筑设计的全过程中，从城市规划、建筑选址到单体设计，从维护结构到通风、采光、可再生能源等方面都应该贯彻节能与生态建筑技术的应用。

（五）农业

1. 主要低碳适用技术和产品需求

一是改善农作物及放牧地的管理，增加土壤的固碳量；

二是改进种植技术和氮肥施用技术；

三是农业（包括畜禽养殖）废弃物处理和综合利用技术；

四是农业基础设施配套技术和农业机械动力改造等。

综合上述四点和济源市国民经济发展任务分析，济源市农业领域节能减排工作急需的重点技术和产品得到明确，主要集中于：①发展农业循环经济相关减缓技术；②改造提升畜牧养殖、农作物种植、林果栽培、花卉园林等产业的适用技术和产品应用，具体见表 13 – 6。

表 13 - 6　济源市农业领域节能低碳适用技术需求

农业领域	农业节水技术与设施	防洪抗旱与减灾技术;水旱灾情预警预测和综合调度技术;高效节水灌溉技术
	农业循环经济相关技术	测土配方施肥技术;水循环利用技术;农作物秸秆综合利用技术
	畜牧养殖技术	畜禽水产清洁生产技术和畜禽主要疫病监测、预警和综合防控技术;养殖场污染控制技术、资源化利用新技术;饲料安全、高效生产技术
	种植技术	设施农业气候资源评估与利用技术;农作物良种培育技术;经济作物优质高效产业化技术
	农副产品深加工技术	农产品加工副产物的高效增值和循环利用技术;农业生物质资源的综合利用与精深加工技术;农产品加工标准体系与全程质量安全控制技术
	微生物技术	食用菌优质新品种引进和规模化生产技术;饲料复合菌剂、低能高效食品发酵技术的引进、开发和应用;生物肥料和有机肥料技术
	农业防灾减灾	重大农业气象灾害监测、预警、预报和定量评估技术;人工增雨消雹等技术;农业适应气候变化对策研究和精细化农业气候区划技术
	信息服务技术	农业专家服务系统及农业决策支持系统;农业智能监测与控制技术;农情监测、精准农业等农业信息技术
	农作物病虫害绿色防控技术	生态调控、物理防治、生物防治、科学用药等绿色防控集成技术

2. 重点推荐低碳适用技术

重点推荐低碳适用技术：畜禽水产清洁生产技术。

加强畜牧业废弃物处理和综合利用是农业领域重要的减排措施。考虑到济源市的特点——农业中畜牧业占比较高，设定畜牧业产值达到农业总产值比重55%以上的发展目标，重点推荐畜禽水产清洁生产技术。清洁生产是指对生产过程与产品采取整体预防性的环境策略，以减少其对人类及环境可能的危害。就畜禽业来讲，应包括清洁的生产过程、清洁的产品两个方面。具体的措施有节约能源和原材料、淘汰有害的原材料、产出清洁的产品，以达到低碳减排的目的。

（六）森林碳汇

1. 主要低碳适用技术和产品需求

一是重点加强林业生态建设、森林经营和保护、资源培育与高效利用、林业生物产业、林业碳汇、木本粮油、林业生物能源、林业装备等领域的重大关键技术研究；

二是开发重大生物灾害控制技术与设备；

三是研发生物质新材料、生物质能源和生物质化学品等林业资源高效加工利用新技术、新工艺、新产品等。

综合分析上述三点和济源市国民经济发展任务，济源市森林碳汇领域节能减碳工作急需的重点技术和产品得到明确，主要集中于：①林（果）业优化提升技术；②林业生态系统的修复技术；③培育丰产稳产、抗逆性强的经济林新品种；④森林火灾预警防控与快速扑救等重大装备系统适用技术，具体见表13-7。

2. 重点推荐低碳适用技术

重点推荐低碳适用技术：林木种质资源的保护、创新与利用技术。

森林是重要的碳汇库所在，济源市森林覆盖率达到44.39%（2013年数据），山区森林覆盖率更是达到72.25%以上，2010年济源市林业吸收温室气体量为102.17万吨CO_2e，发挥了极其重要的作用，济源市在森林资源的量上已经取得了一定的优势。因此，保障森林和林木品种的质量和结构显得尤为重要。尤其是对于当地特有的林木种质资源来说，加强名特优经济林与果树种质资源的创新与集约化定向培育技术，对珍稀乡土树种实施遗传改良十分必要。

表 13 - 7　济源市森林碳汇领域节能低碳适用技术

森林碳汇领域	林(果)业	培育高抗新品种,核桃优质高产高效栽培技术;林果主要病虫害监测和防治技术
	生态系统的修复技术	林木种质资源的保护、创新与利用技术;太行山地生态区和沿黄河生态涵养带天然林资源保护技术;退耕还林技术、森林抚育技术
	林产品深加工技术	林产品加工副产物的高效增值和循环利用技术;林业生物质资源的综合利用与精深加工技术;林产品加工标准体系与全程质量安全控制技术
	林业防灾减灾技术	重大林业气象灾害监测、预警、预报和定量评估技术;林业适应气候变化对策研究和精细化农业气候区划技术
	信息服务技术	林业碳汇计量监测技术
	林业有害生物防治技术	生态调控、物理防治、生物防治、科学用药等绿色防控集成技术;飞机防治和人工防治技术;以生物农药、生物肥料、植物生长调节剂等为主的绿色生物产品

（七）废弃物处理

1. 主要低碳适用技术和产品需求

一是"城市矿产"综合开发利用项目，完善回收处理网络；

二是推进再生资源利用向集约化、规模化、产业化发展；

三是构建以城市社区分类回收点为基础、以分拣中心和集散市场为枢纽、以分类加工利用为目的的再生资源循环利用体系；

四是农业基础设施配套技术和农业机械动力改造等。

综合分析上述四点和济源市国民经济发展任务，济源市废弃物处理领域节能减碳工作急需的重点技术和产品得到明确，重点围绕化学需氧量、二氧化硫、氨氮、氮氧化物等主要污染物减排和重金属污染治理，全面推进资源综合利用企业认定管理和工业、农业、建筑、商贸服务等领域的清洁生产示范，主要集中于：①城市垃圾处理处置、固废综合处

理技术；②节水及污水回用、污水高效处理、污泥处置利用、污染土壤
修复技术；③节材及材料回收或再利用技术、资源综合利用技术；④大
气污染治理、有毒有害原料替代或无害化等新技术、新产品，具体见表
13－8。

表 13－8　济源市废弃物处理领域节能低碳适用技术需求

工业固体废物综合利用和处置技术	以提高资源利用率、节约能源、减少重金属污染物产排量为目的的节能技术和清洁生产技术；涉重金属企业利用自产含重金属固废、废液和废气进行有价重金属资源回收或综合利用的深加工技术
环境安全技术	农业面源、工业点源污染监测技术；冶炼渣综合利用和无害化处理技术；污水处理厂和城镇污水处理厂污泥无害化处理技术；生活垃圾无害化处置及资源化技术；生活垃圾填埋场的渗滤液重金属污染物达标排放技术；烟气脱硝设施，布袋除尘器或高压静电除尘设施，废水深化治理，土壤污染防治，河道综合整治及底泥无害化处理技术；污灌区场地等高浓度污染土壤、底泥等修复技术，废气烟粉尘提标治理、废水清污分流技术
大气污染治理技术	大气污染综合控制技术，电力行业脱硫脱硝、非电力行业脱硫脱硝、烟粉尘综合治理技术；磷酸尾气中氟及其化合物的治理技术
水污染治理技术	水源地保护及生态治理技术；安全饮用水保障技术，再生水、矿井水等非传统水资源利用技术；污水的深化治理及回用技术；铅冶炼废水的综合治理技术；污酸站污水处理回用技术；脱硫废液处理技术

2. 重点推荐低碳适用技术

重点推荐低碳适用技术：废弃物资源化利用综合技术。

济源作为千百个中国发展中城市的缩影，其工农业生产和生活中的
各种废弃物逐渐增多，若不从早、从远进行规划与审视，未来将会付出
更多的代价加以治理。从另一个角度来看，废弃物其实是错放的资源，
因此，在节约资源的基础上，加强对废弃物资源化利用综合技术的研究
与应用具有十分重要的意义。其大致可以分成三个方面：一是工业生产
中产生的各种废弃物资源的综合利用，比如"余热发电"技术；二是

农业生产中的各种废弃物，具体的利用方式有"农村沼气"技术等；三是生活中的废弃物，具有代表性的应用方式是"城市矿山"的开发模式。

（八）小结

通过评估济源市重点领域低碳适用技术，明确了济源市低碳发展重要的科技问题、节能低碳适用技术需求内容和发展重点，具体如下。

工业领域加强传统生产设备大型化、智能化、网络化改造，集中于铅锌、钢铁、化工等传统产业的资源再生综合利用技术，品质提升技术，使用本地产优质钢材生产新能源产品和关键零部件的技术，煤化、盐化、石化产品深加工技术。

能源供应领域重点开发煤基近零排放等煤炭开采与综合利用技术、二氧化碳非捕集直接矿化利用技术。在能源供应中的新能源产业建设方面，需尊重济源市经济碳生产力水平，避免新能源技术的研发成本，集中于引进消化吸收再创新高性价比太阳能光伏电池技术，应用太阳能建筑一体化技术、地热能、大功率风能发电、天然气分布式能源、智能及绿色电网、新能源汽车和储电技术等关键低碳技术和产品。

交通运输领域集中于支持和推广道路无损检测技术、道路养护和修复新材料、智能交通和交通安全信息集成等技术，引进新型节能环保公交车辆，完善车用天然气加气站网络，建设市区公共自行车服务，推广应用不停车收费（Electronic Toll Collection，ETC）、智能交通系统（Intelligent Transport System，ITS）等。

建筑领域集中于建筑建设与维护相关的设施、设备的推广应用与改造技术，重点支持新型干法水泥、优质高效耐火材料、太阳能超白玻璃、汽车玻璃等技术的开发与应用，电石渣、磷石膏等工业废渣综合利用技术的开发与应用。

农业领域集中于培育"养殖废弃物－沼气－有机肥－高效生态种植"循环产业链的农业循环经济相关技术、设施农业技术、农业防灾减灾信息服务技术、农作物病虫害绿色防控技术。

森林碳汇领域集中于太行山地生态区和沿黄河生态涵养带天然林资源保护技术、退耕还林技术、森林抚育技术、林业防灾减灾技术和林业碳汇计量监测技术。

废弃物处理领域集中于污水处理厂和城镇污水处理厂污泥无害化处理技术，生活垃圾无害化处置及资源化技术，生活垃圾填埋场的渗滤液重金属污染物达标排放技术，河道综合整治及底泥无害化处理技术，污灌区场地等高浓度污染土壤、底泥等修复技术，废气烟粉尘提标治理、废水清污分流技术。

第十四章　低碳适用技术推广应用
障碍与政策建议

济源市在践行低碳发展上走在了河南省乃至全国的前列。依靠自然资源优势、多个低碳发展示范试点经验，济源市拥有良好的低碳发展的工作基础。在拥有良好基础的同时，济源市的低碳发展也面临着正处在城市化与工业化快速发展阶段、产业布局以重工业为主，以高排放的煤炭为主要能源、人均净排放与工业排放呈现双高特征等一系列严峻挑战，在可持续发展的国际国内背景下，济源市节能减排的空间和余地相对狭小。本章主要分析济源市低碳适用技术应用面临的一系列障碍、突出矛盾和问题，最后提出相应对策建议。

一　重点领域低碳适用技术推广应用障碍

依据城市低碳适用技术需求评估方法学，得出济源市重点领域低碳适用技术主要需求方向及障碍如表 14 - 1 所示。其中，重要的障碍主要集中在意识、资金、消化能力、人才和知识产权几个方面。然而，归根结底，其核心的障碍还是人才缺乏、资金短缺和技术障碍，以下将着重介绍这三个障碍并给出相应的政策建议。

表 14 – 1　济源市重点领域低碳适用技术主要需求方向及障碍

重点领域	主要需求方向	重要低碳适用技术发展障碍				
		意识	资金	消化能力	人才	知识产权
工业	生产工艺、基础设施、装备等改造提升技术	□	■			■
	先进适用并能带动形成领域内新的市场需求、改善民生的技术和产品的研发部署和示范推广	●	●	●	●	●
	企业能源管理中心				●	○
能源供应	生产工艺、电力设施、装备等改造提升技术	□	■			
	先进适用并能带动形成领域内新的市场需求、改善民生的技术和产品的研发部署和示范推广		●	●	●	
交通	基础设施、装备等改造提升技术	□	■			
	先进适用并能带动形成领域内新的市场需求、改善民生的技术和产品的研发部署和示范推广	○			○	
建筑	建设营运、建筑内部设备设施等改造提升技术		■			
	先进适用并能带动形成领域内新的市场需求、改善民生的技术、材料产品的研发部署和示范推广		●	○	●	
农业	生产工艺、基础设施、装备等改造提升技术	■	■	■		
	先进适用并能带动形成领域内新的市场需求、改善民生的技术和产品的研发部署和示范推广	○	●		●	
森林碳汇	基础设施、装备等改造提升技术	□	■			
	先进适用并能带动形成领域内新的市场需求、改善民生的技术和产品的研发部署和示范推广		●			
废弃物处理	设施、设备等改造提升技术		■			
	先进适用并能带动形成领域内新的市场需求、改善民生的技术和产品的研发部署和示范推广		●		●	
	分拣中心		●		○	

注：■表示当前至 2015 年很重要的障碍，□表示当前至 2015 年不太重要可是仍有影响的障碍，●表示 2015 至 2020 年很重要的障碍，○表示 2015 至 2020 年不太重要可是仍有影响的障碍。

（一）人才缺乏

济源市低碳专业技术人员缺乏。低碳发展工作是一个系统工程，涉及管理机构、相关企业。从总体上来讲，工业、能源供应、农业等领域具备节能减排专业知识的人员还比较缺乏，需加强业务培训，提高工作人员的专业水平；建筑领域，发展低碳住宅技术在资金、人才等层面，尤其是技术层面，都存在多方面的发展障碍。

（二）资金短缺

济源市依靠自主创新实现可持续发展的成本竞争力不足，自我发展的内生动力机制还不健全，企业尚未因减排激励真正成为技术创新主体，工业、能源供应等领域节能减排科技、研发投入不足，高新技术孵化器和多元化投融资机制尚未形成，长时期内（2015～2020年）工业领域自主创新能力与由知识产权导致的引进成本大小之间有着强相关关系。当前时期能源供应、交通、建筑、工业、农业、森林碳汇、废弃物处理领域相关低碳适用技术与产品的推广应用严重依赖财政资金支持。工业领域相关低碳适用技术与产品应用与推广严重依赖财政资金的情况需得到扭转，同时，需加强对森林碳汇、农业和废弃物处理领域相关节能减碳适用技术研发、应用与推广等方面的支持力度。

（三）技术障碍

济源市高等院校、科研单位等研究平台少，科研力量薄弱，缺少追踪高科技前沿技术的研发能力。工业、能源供应等领域多数企业的核心技术和装备依赖引进，对外依存度过高，缺乏拥有自主知识产权的核心技术，低碳技术自主创新能力不强。需强化工业领域建立在本市产业优势基础上的相关低碳适用技术、工艺与产品的自主创新，积极部署能源供应领域的电网并网技术和安全稳定技术，使其满足长远时期（2015～2020年）新能源规模发展需求。

二　政策建议

为实现 2015～2020 年确定的低碳发展目标，济源市关键需要抓好工业低碳化、能源清洁化，推广应用低碳适用技术和能源清洁利用技术，加强低碳交通、低碳建筑、低碳社区建设，提高林木蓄积量，增加森林碳汇。为确保这些工作顺利推进，济源市需要在组织、制度、机制、政策、资金、技术、人才及宣传方面做好安排，以保障低碳转型取得成功。

低碳技术是济源市低碳转型成败的关键。狠抓低碳技术研发和推广应用工作，重点抓好节能增效技术、可再生能源利用技术、清洁煤技术、增汇技术等类型低碳技术及产品的研发、推广与应用。重点对象是资源能源密集型工业企业，一方面不断增强自身低碳技术研发、推广与应用能力，加大资金投入；另一方面需要加强与国内外科研机构、技术实力雄厚企业之间的合作，争取外部技术支持。

（一）完善组织规划

低碳适用技术涉及多部门、多环节，在其推广与使用过程中，济源市最好能形成一个统一的领导和协调部门，明确责任单位、责任领导，建立"权责明确、分工协作、责任考核"的工作机制，实行目标责任管理，做到责任主体明确，责权利统一。只有加强部门间协调配合，充分发挥各自的主观能动性，才能形成发展低碳适用技术的合力。成立济源市低碳试点工作领导小组，由主要市领导担任组长，市级相关部门为成员单位，领导小组办公室设在市发改委，统筹协调和归口管理济源市应对气候变化和低碳发展工作，低碳试点工作领导小组成员单位依照各自职能共同推进该项工作。各镇（街道）、各部门、各企业要明确相关机构和责任人，加强部门间协同配合，发挥各自的积极性和主观能动性，形成促进低碳发展的合力，推动试点工作深入开展，各镇（街道）、各相关部门一把手和各企业主要负责人是落实该项工作的第一责任人，认真落实好问责制。

此外，济源市必须加强规划引领，强化减排约束。积极部署低碳技术发展规划，引导市场主体行为，明确政府工作重点，发展低碳科技，完善以企业为主体的低碳技术创新体系，立足"原始创新—集成创新—引进消化吸收再创新"，密切跟踪低碳领域技术的最新进展，形成更多拥有自主知识产权的核心技术和具有国际品牌的产品[1]。确立以企业为服务主体的工作思路，重点抓好对电力、水泥、钢铁、铅锌等重点耗能行业、列入国家千家企业和省万家企业的监管与服务。继续开展能效对标活动，使全市 10 种重点耗能产品的单耗达到或优于全国同行业平均水平。对重点耗能企业的节能目标进行分解，全面落实节能目标，严格考核奖惩。

（二）创新制度机制

节能减排需要政府职能部门、工业企业、家庭和个人联动。首先需要改进职能部门间工作协调机制，建立部门间联合办公制度，提高部门间协调工作效率，形成不同职能部门节能减排工作合力。其次，需要建立健全工业企业能耗和碳排放统计、分析、报告、核查、考核、奖惩制度。重点在资源能源密集型企业中建立能耗、碳排放和污染排放统计分析组织体系和制度体系，推行先进能源分析方法，建立严格的能耗、碳排放和污染排放核查和考核制度，设立奖励基金，明确奖惩办法，激励企业员工、车间、

---

[1]　雷红鹏、庄贵阳、张楚：《把脉中国低碳城市发展——策略与方法》，中国环境科学出版社，2011。

流水线等生产个人和单位节能减排的积极性，激发技术减排、管理减排潜力。探索建立能耗、碳排放和环境台账管理制度，随时跟踪和管控能耗、碳排放和污染物排放及治理进展动态。最后，探索引入市场机制，如碳市场交易、节能量交易、水权和排污权交易、合同能源管理等新市场机制，将政府外在节能减排压力化为企事业单位内在减排动力。通过引入市场机制，将企业环境资产转化为其会计账户真实资产，驱动其自主节能减排。

（三）构筑人才队伍

人是低碳适用技术的使用主体，也是低碳适用技术使用的受益者。低碳适用技术的发展需要各类人才。济源市在发展低碳适用技术的过程中至少要构筑3支人才队伍。第一，低碳适用技术的研发队伍，这是人才队伍中专业性要求最高的队伍，负责低碳适用技术的研发创新，企业的研发中心是其中之一，此外还需整合外地科研平台、资源，形成合力。第二，低碳适用技术的推广队伍，为使好的、适合的低碳适用技术能落到实处，在生产生活中得以推广，需要一支专门的队伍。这支队伍对于低碳适用技术的应用至关重要，这是当下最容易见效的措施。第三，低碳适用技术的需求反馈队伍，低碳适用技术的具体使用人员，他们是应用低碳适用技术的直接技术人员，在实践中，各种技术会有这样或那样的问题，他们是低碳适用技术需求的直接反馈者，也是低碳适用技术持续发挥作用的重要保障。

（四）给予资金扶持

做好政策的资金配套，济源市应着力于制定可操作性强、便于执行的低碳工作优惠政策、奖励办法，从资金上对低碳适用技术项目进行支持和鼓励。资金支持主要有以下3个思路。第一，以重点企业为主体，鼓励其申报各类低碳适用技术项目，争取国家、省部级的专项资金支持。第二，加大本级政府财政对低碳适用技术相关领域的资金投入力度，将重点项目和示范工程优先纳入国民经济和社会发展计划及财政预算，并通过积极的财政优惠政策，引导各类金融机构加大对低碳适用技术的投入。第三，完善市场化的资金支持，推进各领域的市场化改革，使其从政府资金投入的补充逐步发展为低碳适用技术的资金来源主体。例如推进电力市场化改革，依靠市场的力量促进低碳发展，以改革推进低碳电力发展，落实国家资源性产品价格政策。

（五）强化技术支持

低碳适用技术是实现低碳发展的现实路径，需要不断加强技术创新和全面推广，为济源市低碳发展提供技术支撑。第一，对于目前已经成熟的低碳适用技术加大推广力度。第二，继续加强对现行低碳适用技术的深入研究，争取技术创新。对于低碳适用技术，不仅要考虑其先进性、实用性，更应考虑其经济性，降低其应用成本。如在工业领域，抓好工业集聚区低碳适用技术应用的成本优势，促进资源综合利用。以玉川、虎岭、高新技术3家省级产业集聚区为重点，开发应用源头减量、循环利用、再制造、零排放技术，着力推动低碳技术创新，提高核心技术和关键技术水平，加强先进适用低碳技术、低碳工艺、低碳设备、低碳材料的推广应用。重点发展从冶炼渣、矿山尾矿中回收稀贵金属的技术，提高综合利用附加值；重点发展工业余热余压发电技术；重点推进煤矸石、冶炼废渣、磷渣、电石渣等固体废弃物的综合利用技术，提高资源综合利用率。第三，针对济源市各领域特点，因地制宜，在相应的领域有所创新。如在农业领域，加强农业低碳化技术的集成创新，加强化肥、农药等农业投入品减量使用技术的研究和低排放种养品种的选育。

第十五章　低碳发展重点任务与保障措施

考虑到气候变化形势严峻，国际减排压力上升，国家推进低碳发展力度加大，并逐步从相对减排向绝对减排过渡，济源市作为河南省国家低碳试点城市，需要探索适宜的资源能源型工业城市的低碳化转型路径，争取尽早迈过排放峰值，引领河南全省低碳转型，为全省乃至全国其他资源能源型工业城市提供低碳转型成功范本。抓住被认定为第二批国家低碳试点城市的机遇，科学制定低碳发展规划，转变经济增长模式，培养低碳生产生活方式，加大产业结构调整力度，壮大第三产业规模，改善能源利用结构，以重要排放源为工作突破口，加强技术革新，进一步节能降耗，优化生产工艺流程，努力建设低碳城市。

一　重点任务

根据济源市低碳发展路线图，为实现 2015～2030 年确定的低碳发展目标，结合济源市市情分析，未来济源市低碳转型的重点任务主要是工业、非化石能源和能源清洁利用、低碳交通、低碳建筑、生态农林业、低碳示范工程等。

（一）推进工业低碳转型，构建现代低碳产业体系

目前，工业碳排放占济源市碳排放的 90% 以上，只有控制住工业碳排放才能实现济源市低碳发展目标，预期未来工业碳排放与济源市碳排放变化趋势曲线及其峰值出现时间将大体平行一致。推进工业低碳转型减少工业碳排放的措施如下。

1. 推动工业企业低碳化改造

继续"关停并转"落后产能，研发、推广和应用低碳环保技术，尤其是清洁煤技术，推进资源能源密集型工业企业低碳化改造，重点是有色金属、黑色金属、电力煤气及水生产供应、石油炼焦及核燃料、化学原料及制品等行业。推广应用节能技术、节能设备、节能工艺，挑选钢铁、铅锌、电力、煤炭、建材、化工、装备制造等产品生产龙头企业作为节能减排示范企业。加强能耗和碳排放分析、核算和考核，在资源能源密集型工业企业中推广能源带宽分析方法。加大低碳环保技术研发和推广应用的资金投入，发挥龙头企业的示范效应，抓住龙头企业也就抓住了节能减排重点对象，通过提升技术、优化能源管理，促进工业企业能耗强度和碳排放强度的降低。

2. 推进工业行业结构调整优化

紧紧抓住发达地区产业向中西部地区迁移的历史机遇，适时提高环保标准，优选高新技术产业投资和项目。促进以计算机、通信和其他电子设备、电气机械与器材制造等为代表的高新技术产业发展，鼓励新能源、新材料、低碳环保产业、低能耗高产出、市场前景广阔的其他类型产业发展。整体提高低能耗、低资源消耗、低排放、低碳环保工业行业比重，优化济源市工业行业结构。

3. 提高循环经济发展水平

济源市是资源能源型工业城市，资源能源综合利用效率不高，通过

在企业内部、行业内部、行业之间统筹建立循环链条关系，发展不同层次的循环经济，打造循环经济产业园区，提高资源能源综合利用效率。扶持余热余压利用、资源再生、再制造等能源资源循环利用型产业发展。

4. 大力发展第三产业

目前，济源市服务业发展相对滞后，服务业在经济结构中占比偏低。济源市实体经济为服务业发展提供了市场需求基础，结合济源市情分析，除了批发零售餐饮住宿、邮政等传统服务业外，济源市还可以着力发展低碳环保技术服务、节能和碳资产管理、低碳转型资金信贷、低碳生态旅游、低碳物流等现代服务业，从而提高服务业在产业结构中的比重。

（二）着力发展清洁能源，推动洁能和节能并举

目前，济源市主要依靠煤炭类能源，非化石能源占比较低。今后，需要着力开发利用水能、太阳能、生物质能、地热能等非化石能源，提高天然气使用比重，建设煤矸石、煤泥等低热值煤发电机组和城市生活垃圾、工业余热余压等发电机组。积极推进与建筑结合的地热利用和地源热泵供暖制冷技术，鼓励在城市公共建筑和城市新建住宅小区开展地源热泵项目示范，提高低温地热资源利用水平。

在节能方面，除工业节能外，还需重点推进政府机构节能，开展办公楼围护结构、空调、采暖、照明系统节能改造及办公设备节能改造；加强公建和住宅节能管理，新建住宅和公共建筑严格执行节能高标准；推广绿色照明，实施绿色照明工程，城市亮化工程全部采用节能灯具；加强生活节能，倡导绿色消费，引导商业和民用节能，推广使用高效节能办公设备、家用电器、照明产品等。借力国家政策扶持与市场形势倒逼机

制，利用节能审查、节能监察、能源审计、清洁生产和合同能源管理等手段，引导济源工业企业提升能源综合利用效率，实现节能降耗目标。

（三）推广低碳交通工具，构建低碳交通体系

按照国家低碳交通运输体系建设试点城市的目标要求，以城乡交通低碳一体化的智能交通引领低碳交通运输体系建设，着力构建通畅高效、安全绿色的低碳交通体系，探索中小城市适宜的低碳交通发展模式。

1. 构建低碳型综合运输体系

优化运输网络布局，建成空间布局合理、功能衔接顺畅的综合交通运输网络，进一步优化客货场体系。进一步提高铁路通道运输在大宗物资运输中的比例，完善农村路网衔接，实行自行车公共租赁工程，打造具有中小型城市特色的自行车捷运通道。

2. 构建智能交通网络

建立网络化交通管理数据平台，加强交通公共信息发布服务能力，完善管理体制和行业发展政策。以信息化为支撑开展智能交通信息化工程建设，实现物流信息、车辆信息、物流中心、产业集聚区和货运站信息的共享，营造低碳化交通环境，达到节能减排的目的。

3. 建设低碳交通基础设施

首先，加快新材料、新技术在交通建设领域的研发推广，优化配置运输通道资源，加强公路管理养护，推行节能减排工作，创造更多经济效益和社会效益。其次，加强各种运输方式有机衔接，构建绿色生态型运输站场。再次，采用低耗高效设备，建设节能低碳港口设施。未来要将港口节能的重点放在港口建设、生产等环节。最后，探索固碳增汇新途径。加强碳汇能力强的树种培育，构建通畅高效、安全绿色的综合交通运输系统，探索适宜的小城市低碳交通发展模式。

4. 落实公交优先，优化步行、自行车出行环境

坚持"公交优先"战略，加大城乡客运一体化建设，大力发展城际公共交通，提升公共交通服务能力，提高公交吸引力，引导公众出行方式向公共交通转变。同时，在济源市构建公共交通智能化信息系统，智能交通调度与信息化管理中心，实现济源市公共交通的全面监测，最终实现公交智能调度、出租车智能调度。

推行公众出行服务平台建设，公众可以通过网络、电话资助语音、短信、客运站点触摸信息和电子信息牌等终端平台，获得更便捷的低碳出行路线，转变出行方式和消费理念。结合老城区改造和新区建设，逐步推进自行车道和行人步道建设，提升、优化自行车、步行出行环境。

5. 推广低碳交通运输装备

首先，加速老旧车辆淘汰与更新，淘汰运输企业使用期达 6 年以上的老旧客车。大力推广新能源交通工具，建设相应基础配套设施，推行营运车辆"油改气"工作。提高新能源、清洁能源公交比例，推广双燃料、低能耗车辆的应用，鼓励购买小排量、新能源等环保节能型汽车。其次，推动绿色维修技术的应用。维修过程中推行低污染、低碳排放技术，改造运用低碳节能设备，推广实施烤漆房"油改电"，加强对废轮胎、废包装、废配件的统一包装，促使现有粗放型维修行业向现代集约式转变。

（四）建造低碳建筑，减少建筑碳排放

1. 推行建筑能效标识

按照国家建筑节能标准和相关法规，制定济源市建筑能效测评与标识管理办法，逐步对济源市已有的主要公共建筑、大型商用建筑、学校建筑、医院建筑进行能效测评。

2. 加快既有建筑节能改造

根据建筑能效标识制度，结合济源市社区、庭院、危旧房改造等城市更新工程，对既有居住建筑进行节能改造，以对机关办公建筑和大型公共建筑电器照明设施进行改造为突破口，以建筑屋顶、门窗、供热计量节能改造为重点，逐步进行节能改造，提高建筑节能效果。

3. 大力推进可再生能源在建筑中的应用

推广太阳能光电热技术和热泵技术，普及太阳能建筑一体化，在济源市民用建筑建设中大力推广太阳能热水器与建筑一体化设计和施工，鼓励城市集中供应生活热水的公共建筑采用太阳能热水系统及成套技术，同时加强农村地区太阳能光热系统利用。利用地热资源，推广地源热泵空调系统。

4. 推广建筑节能设计、材料、产品和技术

鼓励建筑生态设计和生态改造，着力实施"绿色屋顶"工程和"绿色照明"工程，在济源市推广高效节电照明系统。大力推广先进适宜的新型节能环保建筑材料、建筑保温绝热板系统、外墙保温系统、木塑建筑模板等建筑节能材料、产品和技术，努力降低建筑综合能耗。

（五）发展生态农业，增加森林碳汇

1. 发展生态农业，降低农业碳排放

（1）加强宣传，使发展低碳农业成为农民的自觉自主行为。整合宣传培训资源，重点宣传国家、省、市低碳生产各项政策，培训低碳生产实用技术，逐步使应用低碳农业技术、发展低碳农业成为农民的自觉自主行动。

（2）加强研究和推广低碳农业技术，为低碳农业发展提供技术支撑。加速推广成熟的低碳农业技术，如测土配方、节水灌溉、植物保护、沼气工程等。加强低碳农业技术的研发与推广，统筹兼顾技术的先进性、适用性和经济性。根据济源市农业产业布局特点，加快低碳农业技术集成创新，优先推广应用化肥、农药减量使用技术和低排放种养品种选育技术。

（3）加强政策引导，增加资金支持。政府要出台相应扶持政策，引导农民和农业企业应用低碳农业技术。要建立健全低碳农业经济发展投入机制，以财政投入撬动社会资本投资低碳农业。鼓励农民建立低碳农业经济合作社，扶持相关农产品加工、流通龙头企业发展。

（4）建立低碳农业示范区，发挥示范区示范效应。挑选部分现代农业示范园区和农业精品产业园区，建设低碳农业示范园区，开展低碳农业技术应用和示范，以示范带动和加快低碳农业发展。主要示范区可以"生态林果产业园区""苗木花卉产业园区""薄皮核桃产业园区""森林生态旅游"等为主。

（5）加大农村非化石能源推广应用力度。推广农村户用沼气、太阳能、生物质能、液化气等非化石能源，建设大中型沼气工程，发展秸秆固化，推进农业机械节能，促进农村能源、经济、社会和生态协调发展。推广秸秆还田、保护性耕作等措施，增加农田土壤和草地碳汇。

2. 加强生态建设，增加森林碳汇

（1）加强生态济源建设，积极推进国家森林城市创建工作。重点立足太行山地生态区域、平原生态涵养区域、沿黄河生态涵养带三大重点区域，加快建设天然林保护、退耕还林、重点地区防护林工程，全面加强山区生态体系、农田防护林体系、生态廊道、城镇林业生态建设、野生动植物和自然保护区建设、湿地保护、森林抚育改造等重点生态工程建设。

（2）加强生态系统保护。加强太行山猕猴国家级保护区、黄河湿地国家级自然保护区建设，切实做好生物多样性保护；加快河南太行山猕猴国家级自然保护区济源管理局二期工程建设，加强野生动植物保护管理监管体系、野生动物疫源疫病监测防控体系、濒危野生动植物拯救工程建设；加快黄河湿地国家级自然保护区济源管理分局二期工程建设，全面加强对湿地的抢救性保护和对自然湿地的保护监管。

（3）积极推进城乡绿化建设。按照城市园林化、郊区森林化、道路林荫化、农民庭院花果化要求，大力发展城市和乡村绿化。中心城区重点抓好综合性公园和大型绿地建设，加快城市小游园建设，开展园林小区、园林单位创建活动，大力发展屋顶、墙壁等立体绿化；加快郊野公园建设；实施"三湖"开发，形成城市生态屏障；积极推进产业集聚区、镇（街道）和新农村社区绿化建设，提升绿化水平。

（六）发挥示范作用，带动低碳转型

1. 评选低碳示范企业

开展风力发电设备、绿色电池、太阳能光伏组件、电动汽车空调、高效热泵、稀土永磁同步节能电机等新能源装备、新材料产业示范项目建设。在冶金、电力、化工等高排放行业和重点用能企业中，选取一批低碳示范企业，开展能源审计、节能规划编制、能效评估、资源综合利用和清洁生产审核工作。

2. 优选非化石能源示范项目

在产业集聚区的厂房屋顶、荒坡地以及公共建筑等领域推广光伏发电技术，扩展地（水）源热泵、地热井等地热资源利用方式，提高利用效率，扩大使用规模，构建以太阳能、地热能和非常规水源热能利用为特色的低碳型能源利用体系。

3. 选择低碳建筑示范单位

以绿色建筑设计为基础，采用先进的低碳技术，在东南新区建设低碳酒店示范工程。以可再生能源在建筑中的利用为重点，选择政府机关、高等院校、酒店宾馆、敬老院、高档社区等开展太阳能光热建筑一体化和地源热泵空调系统等可再生能源技术的示范应用。

4. 确定低碳交通示范区域

在济东新区构建以公共交通和非机动化交通为主导的绿色智能交通体系，建设人性化的绿色交通设施和环境，制定完善的交通管理政策，建立智能化交通管理系统，引导绿色出行。

5. 加强低碳示范工业园区建设

（1）循环经济低碳示范区。以循环经济理念为指导，开展循环经济低碳园区建设，科学规划产业链，形成完善的产业体系和合理的产品链结构。重点谋划产业发展项目，修补延伸产业链条，形成规划项目循环经济网络模式，实现装置间、企业间原料、中间体产品、副产品和废弃物的互供共享关系，推进有色金属、化工废弃物与建材等相关产业衔接，提高资源综合利用水平，达到资源的减量投入、集聚生产和循环利用。

（2）高新技术产业集聚区生态工业示范区。按照高新技术集聚区的产业定位，研究制定低碳产业项目鼓励政策，引进低碳产业项目，建立以新能源和节能环保产业为主的低碳产业体系，积极开展地热能、太阳能等可再生能源开发利用，鼓励引导低碳节能关键技术攻关，充分发挥高新产业集聚区科技创新辐射作用。

6. 创建低碳示范社区和中心商务区

（1）以低碳理念为指导，以现代城市管理理念为宗旨，借鉴国际低碳社区的成功经验，研究制定低碳社区规划、建设和管理方式，设计低碳社区和低碳家庭评价指标体系，再创建一批节约、清洁、低碳标杆性"低碳社区"，评选一批"低碳家庭"，从节约化城市生活方式开始，以践行低碳生活为准则，积极推行社区管理低碳化。

（2）以打造低碳经济先进区域为目标，通过建设分布式能源站、推广合同能源管理、优化能源管理制度、组建低碳节能联盟等方式逐步建立低碳型能源利用体系，通过低碳理念规划、绿色建筑设计和低碳先进适用技术的支撑，实现综合体内的全面低碳排放。

二　保障措施

为确保这些工作顺利推进，济源市需要在组织、制度、机制、政策、资金、技术、人才及宣传方面做好安排，保障低碳转型取得成功。

（一）加强组织领导

成立济源市低碳试点工作领导小组，由主要市领导担任组长。市级相关部门为成员单位，领导小组办公室设在市发改委，统筹协调和归口管理济源市应对气候变化和低碳发展工作，低碳试点工作领导小组成员单位依照各自职能共同推进该项工作。各镇（街道）、各部门、各企业要明确相关机构和责任人，加强部门间协同配合，发挥各自的积极性和主观能动性，形成促进低碳发展的合力，推动试点工作深入开展，各镇（街道）、各相关部门一把手和各企业主要负责人是落实该项工作的第一责任人，认真落实好问责制。

（二）创新制度机制

节能减排需要政府职能部门、工业企业、家庭和个人联动。首先需要改进职能部门间工作协调机制，建立部门间联合办公制度，提高部门间协调工作效率，形成不同职能部门节能减排工作合力。其次，需要建立健全工业企业能耗和碳排放统计、分析、报告、核查、考核、奖惩制度。重点在资源能源密集型企业中建立能耗、碳排放和污染排放统计分析组织体系和制度体系，推行先进能源分析方法，建立严格能耗、碳排放和污染排放核查和考核制度，设立奖励基金，明确奖惩办法，激励企业员工、车间、流水线等生产个人和单位节能减排积极性，激发技术减排、管理减排潜力。探索建立能耗、碳排放和环境台账管理制度，随时跟踪和管控能耗、碳排放和污染物排放及治理进展动态。最后，探索引入市场机制，将政府外在节能减排压力化为企事业单位内在减排动力。如碳市场交易、节能量交易、水权和排污权交易、合同能源管理等新市场机制。通过引入市场机制，将企业环境资产转化为其会计账户真实资产，驱动其自主节能减排。

(三) 确保政策落地

继续做好济源市低碳发展规划，完善低碳环保相关地方法规规章制度。酝酿推出扶持工业领域低碳技术研发与推广应用、低碳交通工具推广应用与配套设施建设、可再生能源产业发展与应用、低碳农业发展和生态建设等领域在财税、土地、金融、价格、能源供应等方面的优惠政策。积极利用国家和河南省关于节能、循环经济、新能源等方面的优惠政策。明确对节能减排先进企业和个人的奖励措施。建立低碳发展目标责任制，按照属地管理原则，逐级分解和签订低碳城市建设工作目标责任书，将其纳入济源市年度目标管理考核。

(四) 拓宽融资渠道

济源市作为资源能源型工业城市，低碳转型资金需求较大，需要拓宽融资渠道，满足资金需求缺口。除了积极争取国家、省和市财政资金支持外，可以引导工业企业加大节能减排投入，协调金融机构增加绿色信贷业务，鼓励社会资本、金融资本进入低碳技术研发、低碳项目建设以及交通建筑社区低碳化改造等领域。可以通过济源市财政拨付部分资金设立低碳发展基金，按照企业化经营模式，撬动社会资本、金融资本介入，满足济源市低碳转型不同类型的资金需求。

（五）发展低碳技术

低碳技术是济源市低碳转型成败的关键。要狠抓低碳技术研发和推广应用工作，重点抓好节能增效技术、可再生能源利用技术、清洁煤技术、增汇技术等类型低碳技术及产品的研发、推广与应用。重点对象是资源能源密集型工业企业，一方面不断增强其自身低碳技术研发、推广与应用能力，加大资金投入；另一方面需要加强与国内外科研机构、技术实力雄厚企业之间的合作，争取外部技术支持。

（六）提高管理水平

高标准、高水平编制低碳城市近期、中期、长期规划，发挥规划的引导和调控作用，搞好低碳城市设计，维护规划的严肃性、权威性，避免形成新的城市病和城中村。把低碳融入城市发展的方方面面，全面推进科学管理、人性管理、精细管理，不断创新城市管理体制，健全科学高效的城市管理运行机制，实现城市管理手段法制化、管理方式属地化、管理机制精细化、管理目标长效化。

（七）培养人才队伍

缺乏不同层次的技术人才是济源市低碳转型的重要制约因素。为改变技术人才不足的局面，济源市需要提供优惠政策，从高校和外地企业中招收一批低碳技术研发人才、应用人才以及管理人才，充实企业、社区、乡村等技术研发和推广应用战线，为济源低碳转型储备人才队伍。

（八）加大宣传力度

以创建低碳城市为契机，深入开展丰富多彩的低碳、环保、生态等文化活动，将美丽中国、低碳环保、生态文明宣传教育引向深入，引导全社会了解低碳知识。在基础教育、职业教育、高等教育、成人教育中纳入气候变化内容，引导青少年树立应对气候变化的意识，积极参与应对气候变化的相关活动。举办应对气候变化和低碳技能培训班，开展创建"低碳镇办""低碳家园""低碳机关""低碳企业""低碳校园""低碳社区"等评选活动，带动全民参与。

本篇参考文献

[1]《气候变化国家评估报告》编写委员会:《气候变化国家评估报告》,科学出版社,2007。

[2] 国家发展和改革委员会:《中国应对气候变化国家方案》,2007。

[3] 河南省电力公司济源供电公司:《智能电网支撑低碳环保调研报告》,2013。

[4] 河南省统计局、河南省发展和改革委员会:《2006~2009 年各省辖市单位 GDP 能耗等指标公报》,http://www.ha.stats.gov.cn/hntj/tjfw/tjgb/qstjgb/A06200701index_1.htm。

[5] 济源市畜牧局:《济源市畜牧业"十二五"发展规划》,2010。

[6] 济源市发展和改革委员会:《2011 年节能减排基本情况》,2012。

[7] 济源市发展和改革委员会:《济源市"十一五"及 2010 年节能自查报告》,2011。

[8] 济源市工业和信息化局:《工业领域先进节能技术运用情况》,2012。

[9] 济源市环境保护局:《济源市环境保护"十二五"规划》,2012。

[10] 济源市交通运输局:《低碳交通运输体系建设试点市建设情况》,2013。

[11] 济源市交通运输局、交通运输部科学研究院:《济源市低碳交通运输体系建设城市试点实施方案》,2012。

[12] 济源市交通运输局:《交通运输"十二五"发展规划》,2010。

[13] 济源市林业局:《打造低碳城市,建设美丽济源》,2013。

[14] 济源市林业局:《济源市"十二五"林业发展规划》,2011。

[15] 济源市煤炭管理局:《济源市煤炭管理局"十二五"规划》,2010。

[16] 济源市农业局:《济源市"十二五"农村能源发展规划》,2011。

[17] 济源市农业局:《济源市"十一五"农村沼气建设情况总结》,2011。

[18] 济源市农业局:《济源低碳农业发展情况汇报》,2013。

[19] 济源市人民政府:《关于印发济源市推进可再生能源建筑应用实施办法的通知(济政〔2011〕19 号)》,2011。

[20] 济源市人民政府:《济源低碳试点城市实施方案》,2012。

［21］济源市人民政府：《济源市"十二五"节能减排综合性工作方案》，2012。

［22］济源市人民政府：《济源市"十二五"节能减排综合性工作方案》，2012。

［23］济源市人民政府：《济源市"十二五"林业发展规划》，2011。

［24］济源市人民政府：《济源市"十二五"旅游产业发展规划》，2011。

［25］济源市人民政府：《济源市城市总体规划（2006～2020）》，2012。

［26］济源市人民政府：《济源市低碳城市实施方案（修改稿）》，2013。

［27］济源市人民政府：《济源市公路客货运输枢纽布局规划（2012～2020）》，2012。

［28］济源市人民政府：《济源市国家现代农业示范区发展规划（2011～2015）》，2010。

［29］济源市人民政府：《济源市国民经济和社会发展第十二个五年规划纲要》，2011。

［30］济源市人民政府：《济源市环境保护"十二五"规划》，2011。

［31］济源市人民政府：《济源市可再生能源建筑应用实施方案（2012～2013）》，2012。

［32］济源市人民政府：《济源市农业和农村经济发展"十二五"规划》，2011。

［33］济源市人民政府：《济源市土地利用总体规划（2006～2020年）》，2009。

［34］济源市人民政府：《济源市循环经济试点实施方案（2010～2015年）》，2010。

［35］济源市住房和城乡建设局：《关于低碳建筑发展工作情况汇报》，2013。

［36］交通运输部办公厅：《关于开展低碳交通运输体系建设第二批城市试点工作的通知（厅政法字〔2012〕19号）》，2012。

［37］科学技术部：《关于批准辽宁省沈阳市和平区等为国家可持续发展实验区的通知（国科发社〔2011〕57号）》，2011。

［38］雷红鹏、庄贵阳、张楚：《把脉中国低碳城市发展——策略与方法》，中国环境科学出版社，2011。

［39］刘强、姜克隽、胡秀莲：《中国能源领域低碳技术发展路线图》，《气候变化研究进展》2010年第5期。

［40］农业部规划设计研究院、济源市人民政府：《河南省济源市国家现代农业示范区发展规划（2011～2015）》，2010。

［41］潘家华：《怎样发展中国的低碳经济》，《绿叶》2009年第5期。

［42］气候组织：《中国的清洁革命Ⅲ：城市》，2012。

［43］气候组织：《中国低碳领导力：城市》，2012。

［44］钱祖：《中国节能减排关键技术和路线图》，《创新科技》2008年第8期。

［45］中国科学院能源领域战略研究组：《中国至2050年能源科技发展路线图》，科学出版社，2009。

［46］庄贵阳、潘家华、朱守先：《低碳经济内涵及综合指标体系构建》，《经济学动态》2011第1期。

［47］庄贵阳：《中国经济低碳发展的途径与潜力分析》，《国际技术经济研究》2005年第3期。

［48］宗蓓华：《战略预测中的情景分析法》，《预测》1994年第2期。

［49］ Alexander E. Farrell, Dan Sperling, A Low-Carbon Fuel Standard for California, http：//escholarship. org/uc/item/6j67z9w6, 2007.

［50］ Best Practice, (2010) Copenhagen Climate Plan. http：//www. nyc. gov/html/unccp/gprb/downloads.

［51］ EEA (European Environment Agency), Urban Frontrunners-cities and the Fight Against Global Warming. http：//www. eea. europa. eu/articles/urban－frontrunners－2013－cities－and－the－fight－against－global－warming, 2009.

［52］ Our energy future-creating a low carbon economy, Energy White Paper (2003), http：//www. berr. gov. uk/files/file10719. pdf.

［53］ EPA (United States Environment Protection Agency), Climate Change Action Plans, http：//www. epa. gov/statelocalclimate/local/local－examples/action－plans. html#ny, 2007.

［54］ Metz B. , *Climate Change 2007 – Mitigation of Climate Change*：*Working Group III Contribution to the Fourth Assessment Report of the IPCC* (Cambridge, UK：Cambridge University Press, 2007).

第四部分

下城篇

第十六章　社会经济现状及低碳发展的工作基础

中心城区是城市发展的核心区域，是一个城市政治、经济、文化的中心，也是人口、建筑、交通等的集中地，范围主要包括城镇建成区和近郊区。中心城区践行低碳发展可以带来额外的共生效益，包括公共健康改善、成本节约和效率增加、能源安全和基础设施改进、城区生活质量提高。下城区作为大都市中心城区，充分依托区位优势，积极探索大都市中心城区的低碳发展模式，大力推动了城区低碳发展，为中心城区低碳发展提供了示范和样板。

一　基本情况

杭州市下城区位于杭州市中心，历史悠久，具有深厚的历史底蕴和丰富的文化内涵，自古就是商贾繁盛之地，众多珍贵的文化遗存依然坐落在今天下城区景象万千的土地上。下城区成立于 1949 年。改革开放以来，其面貌焕然一新，成为杭州新商贸中心、金融中心、新闻中心、文体中心。下城区行政建制数度变迁，1997 年杭州市区划调整后，区面积扩大到 31.46 平方公里，辖 1 个镇 6 个街道。2004 年 8 月，下城区部分行政区划调整，撤销石桥镇、潮鸣街道办事处、艮山街道办事处建制，设立石桥、东新、文晖、潮鸣 4 个街道办事处，保留天水、武林、长庆、朝晖街道区划不变。调整后，下城区下辖 8 个街道 72 个社区。截至 2010 年底全区户籍人口 40.1 万人，常住人口 52.61 万人。

（一）地理气候

下城区地处杭州市城区中心，西南濒临西子湖；东以贴沙河河道、沪杭铁路线与江干区相间；西以环城西路、京杭大运河与西湖区、拱墅区相邻；北联沈半路与拱墅区接壤；南抵庆春路与上城区隔街相望。全区地势平坦，平均海拔 6.4 米，水网密布，京杭大运河、上塘河、贴沙河、中河、东河、古新河、桃花河、东新河以及新横河、南应家河、北应家河等河道纵横全境。

下城区处于亚热带季风区，气候温和湿润，四季分明，光照充足，雨量充沛，年平均气温为 16.2℃，夏季平均气温为 28.6℃，冬季平均气温为 3.8℃，无霜期 230 天到 260 天。全年有两个雨季和一个多雨时段。第一个雨季为梅汛期，根据 1951~1984 年的梅汛期统计结果，入梅日期平均在 6 月 16 日，出梅日期平均在 7 月 7 日，梅雨期平均有 23 天，梅雨量 221 毫米。第二个雨季出现在 8 月底，由台风或极锋南移所致，俗称台风秋雨期，平均降水量 120~220 毫米。此外，3~4 月为多雨时段，称春雨期，平均降水量 200~300 毫米。

（二）经济发展

近些年来，下城区经济增长较快。2012 年，下城区地区生产总值（GDP）达到 598.80 亿元，产业结构为 0∶9.29∶90.71，财政总收入达

128.38 亿元，地方财政收入和科技进步水平均在全省各区（县、市）中名列前茅。

下城区没有第一产业，没有废弃物处理，三次产业占据绝对比重，并且现代服务业发展迅猛，城市化水平非常高。下城区依托区位优势大力发展现代服务业，以杭州（武林）中央商务区和"创新创业新天地"为两大核心区，积极发展物流商贸、金融、文化创意三大支柱产业。下城区持续创新服务理念、努力拓展服务内容，着力推进楼宇经济公共服务建设，实现经济服务、民生保障、城市管理、综合治理和党群建设的公共服务与企业"零距离"，逐步形成公共管理的品牌效应。众多世界500 强企业相继落户下城区，2012 年全区服务业占 GDP 的比重达 90% 以上，"三产"占比列全省 90 个区（县、市）首位。下城区在国内首创"楼宇经济指数"，积极发展楼宇经济，建立楼宇综合服务中心和楼宇动态信息库，全区税收超千万楼宇 67 幢（含超亿元楼宇 17 幢，其中超 5 亿元楼宇 2 幢）。同时，积极培育战略性新兴产业，有国家重点扶持的高新技术企业 51 家、省级软件企业 38 家，星火电子商务产业园被定为国家电子商务试点、国家级大学生创业实践基地，区科创中心被认定为国家级孵化器。2010 年起高新技术产业增加值占工业增加值比重在全省各区（县、市）中排名保持第一。

（三）能源消费

1. 能源消费总量和结构分析

2010 ~ 2012 年，下城区能耗总量依次为 88.86 万吨、90.00 万吨、92.77 万吨标准煤，能耗总量缓慢上升。不过，能耗强度（万元 GDP 能耗量）明显下降，2010 ~ 2012 年能耗强度依次为 0.33、0.30、0.28 吨标准煤/万元。另外，人均能耗和单位土地面积能耗均呈增势，2010 ~

2012 年，人均能耗由 2.22 吨标准煤/人上升到 2.29 吨标准煤/人，单位土地面积能耗由 2.82 吨标准煤/平方公里上升到 2.95 吨标准煤/平方公里。上述数据表明，下城区虽然能效得以提升，但能耗总量上升趋势尚未得到遏止（见表 16 - 1）。

表 16 - 1　2010 ~ 2012 年下城区能源消费状况

年份 \ 指标	能耗总量（万吨标准煤）	万元 GDP 能耗（吨标准煤/万元）	人均能耗（吨标准煤/人）	单位土地面积能耗（吨标准煤/平方公里）
2010	88.86	0.33	2.22	2.82
2011	90.00	0.30	2.23	2.86
2012	92.77	0.28	2.29	2.95

从能源品种消费结构上看，2010 年，下城区消耗的能源类型主要有一般烟煤、汽油、柴油、煤油、液化石油气、其他石油制品、天然气和电力等。其中，烟煤消耗 1380.3 吨，汽油消耗 202588 吨，煤油消耗 159.2 吨，柴油消耗 31001.2 吨，液化石油气消耗 695.5 吨，其他石油制品消耗 19.7 吨，天然气消耗 3634.8 万立方米，电力消耗 141389.2 万千瓦时。在电力消耗中，水电约占 5.62%，火电约占 94.38%。石油和煤炭是下城区消耗的主要一次能源，天然气和可再生能源占比还较低。

从能源消费行业结构上看，下城区各种能源消费的行业分布如下。①电力消费。2010 年，下城区电力消费中工业耗电占 8.3%，其中主要是规模以上工业耗电（占 7.6%）；第三产业耗电占 19.1%，其中主要是批发零售住宿餐饮业耗电（占 17.6%）；建筑耗电占 41.4%，包括商业建筑耗电（占 14.7%）和公共建筑耗电（占 26.7%）；城乡居民生活耗电 31.2%。因此，下城区节电重点领域是建筑（尤其是公共建筑）、居民生活节电、批发零售住宿餐饮和规模以上工业。②天然气消费。2010年，下城区天然气消费中第三产业占56%，其中主要是批发零售住宿餐饮业（占54.4%）；居民生活消费占36.7%；建筑和工业各占5.9%和1.4%。因此，节气重点领域是第三产业和居民生活领域。③石油产品消费，主要是汽油和柴油消费。2010年，下城区汽油消费中交通消耗占比为95.2%，包括私家车消耗（占44%）和社会车辆消耗（占51.2%）；柴油消费中，建筑业消耗占56.8%，批发零售住宿餐饮业消耗占34.1%。在除电力外的能源结构中，煤炭已逐步退出下城区主要能源品种范围。因此，未来下城区的节油重点是促进交通领域降低汽油消耗，促进建筑和批发零售住宿餐饮业降低柴油消耗。

2. 能源消费效率分析

"十一五"期间，下城区实施节能改造项目28个，搬迁121家工业企业，率先在全市实现了100%消除燃煤锅炉。2009年规模以上工业企业综合能耗总量为4.7万吨标准煤，与2004年的18.8万吨标准煤相比，总能耗下降了75%，提前3年完成了节能减排目标；全区万元工业总产值能耗由2004年的0.141吨标准煤下降到2010年的0.040吨标准煤，降幅达71.6%；通过限制和推进节能减排，淘汰了一批高能耗的产业，规模以上工业企业万元工业增加值能耗累计下降38.22%，基本完成"十一五"节能减排目标。另外，2010~2012年下城区单位生产总值能耗逐年下降（见图16-1），与同期杭州市相比，单位生产总值能耗更低，降幅趋缓。

再进行能耗强度的产业分析。图16-2显示，2010~2012年，建筑业能耗强度上升较快，由2010年的37.96吨标准煤/万元上升到2012年的49.63吨标准煤/万元；交通领域能耗强度降幅较大，相应由2010年的42.35吨标准煤/万元降至2012年的26.36吨标准煤/万元；第三产业能耗强度整体增幅较高，由2010年的2.35吨标准煤/万元升至2012年

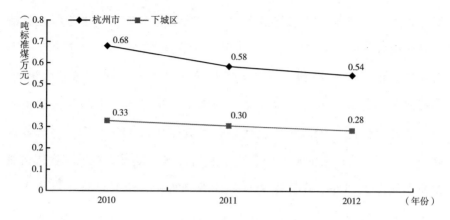

图 16 - 1 杭州市与下城区单位 GDP 能耗比较

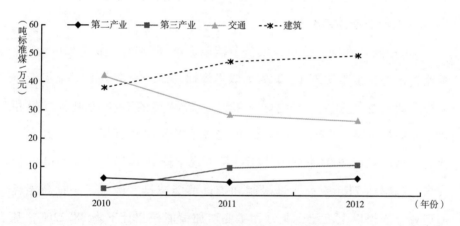

图 16 - 2 下城区产业能耗强度变化趋势图

的 10.76 吨标准煤/万元；第二产业能耗强度先降后升，2010~2012 年能耗强度依次为 6.19、4.58、6.01 吨标准煤/万元。从能耗效率指标看，下城区工业和交通领域节能降耗成效显著，能耗强度降幅较大，控制较好；但第三产业和建筑业不降反升，且升幅较大，表明控制效果较差，是未来节能降耗的重点领域。这些数据和变化表明，未来下城区需要着力降低建筑业的能耗，提高其能源利用效率，加强对第三产业能源使用的控制及提升其能源利用效率，继续推进工业和交通领域的节能降耗。

二　低碳发展的工作基础

下城区作为典型的大都市中心城区，经济发展在浙江省乃至全国名列前茅。在低碳发展方面，该区紧抓发展机遇，积极借助全国低碳发展氛围，充分发挥自身优势，努力推进低碳转型。"十一五"至"十二五"期间，下城区通过大力发展以现代服务业为主导的都市经济、构建下城区"2+1"现代产业体系、推动国家可持续发展实验区建设、实施数字化的城市新空间和持续开展"节能减排"工作进行产业结构调整、产业优化升级、区域合理布局，从而推进"低碳城区"发展。通过综合实施节能减排措施、优化能耗结构，能效有了显著提高，二氧化碳排放总量增速放慢，二氧化碳排放强度保持下降态势，下城区中心城区低碳发展新模式初步建立。下城区的低碳发展工作基础主要体现在以下几点。

（一）良好的区外低碳发展氛围

国家不断制定低碳新政引导地方低碳转型，杭州市区低碳发展联动带动下城区低碳城区建设。杭州市是低碳城市试点示范。下城区作为杭州市中心城区，围绕杭州市建设低碳城市的目标，将低碳元素融入发展"繁华时尚之区"中，进行低碳城区建设。下城区通过建立两级部门联系机制、构建低碳产业体系、大力推行绿色建筑、积极打造"五位一体"城市公交体系，以及低碳社区建设，形成了市区低碳发展联动机制，从而产生低碳发展的协同效应，切实推进市区低碳发展，形成市区低碳发展长效机制。

（二）具备低碳发展区位优势和先发优势

下城区作为繁华大都市中心城区，区位优势突出，具备以下几点低碳发展的良好基础。一是区内智力资源丰富，且广泛与国内外科研机构联系紧密，为下城区低碳发展提供了强大的智力支持；二是培育战略性新兴产业，努力从"服务业大区"向"服务业强区"转变，有利于构建有市场竞争力的低碳产业体系；三是积极实施"数字政务""数字社区""数字城管""数字医保"工程，推进智慧城市建设，有利于全面、深入地推行低碳发展；四是节能减排工作力度加大，能耗水平不断降低，积累了一定的低碳发展经验。

（三）加强产学研支持

下城区通过加强产学研支持，与浙江工业大学合作进行"下城区发展低碳经济、建设低碳城区"课题研究，依据城区特点从制度层面确立低碳发展战略和方案，共同探索大都市中心城区能源及碳排放统计监测方法，并形成相应的核算工具；同时以此为基础，形成《下城区国民经济和社会发展"十二五"规划纲要》的低碳内容和《下城区"推进低碳发展，创建低碳城区"对策研究》，制订实施了《"十二五"低碳城区发展规划》，以指导和组织低碳商场、宾馆、楼宇和低碳社区、低碳家庭的行动。

（四）大力发展现代服务业

在产业领域，积极实施"2＋1"的产业方针，加大产业结构调整力度，加快发展现代服务业；在建筑领域，从存量建筑的节能改造入手，从增量建筑的低碳设计开始，把低碳理念贯穿于建筑全寿命周期之中；推进地铁、公交车、出租车、免费单车、水上巴士"五位一体"城市公交体系，确立城区公共交通在城区交通中的优先地位，打造低碳交通系统；建设低碳社区，引导居民在使用家用电器、用水用气、住宅装修、垃圾分类、旧物利用、交通出行等日常生活的各个方面践行低碳理念。

下城区将发展现代服务业作为产业结构调整的首要任务，通过打造商贸、金融、会展、文化"四大中心"，实现"服务业大区"向"服务业强区"转变。规模以上工业企业通过产业结构调整和实施"退二进三"为第三产业和现代服务业提供了发展空间。楼宇经济成为新亮点和新引擎，形成了具有低碳耗、低能耗、低污染、高产出特点的楼宇经济发展模式，以优化产业结构。

（五）打造国家可持续发展实验区

下城区作为中心城区，城市化水平很高，基本没有第一产业，在低碳发展领域，坚持科学发展，以生态文明建设为指南，以创建"低碳城区"为载体，以科技进步为支撑，以体制机制创新为着力点，结合杭州市委、市政府《关于建设低碳城市的决定》，本着"勇于探索，先行先试"的态度，于 2004 年启动生态区建设，于 2005 年创建省级可持续发展实验区，2008 年 2 月被国家科技部正式确定为国家级可持续发展实验区，成为浙江省首个城区型国家可持续发展实验区，还获得过全国科技进步先进区、全国科普示范城区等荣誉。

下城区通过国家可持续发展实验区建设，积极探索城区可持续发展。通过大力发展低碳产业领域，如金融、信息软件、文化创意、科技中介服务等，全面开展生态区建设，推进绿色街道、绿色社区、绿色学校、绿色医院、绿色家庭等"绿色系列"项目，实施"阳光屋顶计划"，推进太阳能光伏发电示范建设，加大低碳宣传力度，号召公众参与"低碳行动计划"，使低碳理念通过社区、学校、媒体等传播深入人心，极大促进了国家可持续发展实验区建设。

（六）积极推动城市管理智能化

积极实施数字化管理，构建数字化的城市新空间，具体有以下几个方面。一是推进"数字政务"，运用信息网络技术，建立政府管理的数字化公共平台，实施政务公开，提高服务效率。二是健全"数字社区"，完善社区网站，建立"66810"为民服务体系，使信息快速对接，服务千家万户，加强社区与居民之间的交流和沟通。三是实现"数字城管"，建立健全覆盖全区的城市管理和社会治安动态监控系统，建立统一的信息平台，从而提升了城市管理水平，维护了社会稳定。四是构建"数字医保"，对社区居民的健康档案、计划免疫、慢性病管理等实行动态管理，实现医保系统的信息管理资源共享。五是形成"数字市场"，利用物流、资金流、信息流的优势，引导和推动网上交易，实现"低碳购物"。

第十七章　温室气体排放现状与低碳发展面临的挑战

　　编制温室气体清单是应对气候变化的基础性工作。下城区作为大都市中心城区，依托独具特色的资源禀赋优势，实施"服务业为导向"的经济发展战略，以楼宇经济作为现代服务业的新引擎进行产业优化升级。这使得下城区经济发展势头强劲，步入后工业化时期，城市化水平很高，单位 GDP 温室气体排放量较低，人均排放量相对较低，这奠定了良好的低碳发展基础，但同时对进一步的低碳发展形成很大挑战。

一　下城区温室气体排放现状分析

　　下城区温室气体排放清单依据中国社会科学院城市发展研究所的最新研究成果《中国城镇温室气体清单指南》编制。下城区温室气体清单边界按照城市行政管辖区界定，核算范围包括能源活动、工业生产过程、农业、土地利用变化与林业、废弃物处理五大部门的 6 种温室气体，核算年度是 2010 年。作为杭州市的中心城区，下城区的产业结构以服务业为主，工业所占比重较低，因此辖区内没有农业和工业生产过程的碳排放。由于辖区内没有固体废弃物和废水处理设施，我们也没有对废弃物处理的温室气体排放进行核算。

2010 年，全市 6 种温室气体总排放量约为 199.03 万吨 CO_2e，碳汇吸收量为 0.03 万吨 CO_2e，净排放量约为 199 万吨 CO_2e（见表 17 - 1）。从温室气体排放种类看，二氧化碳的排放约为 198.93 万吨，其中，直接排放为 77.45 万吨，间接排放为 121.48 万吨，分别占 39% 和 61%；甲烷排放约为 48.33 吨，参考 IPCC 提供的全球增温潜势数据计算，二氧化碳、甲烷分别约占 99.94%、0.06%。可见，二氧化碳是主要温室气体。

表 17 - 1　下城区 2010 年温室气体排放清单

排放源与 吸收汇种类	直接排放						间接排放	总计
	CO_2 （吨）	CH_4 （吨）	N_2O （吨）	HFCs （吨）	PFCs （吨）	SF_6 （吨）	CO_2 （吨）	CO_2e （吨）
总排放量	774516.20	48.33	0	0	0	0	1214816.04	1990347.17
总排放量（净排放）	774192.22	48.33	0	0	0	0	1214816.04	1990023.19
能源活动总计	774516.20	48.33	0	0	0	0	1214816.04	1990347.17
1. 工业	45585.26						100824.89	146410.15
2. 建筑	80000.09	0	0	0	0	0	1113991.15	1193991.24
居民住宅	28840.75						378946.72	407787.47
公共建筑	51159.34						735044.43	786203.77
3. 交通	648930.85	0	0	0	0	0	0	648930.85
私家车	261056.75							261056.75
社会车辆	387874.10		0	0	0	0	0	387874.10
4. 逸散排放		48.33						1014.93
土地利用变化与林业总计	-323.98							-323.98
1. 森林和其他木质生物质碳储量变化	-323.98							-323.98
绿化带	-323.98							-323.98
2. 森林转化碳排放								
废弃物处理总计								
1. 固体废弃物								
2. 废水								
国际（国内）燃料舱								
1. 国际（国内）航空								
2. 国际（国内）航海								

2010～2012 年，下城区碳排放强度（单位 GDP 的碳排放量）依次为 0.74 吨/万元、0.67 吨/万元和 0.63 吨/万元，呈下降态势①，人均碳排放量依次为 4.9626 吨/人、4.945 吨/人、5.0896 吨/人，呈稳中上升趋势。但总体来看，下城区碳排放强度低于全国平均水平。这在一定程度上反映出杭州市下城区低碳建设的成绩。

从表 17-1 可见，下城区的温室气体排放主要来自能源活动部门，能源活动产生的排放约为 199.03 万吨 CO_2e。其中，工业排放约为 14.64 万吨 CO_2，约占 7.36%；建筑排放约为 119.40 万吨 CO_2，约占 59.99%；交通排放约为 64.89 万吨 CO_2，约占 32.60%。从以上数据看出，建筑和交通排放占据绝对地位。在建筑中，居民住宅排放约为 40.78 万吨 CO_2，约占 34.15%，公共建筑排放约为 78.62 万吨 CO_2，约占 65.85%。在交通中，私家车辆排放约为 26.10 万吨 CO_2，约占 40.23%，社会车辆排放约为 38.79 万吨 CO_2，约占 59.77%。可见，下城区温室气体排放的主要来源是建筑、交通等领域。下城区未来低碳发展的重点也是这些领域。

二 低碳发展面临的挑战

气候变化引发的洪涝、热浪等灾害导致沿海城市脆弱性增加，杭州市位于东南沿海，易受到该类灾害的冲击，而下城区作为中心城区首当其冲。下城区需要进行低碳转型，发挥大都市中心城区经济发展"标兵"的作用，引领中心城区迈向可持续发展。与此同时，下城区低碳发展需要面对以下几点挑战。

① 2010～2012 年 GDP 数据以 2005 年价格基数为基准做了调整。

（一）由传统灾害风险管理不适应气候变化所带来的灾害风险防范需要

气候变化改变了极端气候灾害的发生频率和强度，会造成对人口和经济聚集城区的次生灾害，其发生机理和表现形式更加复杂，增加了灾害风险预测和管理的难度，使得传统的灾害风险管理不适用于气候变化所引起的灾害，这对下城区灾害风险管理提出了新要求。

（二）国内低碳发展大潮下下城区保持领先地位的压力增大

随着国家持续推进低碳行动，全国各地纷纷进行低碳发展，各地低碳发展速度加快，这对下城区保持低碳发展领先地位造成很大压力。况且下城区自身面临人口持续增长、人口规模不断扩大，以及城市管理、交通和建筑低碳化发展等诸多挑战，加之下城区先行低碳发展已经历过一段时间，工业降碳潜力挖掘得已比较充分，致使未来减碳难度加大，这些因素都为下城区保持低碳发展领先优势增加了困难。

（三）低碳发展深入推进要求不断提升组织的协调能力

随着低碳发展全面、深入地推进，下城区需要协调好区内推进和全市统一规划部署的关系，不断提升组织协调能力。例如，创建低碳楼宇、低碳商场、低碳社区、低碳家庭等属于区内推进，而低碳交通基础设施建设、推广新能源汽车及配套设施建设、智能交通建立等属于全市统一规划部署。只有区内和市内低碳转型节奏协调有序，下城区低碳发展才能顺利向前推进。

（四）节能减排用力不均致使二氧化碳排放总量持续增加

在节能减排方面，着重推进规模以上工业企业节能降耗管理，在工业领域节能减排成效显著的同时，对建筑和批发零售住宿餐饮业节能降耗的要求相对宽松，致使这些行业成为下城区能耗和碳排放持续增长的主要源头，这些低碳转型前期重视不够的领域也就成为下城区未来持续推进低碳发展的主战场。

（五）低碳理念有待普及以推动全社会低碳生活方式形成

通过持续开展低碳活动，下城区居民对"低碳城区""低碳社区""低碳生活""低碳出行"等具备了更多的认识，对一些低碳行动也有了切身体会，但离全社会普遍形成低碳生活方式、使低碳理念化为市民自觉行动，还有较大差距，这需要下城区今后继续加强低碳观念、知识、技能等方面的宣传、教育和培训工作，努力在下城区形成低碳生活、低碳公务良好风尚。

第十八章 低碳发展情景预估
与目标设定

对城市未来中长期的碳排放情景进行分析是设定减碳目标、编制低碳发展规划的基础。基于核算的情景分析将产生关于城市各领域（部门）低碳发展潜力的描述，识别和促进城市低碳发展优先领域，为城市低碳发展总体目标、相应领域（部门）减碳目标的设定和低碳发展"窗口期"提供客观参照。

一 低碳发展情景分析

目前，情景设定方法的主要内容是虚拟政策、技术的不同情境并设定不同情境下的参数值，然而，政策技术情境与参数值之间联系的主观判定因素较大，政策技术情境间差异带模糊不清，这会导致情景模拟分析结果不确定性较大，从而降低可信度。本章从较易把控的经济增速目标、能耗强度下降目标、碳排放强度下降目标等指标切入，虚拟几种不同的经济增速、降耗减碳目标情景，预估未来实现值和目标值。未来只需将真实值与估算值对比，便可知道下城区低碳发展的水平和绩效，从而为改进工作提供决策参考。

（一）模型设定

假定基期数值为 N_0，变化率为 r，则第 T 期数值为

$$N_T = N_0 \cdot (1 + r)^T \qquad\qquad (18 - 1)$$

以下在估算 2015～2030 年间 GDP、能耗强度、能耗总量、碳排放强度、碳排放总量、人均碳排放等指标值时采用该公式加以估算。

（二）关键变量预测

1. 下城区 GDP 增长预测

杭州市下城区 2010～2013 年 GDP 分别为 460.54 亿元、544.75 亿元、598.8 亿元和 643.57 亿元，利用城市居民消费价格指数调整后计算 2011～2013 年实际 GDP 增速分别为 12.3%、7% 和 5%。将 2011～2013 年各年增速权重分别赋值 0.2、0.3 和 0.5，则下城区名义 GDP 和实际 GDP 近三年加权平均增速分别为 9% 和 7%。

当前国际经济复苏乏力，国内经济规模基数不断增大，资源能源环境及成本约束趋紧，房地产等产业结构调整艰难推进，低碳绿色转型深入推进需要成本，科技创新能力尚显不足，这些国内外复杂因素将可能影响国内经济及下城区经济增速。

基于对上述这些经济增长不利因素的综合考虑，设定下城区 2014～2015 年名义 GDP 和实际 GDP 延续近三年经济平均增速 9% 和 7%，同时适当下调下城区"十三五"（2016～2020 年）、"十四五"（2021～2025 年）、"十五五"（2026～2030 年）期间的经济增速，将下城区名义 GDP 平均增速依次设定为 8%、7% 和 6%，将实际

GDP 平均增速依次设定为 6%、5.5% 和 5%。照此设定测算，2015 ~ 2030 年下城区名义 GDP 和实际 GDP 计算结果见表 18 - 1 和图18 - 1。

表 18 - 1　2015 ~ 2030 年下城区名义 GDP 和实际 GDP 预测值

单位：亿元，%

年份	名义 GDP		实际 GDP（2010 年为基准年）	
	规模	年均增速	规模	年均增速
2015	764.6	9	665.2	7
2016	825.8		705.2	
2017	891.9		747.5	
2018	963.2	8	792.3	6
2019	1040.3		839.9	
2020	1123.5		890.3	
2021	1202.1		939.2	
2022	1286.3		990.9	
2023	1376.3	7	1045.4	5.5
2024	1472.7		1102.9	
2025	1575.7		1163.5	
2026	1670.3		1221.7	
2027	1770.5		1282.8	
2028	1876.7	6	1346.9	5
2029	1989.3		1414.3	
2030	2108.7		1485	

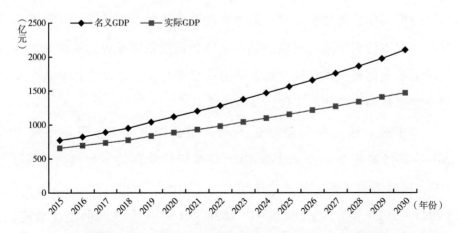

图 18 - 1　2015 ~ 2030 年下城区名义 GDP 和实际 GDP 预测值

表 18 - 1 和图 18 - 1 显示，2015 ~ 2030 年间下城区名义 GDP 和实际 GDP 仍将增长。其中，名义 GDP 到 2015、2020、2025、2030 年依次达到 764.6 亿元、1123.5 亿元、1575.7 亿元、2108.7 亿元，实际 GDP 将达到 665.2 亿元、890.3 亿元、1163.5 亿元、1485 亿元。

2. 下城区能耗目标水平预估

为促进各地切实做好节能降耗工作，"十一五"和"十二五"规划都确定了全国及各省市能耗强度降幅约束性指标。其中，全国"十一五"时期能耗强度整体下降 19.06%，"十二五"时期目标降幅为 16%；浙江省"十一五"时期能耗强度下降了 20.01%，"十二五"时期目标降幅为 18%，高于全国平均水平。

目前，国家尚未确定"十三五"（2016 ~ 2020 年）、"十四五"（2021 ~ 2025 年）、"十五五"（2026 ~ 2030 年）能耗强度降幅指标。考虑到能耗强度下降速率在技术进步速度递减和成本递增因素作用下呈现先快后缓的特征，预计"十三五""十四五""十五五"规划中全国和各地区的能耗强度降幅指标将适当下调。同时，考虑到浙江省是全国经济相对发达的省份、下城区是浙江省和杭州市"科学发展、率先发展、创新发展"示范城区，设定下城区应该且有能力较全国和浙江省平均水平实现更大的能耗强度降幅。基于上述考虑，报告设定下城区"十二五""十三五""十四五""十五五"时期能耗强度降幅目标依次为 22%、20%、19%、18%。

2010 年，下城区能源消费总量为 88.86 万吨标准煤。以 2010 年为基准年，则 2010 年下城区能耗强度是 0.193 吨标准煤/万元。为实现上述四个五年计划所设定的能耗强度降幅目标，按实际 GDP 估测的 2015 ~ 2030 年能耗强度和能耗总量目标值计算结果见表 18 - 2。

表 18 - 2　下城区 2015 ~ 2030 年能耗强度和能耗总量目标水平

单位：吨标准煤/万元，万吨标准煤

年份	能耗强度目标水平	能耗总量目标水平	年份	能耗强度目标水平	能耗总量目标水平
2015	0.151	100.6	2023	0.106	118.5
2016	0.144	103.0	2024	0.102	120.4
2017	0.138	105.4	2025	0.098	122.4
2018	0.132	107.8	2026	0.094	123.5
2019	0.126	110.3	2027	0.090	124.6
2020	0.120	112.9	2028	0.087	125.8
2021	0.115	114.7	2029	0.083	126.9
2022	0.111	116.6	2030	0.080	128.1

注：能耗总量目标水平 = 实际 GDP × 能耗强度目标水平。

3. 下城区碳排放目标水平预估

2009 年，我国就对国际社会承诺到 2020 年，在 2005 年基础上降低碳排放强度（单位 GDP 二氧化碳排放量）40% ~ 45%。国民经济"十二五"规划确定了"十二五"时期降幅 17% 的目标。国务院"十二五"控制温室气体排放工作方案中下达给浙江省"十二五"碳排放强度降幅任务为降低 19%，仅次于广东省 19.5% 的水平。

与能耗强度指标相似，国家对碳排放强度指标在"十三五""十四五""十五五"时期的目标分解任务也尚未确定。考虑到气候变暖形势严峻，国际减排压力上升，国家推进低碳发展力度加大，并逐步从相对减排向绝对减排过渡，下城区作为本市、本省乃至全国"科学发展、率先发展、创新发展、低碳发展"示范城区，更需探索有效的低碳化路径，争取尽早迈过排放峰值，早日迎来碳排放总量下行拐点。

二　低碳发展情景设定

依据下城区经济社会发展目标要求和节能减排、低碳行动等工作的开展力度，将低碳发展情景设定为基准情景（BAU情景）、一般低碳情景（中等情景）和强化低碳情景（领跑情景）三种。

（一）设定低碳发展情景

基准情景（BAU情景）：按照目前的趋势发展，下城区碳排放强度降速需与全国或浙江省碳排放强度平均降速相当或略高于前两者平均降速，如设定每5年下降20%的水平，则年均降幅约为4.36%。在此情景下，下城区只需紧跟或略超出浙江省或全国平均水平，取得平均或略好降碳成效即可。

一般低碳情景（中等情景）：杭州市是低碳试点城市。下城区是杭州市的核心区，也是低碳城区，所以下城区需要积极引领杭州市低碳发展，努力成为杭州市低碳发展示范区，以比杭州市或浙江省平均降速更快的速度降低碳排放强度。为此，设定下城区"十二五""十三五""十四五""十五五"期间碳排放强度降幅依次为20%、21%、22%、23%。

强化低碳情景（领跑情景）：在此情景下，下城区积极探索低碳发展路径，创新低碳管理体制机制，大力发展低碳产业，提高可再生能源比重，研发和推广应用低碳技术，而不机械跟随全国或浙江省平均降速节奏，力争取得减排降碳加速度，开创低碳发展新局面，为浙江省乃至全国树立降碳典范，努力成为全省乃至全国低碳发展领跑者。假定下城区低碳管理经验积累需要时间，低碳产业培育需要时间，产生低碳效应存在时滞，可再生能源比重提升过程较长，低碳技术研发和推广应用周期及其降碳效应时滞较长，下城区降碳速度缓慢加速，为此，在领跑情景下，设定"十二五""十三五""十四五""十五五"期间碳排放强度降幅依次为22%、25%、27%、28%。

总之，BAU 情景描述的是下城区达到杭州市或浙江省的平均低碳发展水平，一般低碳情景描述的是下城区达到杭州市或浙江省的先进低碳发展水平，强化低碳情景描述的是下城区达到浙江省乃至全国的领先水平，成为浙江省乃至全国低碳发展的领跑者，三种情景下的碳排放强度降幅比较见表 18 - 3。

表 18 - 3　下城区三种情景下的碳排放强度降幅比较

单位：%

时　期	BAU 情景		一般低碳情景		强化低碳情景	
	累积降幅	年均降幅	累积降幅	年均降幅	累积降幅	年均降幅
"十二五"	20	4.36	20	4.36	22	4.85
"十三五"	20	4.36	21	4.61	25	5.60
"十四五"	20	4.36	22	4.85	27	6.10
"十五五"	20	4.36	23	5.09	28	6.36

（二）碳排放峰值出现的条件

$$C_t = GDP_t \cdot CEI_t \qquad (18 - 2)$$

其中，C 是碳排放总量，GDP 是国民生产总值，CEI 是碳排放强度，t 是时期。

在第 $t+1$ 时期，GDP 按速率 a 增长，CEI 按速率 b 下降。则

$$
\begin{aligned}
C_{t+1} &= GDP_t(1 + a) \cdot CEI_t(1 - b) \\
&= GDP_t \cdot CEI_t \cdot (1 + a - b - ab)
\end{aligned}
\qquad (18 - 3)
$$

要使碳排放总量拐头向下，则必需

$$1 + a - b - ab \leqslant 1 \qquad (18 - 4)$$

不等式变形得到：

$$b \geqslant \frac{a}{1+a} \qquad (18-5)$$

即 $b \geqslant \dfrac{a}{1+a}$ 是一国或地区碳排放总量拐头向下的必要条件。

按照实际 GDP 测算，在上述假定经济增速的情景下，对下城区碳排放总量各个时期拐头向下的条件依次分析如下。

（1）"十二五"期间，$a = 7\%$，因此根据（18-5）式计算得到 $b \geqslant 6.5\%$，这是下城区"十二五"期间碳排放总量拐头向下的条件。若以五年为一规划周期，则"十二五"期间碳排放强度降幅应达到 $1-(1-6.5\%)^5 = 29\%$。

（2）"十三五"期间，$a = 6\%$，相应计算得到 $b \geqslant 5.7\%$，以及"十三五"期间下城区碳排放强度降幅应达到 25%，才能使碳排放总量拐头下行。

（3）"十四五"期间，$a = 5.5\%$，相应计算得到 $b \geqslant 5.2\%$，以及"十四五"期间下城区碳排放强度降幅应达到 23%，这是跨过峰值的必要条件。

（4）"十五五"期间，$a = 5\%$，相应计算得到 $b \geqslant 4.8\%$，以及"十五五"期间下城区碳排放强度降幅应达到 22%，才能迎来拐点。

由此可以看出，平均来看，在 BAU 情景下，下城区在 2030 年之前不具备出现峰值的条件；在一般低碳情景下，预计下城区将在"十五五"期间即 2026 年出现下行拐点，在 2025 年出现碳排放峰值；在强化低碳情景下，预计下城区将在"十三五"期间出现下行拐点和碳排放峰值，但具体年份尚不确定。

为估算下城区在强化低碳情景下碳排放峰值出现年份，还需要将下城区强化低碳情景下"十三五"期间各年份降碳速度做进一步分解。

假定下城区在强化低碳情景下 2016～2020 年并不以均匀速度降碳, 而是渐进加速, 设定 2016～2020 年碳排放强度下降速率依次为 5.4%、5.5%、5.6%、5.7% 和 5.8%, 从而实现 "十三五" 期间碳排放强度总降幅 25% 的预定目标。

三 情景分析结果

基于下城区低碳发展情景分析框架, 设定三种低碳发展情景, 得出下城区在不同情景下的低碳发展分析结果: 碳排放强度和碳排放总量目标值估算、人均碳排放水平预估、减排政策选择与非化石能源目标预估。

(一) 碳排放强度和碳排放总量目标值

以 2010 年为基准值, 2010 年下城区碳排放总量为 199 万吨 CO_2, 除以当年 GDP 值得到 2010 年碳排放强度为 0.432 吨 CO_2/万元。则 2015～2030 年间 BAU 情景、一般低碳情景和强化低碳情景下的碳排放强度目标水平预估结果见表 18-4 和图 18-2; 2015～2030 年间 BAU 情景、一般低碳情景和强化低碳情景下的碳排放总量目标水平预估结果见表 18-5 和图 18-3。

表 18-4 三种情景下下城区碳排放强度目标水平预估结果

单位: 吨 CO_2/万元

年份	碳排放强度		
	BAU 情景	一般低碳情景	强化低碳情景
2015	0.346	0.346	0.337
2016	0.331	0.330	0.319
2017	0.316	0.315	0.301
2018	0.302	0.300	0.284

续表

年份	碳排放强度		
	BAU 情景	一般低碳情景	强化低碳情景
2019	0.289	0.286	0.268
2020	0.276	0.273	0.253
2021	0.264	0.260	0.237
2022	0.253	0.247	0.223
2023	0.242	0.235	0.209
2024	0.231	0.224	0.196
2025	0.221	0.213	0.184
2026	0.212	0.202	0.173
2027	0.202	0.192	0.162
2028	0.193	0.182	0.151
2029	0.185	0.173	0.142
2030	0.177	0.164	0.133

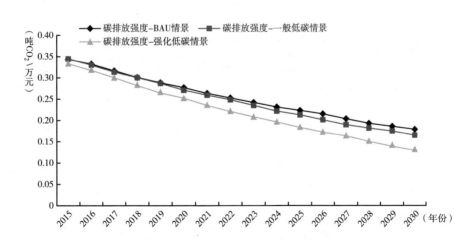

图 18 - 2　三种情景下下城区碳排放强度下降趋势

表 18 - 5　三种情景下下城区碳排放总量目标水平预估结果

单位：万吨 CO_2

年份	碳排放总量		
	BAU 情景	一般低碳情景	强化低碳情景
2015	231.25	231.25	224.16
2016	236.71	236.03	224.78
2017	241.80	240.91	225.16
2018	247.27	245.89	225.31
2019	253.19	250.98	225.21
2020	258.72	256.16	224.88
2021	262.32	258.36	222.77
2022	266.48	260.58	220.69
2023	270.18	262.82	218.63
2024	273.38	265.08	216.58
2025	277.24	267.36	214.55
2026	279.24	266.44	210.95
2027	279.37	265.52	207.41
2028	280.27	264.60	203.93
2029	282.09	263.69	200.51
2030	283.38	262.78	197.15

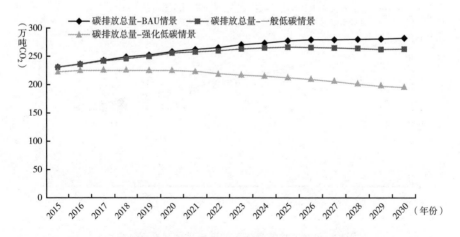

图 18 - 3　三种情景下下城区碳排放总量的变化趋势

图 18-3 显示，在 BAU 情景下，下城区碳排放总量始终缓慢增加，尚未出现碳排放峰值；在一般低碳情景下，下城区碳排放总量在 2025 年达到峰值，总排放量为 267.36 万吨 CO_2；在强化低碳情景下，下城区碳排放总量在 2018 年达到峰值，碳排放总量为 225.31 万吨 CO_2。

（二）人均碳排放水平预估

2010 年末，下城区常住人口数量为 401029 人。根据 2008 年国家人口和计划生育委员会报告，中国人口峰值将出现在 2033 年左右，再结合下城区历史数据，将 2030 年定为下城区人口峰值出现的年份。下城区"十二五""十三五""十四五""十五五"期间人口增长参数设定情况见表 18-6。利用 2010 年下城区碳排放量和人口数量数据，可计算得到该年人均碳排放为 4.96 吨 CO_2/人。

表 18-6 下城区人口增长参数设定

单位：%

时 期		十二五	十三五	十四五	十五五
		2011~2015	2016~2020	2021~2025	2026~2030
人口增速	累积增长率	2.12	1.41	0.70	0.01
	年均增长率	0.42	0.28	0.14	0.0020

再根据实际 GDP，分别计算三种情景下的人均碳排放水平。2015~2030 年间人口规模、三种情景下人均碳排放水平预估结果如表 18-7 和图 18-4 所示。其中，图 18-4 显示，在 BAU 情景下，下城区人均碳排放持续上行，没有出现拐点；在一般低碳情景下，下城区人均碳排放于 2025 年达到峰值，为 6.39 吨 CO_2/人；在强化低碳情景下，下城区人均碳排放于 2017 年均达到峰值，即 5.47 吨 CO_2/人。

表 18 – 7 三种情景下城区人均碳排放预估水平

单位：人，吨 CO_2/人

年份	人口规模	人均碳排放		
		BAU 情景	一般低碳情景	强化低碳情景
2015	409531	5.65	5.65	5.46
2016	410678	5.76	5.75	5.46
2017	411827	5.87	5.85	5.47
2018	412981	5.99	5.95	5.46
2019	414137	6.11	6.06	5.44
2020	415296	6.23	6.17	5.41
2021	415878	6.31	6.21	5.36
2022	416460	6.40	6.26	5.30
2023	417043	6.48	6.30	5.24
2024	417627	6.55	6.35	5.19
2025	418212	6.63	6.39	5.13
2026	418220	6.68	6.37	5.04
2027	418228	6.68	6.35	4.96
2028	418237	6.70	6.33	4.88
2029	418245	6.74	6.30	4.79
2030	418253	6.78	6.28	4.71

注：人均碳排放 = 碳排放总量/人口总量。

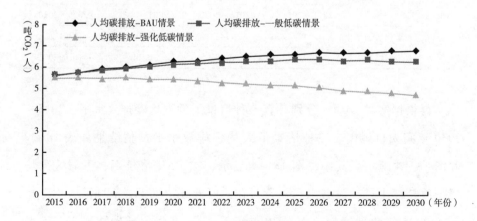

图 18 – 4 三种情景下下城区人均碳排放变化趋势预估

（三）能源结构调整预估

数理模型构建如下：

$$C_0 = GDP_0 \cdot e_0 \cdot r_0 \cdot a \qquad (18-6)$$

其中，C 为碳排放总量，GDP 为地区生产总值，e 是能耗强度，r 是化石能源占一次能源的比重，a 是排放因子，假定排放因子相对稳定，下标 0 表示基期。

相应地，第 t 期有，

$$C_t = GDP_t \cdot e_t \cdot r_t \cdot a \qquad (18-7)$$

假定期初可再生能源比重为 y_0，第 t 期比重为 y_t，则 $r_0 + y_0 = 1$，$r_t + y_t = 1$，则，

$$C_0 \cdot (1+m) = GDP_0 \cdot (1+n) \cdot e_0 \cdot (1-x) \cdot r_0 \cdot \frac{(1-y_t)}{r_0} \cdot a \qquad (18-8)$$

其中，m 是第 t 期碳排放量较基期的增长率，n 是第 t 期 GDP 较基期的变化率，x 是第 t 期能耗强度较基期能耗强度的下降幅度。上式变形得到，

$$y_t = 1 - \frac{r_0 \cdot (1+m)}{(1+n) \cdot (1-x)} \qquad (18-9)$$

上式表明，可再生能源占比与经济增长、碳排放增长、能耗强度降幅之间的关系是：经济增速越快，要求可再生能源占比越高；反之，经济增速放慢，可再生能源发展压力就越小；碳排放增长约束越紧，要求可再生能源占比越高，发展压力越大；能耗强度降幅越大，相应可再生能源占比越低，发展压力就越小。

计算结果表明，在 BAU 情景和一般低碳情景下，通过提高能效、

降低能耗强度就基本能够实现降碳目标。但在强化低碳情景下，则需要不断增加可再生能源比重，才能确保低碳发展目标实现。图 18 - 5 是强化低碳情景下下城区 2015 ~ 2030 年间可再生能源比重预测目标水平趋势图。

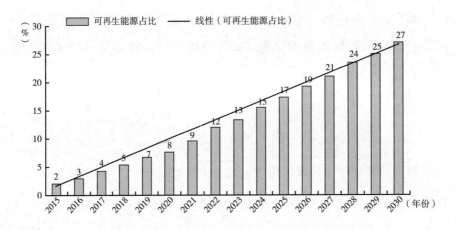

图 18 - 5   2015 ~ 2030 年可再生能源比重预测目标值

四   低碳发展目标设定

（一）发展定位

下城区发展定位：将低碳元素有机融入"繁华时尚之区"，做到国内领先，与国外比肩。下城区顺应世界低碳发展潮流，充分借鉴国际经验，实施绿色增长，努力将低碳元素融入发展"繁华时尚之区"中，紧紧围绕杭州市建设低碳城市的目标，积极借助智力支持，以科学发展、率先发展和创新发展为原则，逐步探索中心城区低碳发展模式。

（1）科学发展，实现中心城区经济社会发展的低碳化转型。实现三个"低碳化转型"：一是通过做大、做强、做精现代服务业，实现都市经济结构的低碳化转型；二是积极发展符合都市发展特点的战略性新兴产业，如智能电网、物联网、智慧城市系统、新能源产业等，推进都市产业低碳化转型；三是通过宣传"推进低碳发展"的理念，引导社会公众参与"低碳行动"，实现都市社会生活方式的低碳化转型。

（2）率先发展，为全国中心城区低碳发展提供示范和样板。下城区结合自然条件、资源禀赋和经济基础等方面的情况，探索适合本地区的低碳绿色发展模式，力争做到"三个先行先试"，即品质城区先行先试、低碳发展先行先试、可持续发展先行先试。率先建成中心城区二氧化碳排放统计监测核算体系，加强基础能力建设。同时，通过相关规划编制和方案实施，卓有成效地开展工作，努力为全省乃至全国中心城区的低碳发展提供示范效应。

（3）创新发展，以低碳发展为国家可持续发展实验区示范建设增加新的内涵。推进中心城区低碳发展是下城区国家可持续发展实验区项目的重要内容，为此需要做好"五个结合"，一是低碳发展与中心城区经济社会发展战略相结合；二是低碳发展与国家可持续发展实验区建设相结合；三是低碳发展与"两型社会"建设相结合；四是低碳发展与体制、机制、科技创新相结合；五是低碳发展与生态文明建设相结合。

（二）总体目标

根据国家低碳发展总体战略部署，按照浙江省的"生态省"建设要求，参照杭州市低碳试点的发展规划，结合下城区低碳发展实际状况，设定下城区低碳发展总体目标：力争到2020年初步构建能够适应气候变化所引致自然灾害的灾害风险管理体系；到2015年，碳排放强度在2010年基础上降低22%；到2020年，碳排放强度在2010年基础上降低 37%～41%；到 2025 年，碳排放强度在 2010 年基础上降低51%～57%；到 2030 年，碳排放强度在 2010 年基础上降低 62%～69%。碳排放总量争取到 2018 年达到峰值，人均碳排放争取到 2017 年达到峰值。碳排放强度指标值下限是下城区在一般低碳情景下达到的目标水平，是约束性指标；总体目标指标值上限是下城区在强化低碳情景下争取达到的目标水平，是期望性指标。

（三）具体指标

总体目标的实现途径可以归结为以下三个方面：一是大幅提高碳生产力，引导低碳产业成为新的经济增长点和新的产业竞争优势，推进绿色增长；二是大力推进建筑领域、交通领域和工业领域节能降耗和能效提高；三是优化能源结构，使得单位能源消耗的二氧化碳排放（能源碳强度）显著下降。

具体指标如下。

（1）到 2020 年建立健全灾害风险管理体系。

（2）在能效提高方面，以 2010 年为基准，争取到 2015 年将能耗强度降低 22%，到 2020 年降低 38%，到 2025 年降低 50%，到 2030 年降低 58%。

（3）在能源结构优化方面，可再生能源在一次能源消费中占比到2015 年达到 2%，到 2020 年争取达到 8%，到 2025 年争取达到 17%，到 2030 年争取达到 27%。

（4）在建筑领域，广泛推广以节能技术应用为重点的绿色低碳建筑，到 2030 年实现绿色建筑比例达到 40% 以上。

（5）在交通领域，到 2030 年实现绿色出行比例达到 90% 以上，市区公共交通出行方式分担率达到 80% 以上，新能源与节能型交通工具比例达到 30% 以上。

（6）推进城区绿化，保持城区绿地面积逐年增大，到 2030 年森林覆盖率达到 20% 以上，人均绿地面积达到 15 平方米以上。

（7）开展低碳社区建设，使居民养成低碳生活方式，增强生态低碳环保观念，截污纳管率为 100%，垃圾分类家庭比率达到 60% 以上。

第十九章　重点领域低碳适用
技术需求评估

实现蓝图目标的关键在于低碳技术，研究开发和推广应用低碳适用技术是下城区未来低碳建设实际工作重心所在，是下城区低碳发展目标实现程度的决定性因素。研发推广低碳适用技术需要政府引导、科研攻关、企业支持、市民配合，撬动财政资本、金融资本、社会资本，整合各方面力量协力推进。围绕低碳适用技术问题，通过调研、发放问卷和访谈，收集一手数据和资料，进而系统分析下城区低碳转型的重点领域、各领域低碳化的技术路径、低碳适用技术推广应用的工作基础以及评估低碳适用技术的具体需求。

一　下城区低碳转型的重点领域

通过编制下城区温室气体排放清单，绘制下城区低碳发展路线图，发现如下基本区情。

2010 年，下城区建筑排放在碳排放总量中占比为 59.99%，列首位。其中，公共建筑排放占 39.50%，居民住宅排放占 20.49%。2010~2012 年建筑排放持续增加。2010 年，交通排放在碳排放总量中占比为 32.60%，居次位。可见，建筑和交通是下城区碳排放两大主要领域。

2012 年，电力在能源结构中占比达 61.8%，比重过半，主要耗电领域为建筑、居民生活和服务业，耗电比率依次为 41.4%、31.2% 和 19.1%；石油占比为 32.4%，主要消耗领域为交通，消耗 95.2% 的汽油产品，以及建筑业和批发零售住宿餐饮业，消耗 90.9% 的柴油产品；天然气占比 15.1%，主要消耗领域为批发零售住宿餐饮业，消耗 54.5%，以及居民生活，消耗 36.7%。煤炭逐渐退出下城区主要能源品种范围，工业也不再是下城区节能减排的工作重点。

下城区水系密集，京杭大运河、上塘河、贴沙河、中河、东河、古新河、桃花河、东新河以及新横河、南应家河、北应家河等河道汇聚下城。下城区是浙江省"五水共治"的重点区域

另外，下城区低碳发展路线图也明确了如下主要低碳发展目标。

在能效提高方面，以 2010 年为基准，能耗强度争取到 2015 年降低 22%，到 2020 年降低 38%，到 2025 年降低 50%，到 2030 年降低 58%。

在能源结构优化方面，以 2010 年为基准，可再生能源在一次能源中占比争取到 2020 年达到 8%，到 2025 年达到 17%，到 2030 年达到 27%。

在 2010 年基础上，碳排放强度到 2015 年降低 22%，到 2020 年降低 37% ~ 41%，到 2025 年降低 51% ~ 57%，到 2030 年降低 62% ~ 69%。碳排放总量争取在 2018 年达到峰值，人均碳排放争取在 2017 年达到峰值。

基于上述区情认识和低碳目标确认，可以识别出，建筑、交通、服务业、居民生活、清洁能源等领域是下城区低碳转型重点领域，

绿色建筑技术、节电节气节油等节能技术、可再生能源技术、新能源汽车及配套技术、水环境治理技术及上述技术相关设备和产品是下城区未来低碳适用技术研发、引进、推广、应用的着力重点。当然，上述领域之间并非分割分离的，而是相互交织在一起的，如建筑节能需要政府部门、服务业、建筑业和居民共同行动，综合运用能效技术、清洁能源技术、智能管理技术，多管齐下，协力实现节能减排目标。

二　重点领域低碳化的技术途径

归纳起来，下城区实现低碳目标的技术途径主要是：发展绿色建筑，推行低碳交通，优化能源结构，创建低碳社区，改善水环境和提高水资源利用效率。

（一）发展绿色建筑

绿色建筑是指在建筑的全寿命期内，最大限度地节约资源、保护环境和减少污染，为人们提供健康、适用以及高效利用空间、与自然和谐共生的建筑①。绿色建筑实施可从新建建筑、既有建筑、可再生能源应用、绿色建筑技术研发、建筑拆除与废弃物处理等方面着手，以实现建筑低碳化，见表 19 - 1。

实现绿色建筑的技术途径大体包括建筑围护结构节能、建筑设备与系统节能、推广可再生能源在建筑中的应用。其中，建筑围护结构节能

---

① 国务院办公厅：《国务院办公厅关于转发发展改革委住房城乡建设部绿色建筑行动方案的通知》，http：//www.gov.cn/zwgk/2013 - 01/06/content_ 2305793. htm，2013 年。

表 19 – 1　绿色建筑

项　　目	行　　动	主要内容
新建建筑	严格执行绿色建筑标准	引导商业房地产开发项目执行绿色建筑标准;强化对大型公共建筑项目执行绿色建筑标准情况的审查;强化绿色建筑评价标识管理;加强对规划、设计、施工和运行的监管
	严格落实建筑节能强制性标准	实行设计环节标准化、施工环节规范化和验收环节闭合化的建筑节能管理模式;规范节能建筑设计标准和图集、施工技术规程、验收规范、运行管理规则,依法推进建筑节能工作;根据建筑节能状况,对全区各类建筑进行节能"绿色评级"并颁发相应的节能等级证书,大力推广节能环保型建筑
既有建筑	推动公共建筑节能改造	开展大型公共建筑和公共机构办公建筑空调、采暖、通风、照明、热水等用能系统的节能改造,提高用能效率和管理水平;鼓励采取合同能源管理模式进行改造,对项目按节能量予以奖励;推进公共建筑节能改造重点城市示范,开展"节约型"公共机构创建活动
	开展居住建筑节能改造	以建筑门窗、外遮阳、自然通风等为重点,结合庭院改善、危旧房改造等改扩建工程进行居住建筑节能改造试点
可再生能源	推动太阳能为主的可再生能源在建筑中的应用	大力发展可再生能源与建筑一体化,稳步推进太阳能光伏在建筑上的应用;制定、完善建筑光伏发电上网政策,制定相关的补贴和资助的政策;加快微电网技术研发和工程示范;在有条件的地方鼓励利用地热能、风能和生物质能
技术研发	推进绿色建筑相关技术研发推广	重点攻克既有建筑节能改造、可再生能源建筑应用、节水与水资源综合利用、绿色建材、建筑物耐久性提高等方面的技术;加强对绿色建筑技术标准规范的研究,开展绿色建筑技术的集成示范
建筑拆除与废弃物处理	严格建筑拆除管理程序	规定拆除符合城区规划和工程建设标准、在正常使用寿命内的建筑需要具备充分理由;拆除大型公共建筑需要按有关程序提前向社会公示征求意见
	推进建筑废弃物资源化利用	按照"谁产生、谁负责"的原则进行建筑废弃物的收集、运输和处理;加快建筑废弃物资源化利用技术、装备的研发推广,编制建筑废弃物综合利用技术标准,开展建筑废弃物资源化利用示范,研究建立建筑废弃物再生产品标识制度

需要科学规划和设计，应用墙体节能技术、屋面节能技术、门窗节能技术、建筑遮阳技术等；建筑设备与系统节能需要应用采暖空调通风系统节能技术、照明系统节能技术、给排水系统节能技术、电气设备节能技

术等；可再生能源应用主要包括太阳能光/电热利用技术、风能/生物质能利用技术、地热能利用技术等，见图 19 - 1。

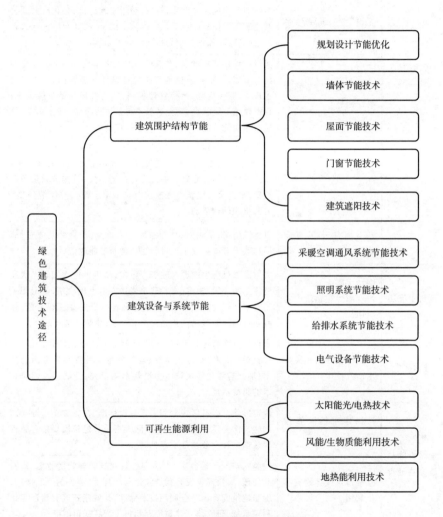

图 19 - 1　绿色建筑技术途径

（二）推行低碳交通

低碳交通可从交通运输组织管理科学化、交通运输工具清洁化、交通信息管理智能化着手，实现交通低碳化转型。其中，交通运输组织管理科学化要求科学设计交通运输组织模式和交通运输操作过程/方法，发展集约高效的客/货流运输组织模式，推广节能、安全的交通运输操作方法；交通运输工具清洁化要求提升营运车辆的节油技术和标准，淘汰老旧高耗能车辆，推广新能源汽车，完善新能源汽车充电站等配套设施；交通信息管理智能化要求发展智能交通技术，探索在交通运输领域引入物联网技术，推进公共交通实现运营管理智能化、交通公众信息发布平台网络化等，见表19-2。

表 19-2　低碳交通

项　　目	行　　动	主要内容
交通运输组织管理科学化	组织模式低碳化	发展集约高效的物流运输组织模式；优化城区公交、客运班线的线网布局和站场布局；加快推进区域客运一体化进程
	操作方法低碳化	落实城市公交优先发展战略；有效引导公众低碳出行；实施节能驾驶培训工程，积极推广节能操作经验
交通运输工具清洁化	提高能效和能源结构优化	合理提升清洁能源和新能源车辆在营运车辆中的比重，加快淘汰老旧、高耗能车辆，推广使用营运车辆的节能减排技术，倡导居民购买新能源汽车
交通信息管理智能化	建设智能交通工程	发展智能交通技术；加快物联网技术在交通运输领域的推广应用，推广城市智能化公共交通与运营管理工程等
	提供公众绿色出行信息服务	在交通公众信息服务平台中，增加低碳交通信息服务功能；建立健全公众出行信息服务系统，采取多种方式发布交通出行信息，提供安全、便捷、舒适、低碳的出行方案

实现交通低碳转型的技术途径包括：一是构建分布式智能交通系统，"网格化"管理骨干公共交通网络，构建公共交通智能衔接、换乘系统，优化公交线路和站点布局，绿化、美化步行通道和自行车道，缩短社区与城区交通衔接距离等；二是不断提高运营车辆燃油效率，推广使用节油技术，增加纯电动、混合动力等新能源车辆使用比重及充电基础设施，淘汰高耗能公交车辆和私人用车等，实现交通工具清洁化；三是搭建交

通信息电子发布平台和公众出行信息服务平台，推广应用十字路口"绿波智能交通灯"等智能交通技术，构建交通运输数字化城区，见图 19 - 2。

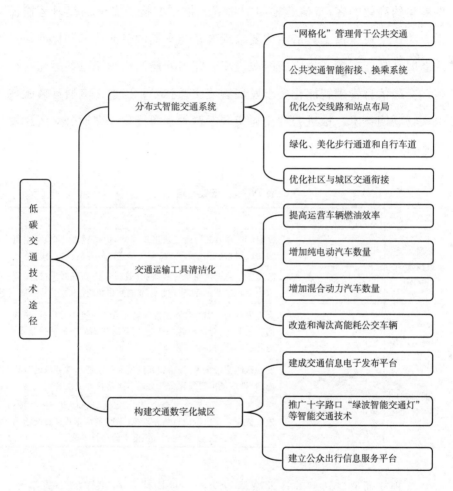

图 19 - 2　低碳交通技术途径

（三）优化能源结构

为实现低碳目标，下城区需要努力优化能源结构，提高低碳能源在能源供应和消费结构中的比重。结合下城区区情，可以考虑大力支持天然气、太阳能、地热能、垃圾发电、热电联产等类型低碳能源的利用。其中，太阳能利用包括光－热利用、光－电利用、光－化学利用、光－生物利用四种方式；地热能利用就是使用地源热泵技术对地热资源加以利用；垃圾发电就是将城区产生的垃圾进行高温焚烧或发酵厌氧等分类处理进而用于发电，见表 19－3。

表 19－3　清洁能源利用技术途径

清洁能源		主要内容
太阳能	光－热利用	主要包括太阳能热水器、太阳房、太阳灶、太阳干燥、太阳海水淡化、太阳能空调、太阳能热发电等
	光－电利用	即光伏发电，基本装置是太阳能电池，可分为硅太阳能电池、多元化合物薄膜太阳能电池、聚合物多层修饰电极型太阳能电池、纳米晶太阳能电池、有机太阳能电池、塑料太阳能电池
	光－化学利用	包括光合作用、光电化学作用、光敏化学作用及光分解反应。目前主要应用有光分解水生成氢气的装置、照光后可分解污染物和病菌的光触媒等
	光－生物利用	主要是通过植物的光合作用实现将太阳能转换成生物质从而储存能量的过程。目前主要利用有速生植物（如薪炭林）、油料作物和巨型海藻等
地热能		地热资源，是指在当前经济技术条件下，地壳内可供开发利用的地热能、地热流体及其有用组分。目前，主要有干蒸汽发电、扩容蒸汽发电、双循环式发电三种地热发电技术
垃圾发电		把各种垃圾收集后，进行分类处理。一是对燃烧值较高的进行高温焚烧以转化为高温蒸气，推动涡轮机转动，使发电机产生电能；二是对不能燃烧的有机物进行发酵、厌氧处理，最后干燥脱硫产生甲烷，再经燃烧转化为蒸气，推动涡轮机转动，带动发电机产生电能

（四）创建低碳社区

低碳社区是指能够紧密结合当地生态特征，以社区管理低碳化和社区生活方式低碳化为目标，积极应用低碳技术、使用低碳能源、倡导低碳生活方式的社区。低碳社区可从社区生活消费、运营管理、建筑及环境设施低碳化等方面着手创建，从而降低社区居民的生活碳排放和建筑设施碳排放。其中，在生活消费方面，需要培育社区低碳文化，引导社区居民形成低碳生活方式，树立低碳消费观念；在社区管理方面，设立便民废旧物件回收站点，加强垃圾分类管理和回收利用，建立社区节能减排监督和奖惩制度，强化社区居民水电气资源能源消耗和碳排放统计核查管理等；在社区建筑及环境设施方面，建设绿色建筑，优化布置社区内公共设施，美化社区生活休闲生态环境等，见表 19 - 4。

表 19 - 4　低碳社区

项　目	行　动	内　容
生活消费	培育低碳文化	营造以低碳生活为荣的社区文化氛围；建立社区低碳宣传教育平台；组织开展多种形式的宣教引导和实践体验活动
	形成低碳生活方式	制定和发布社区低碳生活指南；开展低碳家庭创建活动，鼓励社区内居民在衣、食、住、用、行等方面践行低碳理念；完善社区居民低碳生活服务设施
	养成低碳消费观念	引导居民自觉减少能源和资源浪费；鼓励选用低碳节能节水家电产品以及简约包装商品；鼓励采用步行、自行车、公共交通、拼车、搭车等低碳出行方式；倡导清洁炉灶、低碳烹饪、健康饮食，减少食品浪费
社区管理	低碳管理	推行低碳物业管理和服务新模式；设立方便居民旧物交换和回收利用的"社区低碳小站"；加强垃圾分类管理，提高垃圾资源化率和社区化处理率；完善社区节能减碳监督管理和奖惩制度；鼓励社区居民、社会组织参与低碳社区建设和管理
	社区信息化	加强智慧社区建设；开展家庭碳排放统计调查；建立社区水电气热等能源资源数据信息采集平台；建立社区温室气体排放信息系统
建筑及环境设施	绿色建筑	建筑布局、设计要充分考虑气候条件，最大化利用自然采光通风；大力推广可再生能源建筑应用；鼓励采用低碳技术和低碳设备；严格执行绿色建筑和建筑节能标准
	优化基础设施	合理配置社区内商业、休闲、公共服务等设施；科学布局社区内公共交通、慢行交通设施；统一规划建设社区公共自行车租赁和电动车充电设施；完善社区给排水、污水处理、中水利用、雨水收集设施；建设社区垃圾分类收集、分选回收、预处理和处理系统；鼓励社区采用太阳能公共照明系统

项　目	行　动	内　容
建筑及环境设施	美化环境	建设适合本地气候特色的自然生态系统;充分利用绿化带隔声减噪;建设满足居民休闲需要的公共绿地和步行绿道;加强社区生态环境用水节约、集约、循环利用,尽量采用雨水、再生水等非传统水源;加强社区公园、广场、文体娱乐场所等公共服务场所建设

资料来源:《国家发展改革委关于开展低碳社区试点工作的通知》,http://www.ccchina.gov.cn/nDetail.aspx? newsId=43401&TId=60。

创建低碳社区的技术途径有以下四个方面:一是通过开展低碳家庭评选活动,加强对低碳知识、低碳理念的宣传和体验,引导居民使用节能家电,倡导上下班和节假日低碳绿色出行,逐步在社区形成低碳生活方式;二是通过设立二手物品交易交换站点,加强垃圾分类科学管理,对居民供热/电/气/水推广应用分户式计量及温控装置等,不断创新社区低碳管理工作方法;三是通过在公共区域采用节能照明装置,优化公共交通、慢行通道设施,统一规划建设社区公共自行车租赁和电动车充电设施,完善社区给排水、污水处理、中水利用、雨水收集设施,实现社区设施低碳化;四是提高社区植被覆盖面积,增加社区树木花草的种植数量,美化社区生活休闲环境,增加社区碳汇吸收能力,见图19-3。

(五) 改善水环境和提高水资源利用效率

气候变化使洪涝灾害等自然灾害的频度和强度增加,下城区河道水系密集,因此,下城区不仅要不断优化城区河道水系生态环境,而且要提高淡水资源利用效率,这是下城区增强适应气候变化能力的需要,也是正视国家淡水资源稀缺现实、更好利用淡水资源以实现城区可持续发

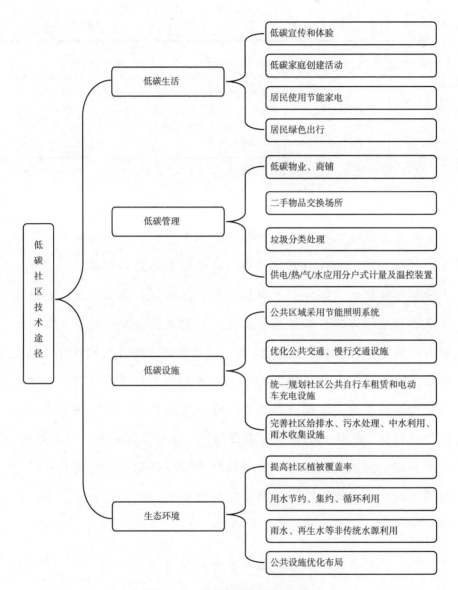

图 19-3　构建低碳社区技术途径

展的需要。为此，下城区需要科学规划城区河道水系基础设施建设，完善城区排水排涝防洪减灾体系，提高水资源利用效率，增强雨水、废水资源化利用能力，见表 19-5。

表 19 – 5 改善水环境和水资源利用

项 目	行 动	主要内容
水资源利用	完善基础设施	合理规划和完善城区河网水系建设;改造原有排水系统,增强排涝能力,构建和完善城区排水防涝和区域防洪减灾工程布局;减少不透水地面面积,逐步扩大城区绿地和水体面积,充分截蓄雨洪
	水资源合理利用	提高水资源的利用效率;废水净化再利用,实行废水资源化;开发利用雨水,积极推广节水经验

具体而言,在基础设施建设方面,需要进行城区河道水系综合治理,增强河道水环境容量和水体自净能力,采取立体绿化手段改善水体生态环境等;在水资源利用方面,需要完善雨水收集及利用系统,推广应用节水技术、产品和经验,改进回水、中水处理再利用技术,见图19 – 4。

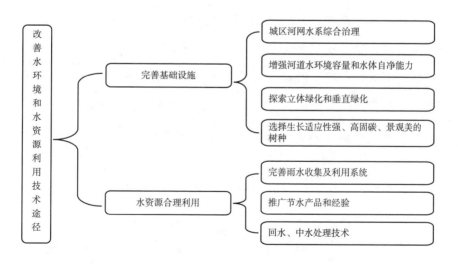

图 19 – 4 水资源合理利用技术路径

三　低碳适用技术应用工作基础

（一）低碳建筑

下城区高度重视建筑节能。《下城区"十二五"低碳城区发展规划》中确定，要加大太阳能技术的推广应用力度，争取到 2015 年全区累计推广太阳能电池板和太阳能热水器 2 万平方米，重点在楼宇、宾馆（饭店）、公寓、医院、农转居新村等领域推广使用。为落实低碳发展规划，下城区从既有建筑低碳化改造、新建建筑绿色标准、清洁能源推广应用、试点示范等方面积极推进建筑节能，示范应用低碳适用技术和产品，降低下城区建筑碳排放。具体举措如下。

（1）推进既有建筑节能改造

楼宇经济是下城区极富特色的经济发展模式和形态，为下城区经济增长和财税创收贡献较大，是新一轮经济结构调整中填补工业占比下降的重要经济力量，楼宇也成为下城区服务业发展的重要载体。在倚重楼宇经济的同时，下城区也着力建设低碳楼宇，促进楼宇经济节能减排。其中，一批先进的典型楼宇采取不同低碳适用技术进行低碳化改造，取得了较好的节能减排效果。例如，浙报大厦光伏并网发电、标力大厦"冰蓄冷"、浙江大酒店能耗在线监测和屋顶花园、广利大厦电耗分层计量、坤和中心节能中央空调和地下无水洗车、银泰百货电平衡测试、变频自动扶梯和水泵改造等，这些改造措施都是低碳楼宇建设的有益实践和探索，积累了一定的低碳改造经验。其中，银泰仅改用 4000 余盏 LED 灯一项，同比节电就达 50%。这些楼宇的低碳实践和节能减排技改项目为全区低碳楼宇建设起到较好的示范作用。

（2）新增建筑推行绿色标准

对于新建建筑，下城区要求建筑设计、施工过程、建筑材料等环节严格执行国家"绿色建筑评价标准"，落实建筑节能强制性标准，确保建成绿色建筑。例如，文龙巷小学分部扩建工程施工中使用商品砂浆，屋面采用具有质轻、防火、防水、无污染、不燃烧、寿命长等特点的泡沫玻璃，外墙保温采取无机保温砂浆的外墙内外保温做法，外窗采用断热铝合金型材，这些施工和选材环节采取的低碳环保措施有效降低了新建建筑的污染排放和碳排放。

推行绿色建筑应用的节能技术包括：

①施工节能优化；

②墙体节能技术；

③屋面节能技术；

④门窗节能技术；

⑤建筑遮阳节能技术；

⑥采暖空调通风系统节能技术；

⑦照明系统节能技术；

⑧低碳适用技术示范项目。

下城区提供财政资金支持，选择多种低碳示范项目，带动低碳适用技术的推广应用。例如，太阳能 LED 灯公共照明示范项目，在社区庭院灯、运河边路灯、公园景观灯等方面推广安装 2000 盏太阳能 LED 灯；地下建筑导光管照明技术示范项目，通过采光罩采集自然光线，经过导光管传输由漫射装置均匀高效地照射到地下建筑，可在地下建筑、地下车库推广应用，是一种应用前景广阔的低碳适用技术。

（4）经验与问题

政府提供财政资金支持，调动经营主体对楼宇等建筑物节能改造的积极性，通过采用太阳能 LED 灯、中央空调、智能化能源监控和管理系统、变频节能电梯、太阳能热水器、太阳能光伏屋顶、地源热泵等低碳适用技术改造既有建筑，以及对新建建筑推行绿色标准，开展一批节能减排示范工程等，推动了下城区建筑节能进展，取得了一定的效果。

然而，在工业从下城区产业结构中退居次位后，工业排放不再是下城区减排重点，而建筑减排将是下城区实现新阶段低碳发展目标的工作重点。目前，建筑节能缺乏系统规划，节能改造个体行动较多，比较离散，且许多经营主体节能改造积极性、主动性不高，难以形成规模效应，如何从目前示范阶段过渡到推广应用阶段还有待做进一步工作。此外，如何引进更多、更先进的低碳适用技术、对接供求双方，也都需要下城区总结前期经验，创造性地开展工作，推进城区低碳转型。

（二）低碳交通

杭州市是全国首批低碳交通建设试点城市，下城区作为杭州市主城区，积极配合推进杭州市地铁、公交车、出租车、免费单车、水上巴士"五位一体"城市公交体系，同时通过优化交通线路安排、增加清洁能源和新能源交通工具、完善充电站（柱）等配套设施、推广十字路口"绿波智能交通灯"技术、推行路灯照明系统节能改造、引导居民绿色出行等方式，协力推进市区交通体系低碳转型。具体举措如下。

（1）优化线路安排实现低碳换乘

下城区积极配合杭州市公交公司有效对接高铁和地铁低碳交通枢纽和公交体系，基本实现交通枢纽内"零距离换乘"即低碳换乘目标，同时配合市有关部门、单位疏通东站交通枢纽与下城区通道，对各种接驳方式进行有效组合和无缝衔接，实现快速、低碳集散的目标。另外，积极构建低碳、高效的交通物流体系，减少迂回运输、重复运输、空车运输，降低运输碳排放。

（2）完善自行车和步行慢道系统

下城区积极规划建设自行车和步行慢道系统，鼓励家庭和个人选用公共自行车、乘坐地铁、多爬楼梯多步行，进一步完善主次干道、支路网和人行过街设施，合理设置红绿灯和单双向道路等，从而有效分流车辆，减少汽车尾气排放，减缓中心城区交通压力。

（3）增加新能源交通工具及设施

下城区鼓励辖区单位和居民购买新能源交通工具，力争到2015年全区电动汽车拥有量达到2000辆，到2015年投入使用混合动力环保垃圾车100辆。下城区积极落实杭州市电动汽车发展优惠政策，实施在建电动汽车充（换）电站和充电柱低碳建设示范项目，合理布局电动汽车充（换）电站和充电柱，计划"十二五"期间在城北供电局建立充电站（柱），在社区、商场、饭店、医院、学校、机关等停车场建200个充电柱和5个配送站。下城区还积极研发和生产风光互补太阳能路灯，在夜间和阴雨天无阳光时由风能发电，晴天时则由太阳能发电，实现能源互补。

（4）引导居民树立低碳出行观念

下城区充分利用城市公交系统、地铁、公共自行车"免费单车"服务系统，引导市民平日少开车或不开车，选择低碳出行方式，努力降低私家车年行驶公里数或其增长幅度，争取到2015年私家车平均年行驶公里数下降10%。

（5）推广"绿波智能交通灯"技术

下城区积极配合车管所推广道路十字路口"绿波智能交通灯"技术，运用"信息化"和"智能化"手段提高通行速度，缓解道路交通堵塞，提高运输质量，降低交通碳排放。

（三）低碳社区

开展低碳社区试点，一方面在提升社区居民生活品质的前提下，使低碳生活理念深入人心，节能减碳效果明显；另一方面总结不同类型社区在社区居民中倡导低碳生活的成功经验，评选下城区乃至杭州市标杆型低碳社区，并在全区推广，为下城区可持续发展实验区建设提供新的典型案例与新的低碳生活模式，推动下城区的低碳城区发展走在全省乃至全国前列。通过科学引导社会公众参与"低碳行动"、加强低碳科技知识普及、运用各类媒体宣传"低碳理念"，规划至2015年末建成36个"低碳社区"，以助力低碳城区发展。

（1）加强低碳理念宣传

各社区通过深入调查，摸底小区居民人口结构、家用电器、私家车辆、出行习惯和消费习惯等基本情况，有针对性地在社区开展形式多样的低碳理念、知识、技能宣传活动，大力宣传节能减排的必要性和技巧，创建低碳家庭，评选低碳先锋人物，倡议从节约一度电、一滴水、一升油、一张纸开始做起，努力使社区居民普遍形成低碳生活方式。各社区积极引导居民崇尚节约，反对浪费，合理消费，适度消费，改变"面子消费"、"奢侈消费"等不良消费观念，引导社区居民在使用家用电器和照明、用水用气用油、住宅装修、垃圾分类、旧物利用、饮食方式、交通出行等方面形成低碳生活习惯。

（2）节能洁能绿化并举

各社区积极引导小区居民购买使用节能灯具、节能家用电器、太阳能热水器；扩大小区绿化面积，鼓励小区居民在屋顶、露台、天台或阳台上种植盆景花卉，在社区公园铺植绿草，建造园林景观；对服务大厅、楼道等公共区域耗能设施使用太阳能电器加以改造；积极开展垃圾分类管理，设立废旧电池、二手日常用品回收站点。通过政府部门、街道办事处和社会力量多方筹集资金，在社区内试点新建太阳能科普画廊、太阳能楼道灯，新建或改造太阳能路灯或更换 LED 路灯，推进雨水收集回用等示范项目。

（3）深入开展低碳活动

各社区广泛动员社区居民参与形式多样、丰富多彩的低碳活动，如组织举办低碳科普知识讲座、低碳知识竞赛、低碳家庭评选、征集低碳生活金点子、倡议私家车主一周少开一天车、节能灯进万家、集中申请安装峰谷电表、家庭盆景美化比赛、义务植树造林等活动。

（4）经验与问题

下城区辖区社区创建低碳社区积极性较高，能够深入开展调查、宣传、基础数据统计、基础设施建设、环境保护和绿化等方面的工作，并取得了一定的社会和环境效益，积累了一定的经验。不过，在低碳社区创建过程中也存在一些问题，表现在：经验处于离散状态，有待总结和系统化推广；社区太阳能热水器、先进节能家电设备、新能源汽车等节能洁能生活用品购置比率不高；部分居民不配合调查、对倡导"低碳"不积极，部分富裕家庭面上应付，实际我行我素；部分居民虽然认为倡导低碳是件大好事，应该支持，但对照低碳家庭标准尚有距离，或以自己没时间没精力为借口，谢绝申报；低碳家庭台账信息不够完整，居民票据收集缺失造成数据不够准确；部分私家车车主对"少开一天车"活动倡议响应不积极，评价缺乏可靠依据。

（四）低碳能源

下城区低碳能源推广应用与建筑、交通、社区等重点领域低碳化交织在一起。归纳起来，主要举措有：在部分示范工程安装使用太阳能路灯、太阳能 LED 灯、风光互补太阳能路灯，太阳能热水器、太阳能光伏屋顶、太阳能光伏并网发电设备，地下建筑导光管照明设备，地源热泵，以及推广混合动力环保汽车、电动汽车等。

低碳能源在示范工程中的应用为下城区宣传、推广使用清洁低碳能源树立了学习榜样，积累了应用经验。然而，目前低碳能源应用呈现经验离散、技术单一的特点。未来如何从示范到推广再到普及，以形成社会潮流和市民自觉行动，并且不断提升技术水平、丰富技术类型，还需要下城区不断总结经验，创新政策、机制和工作方法，从而大幅提升低碳能源在一次能源消费结构中的比重，依靠优化能源结构降低下城区碳排放。

（五）水环境综合治理

下城区水网体系密集，着力推进河道综合治理与生态环境建设。"十二五"期间，已开展 4 条河道整治、4 条河道提升、3 个配水泵站建设、7 条河道生态治理工程。其中，河道综合整治方面，钱家河、石桥河一期、德胜河、沈家河一期、备塘河等综合整治均相继完成或开工；河道提升工程包括完成古新河、桃花河、贴沙河、南应家河河道防洪排涝功能改善、慢行系统贯通、景观绿化、水质提升工程等；配水泵站建设方面，横河港闸门、褚家桥泵站、施古登泵站等基本完成改造，红西河闸门计划待红西河三期整治一并实施；河道生态治理工程方面，已完成南大河一期、横河港、长滨河、石桥河等河道生态治理，南大河二期、南应家河和古新河生态修复工程已经开工建设。

主要技术措施：

①完成南大河、横河港等 3 条河道的生态化治理任务；

②对庙桥港、南大河进行黑臭河治理；

③开展了六塘汶漾、蔡家河等 6 条河道的清淤工程；

④打通沈家河一期断流部分，完成西湖漾、备塘河一期、水车港项目整治前期工作；

⑤继续开展河道水质动态监测；

⑥完成了三塘北苑等 9 个小区、20 个公建单位，以及 7 条污水收集系统建设任务；

⑦完成了泰和苑、天苑阁、德胜东村社区无物业社区绿化改造和朝晖八区、北景园中心广场、城东公园 3 处"美化家园工程"建设。

虽然下城区水环境综合治理力度较大，但依然存在不足：北部区域城市管网设施配套滞后；部分河道雨污合流、污水直排，仍属劣 V 类水质；河流黑臭现象仍然存在；河道水质不稳定；截污纳管、引配水、河道贯通等工作仍需加强。

四　低碳适用技术市场需求评估

《杭州市下城区低碳发展路线图（2015～2030）》研究表明，服务业、交通、建筑、居民生活排放是下城区碳排放的主要来源，构建低碳楼宇、低碳交通、低碳建筑、低碳社区也成为下城区控制能耗和碳排放的重点领域，提高能效、提高低碳能源在一次能源消费结构中的比重，是下城区能够成功低碳转型的关键可控性政策选项。因此，未来下城区对低碳建筑技术、低碳交通技术、清洁能源技术、能效技术、智能管理技术等类型的低碳适用技术及产品存在较大的市场需求。以下结合低碳技术实现途径、低碳技术应用基础分析结果，评估下城区未来低碳适用技术市场需求总体状况。

（一）建筑低碳化适用技术需求评估

目前下城区建筑低碳化进程中采用了部分低碳适用技术，虽然低碳技术及其产品推陈出新速度较快，但现阶段示范应用的低碳技术仍为市场所需，所以将已采用和未采用的技术类型一并列入技术需求清单中。

课题组到下城区进行实地调研，与一线企业、部门和行业专家就下城区建筑低碳化适用技术应用和需求交流意见。经过交流研讨，明确2015～2020年下城区绿色建筑行动主要集中在建筑设计、施工、运营及原材料的低碳化，既有建筑节能改造系统化，更好、更广泛地利用可再生能源，以及建筑废弃物资源化回收利用等方面。具体包括：大型公建能源管理系统、高效绿色照明、太阳能与建筑一体化、高效供热制冷、余热及低品位能源利用、分布式冷热电三联供、供热计量、具有A级防火性能的建筑保温材料、制冷剂替代、氟化气体的回收及循环使用等节能低碳技术（产品）。再结合数据挖掘所获信息分析，报告认为，未来下城区建筑低碳化适用技术需求类型清单如表19-6所示。其中，可以及早推广节能灯具、LED灯、变频节能电梯、节能办公设备、太阳能屋顶、太阳能光伏发电等在用成熟低碳技术产品，考虑增加应用太阳能中央空调、太阳能与建筑一体化技术、智能监测控制平衡能耗技术、经济实用生物质能发电技术、建筑废弃物粒化处理利用技术等。

（二）交通低碳化适用技术需求评估

按照杭州市构建"五位一体"城市公交体系的统一部署，同时降低能耗和碳排放，下城区需要积极引导居民低碳出行，增加公共自行车网点，优化交通运输组织管理和信息发布平台，推广应用节油技术和尾气减排技术，增加新能源和可再生能源交通运输工具。

表 19 - 6　建筑低碳化适用技术需求

建筑系统要素	低碳适用技术需求类型
建筑物	绿色建筑设计技术;低碳环保建筑材料;采光、通风、绿化技术;低碳环保施工技术;建筑物保温技术;具有 A 级防火性能的建筑保温材料;优质高效耐火材料;建筑废弃物资源化回收利用技术
供(耗)电/气/水/暖/冷系统	高效节能办公设备、照明产品和节能电器;节能中央空调;水电气泄漏检测技术;变频自动扶梯;智能监测控制平衡能耗技术;高效供热制冷、余热及低品位能源利用技术;分布式冷热电三联供技术;供热计量等
可再生能源应用	太阳能 LED 灯;风光互补太阳能灯具;太阳能中央空调;太阳能热水器;太阳能光伏发电;太阳能光伏屋顶;太阳能光电建筑一体化技术;小型风电;经济实用生物质能发电技术;太阳能供冷供热;地下建筑导光管照明技术;地源热泵

　　为摸清下城区交通低碳化技术需求,课题组通过实地考察、听取报告、查阅资料等形式,与一线企业、部门和行业专家交流下城区交通领域未来低碳适用技术应用意见,讨论从能效提高、新能源和清洁能源汽车使用等方面展开。

　　经过交流研讨,明确 2015～2020 年下城区低碳交通行动主要集中在低碳出行、增加新能源和清洁能源汽车使用、提高汽车燃油效率方面。具体举措有:建立居民出行交通信息服务平台,引进混合动力车、电动汽车、燃料电池汽车、天然气汽车、生物燃料汽车,使用公交汽车节能技术、汽车节油技术、汽车尾气减排技术等低碳技术及产品,增加区公共自行车服务网点,推广应用不停车收费、智能交通系统、智能交通和交通安全信息集成技术、现代物流信息系统等技术类型。其中,可尽快推广应用各类交通车辆节(汽、柴)油技术、尾气减排技术、各类新能源交通工具、智能交通和交通安全信息集成技术等,可以考虑率先在公交、环卫、邮政、政府、银行、学校、出租车公司等公共服务领域推广应用各类新能源交通工具,增加引进生物燃料能源品种，调动社会力量研发节油、尾气减排技术，并予以物质奖励和精神鼓励。

（三）社区低碳化适用技术需求

社区低碳化主要涉及物业管理、房屋建筑、公共设施、居民生活、交通出行等方面。建筑和交通领域低碳适用技术也基本可以满足社区低碳化技术需求。具体包括：鼓励居民购置节能家电、节能灯具、太阳能热水器；在社区公共区域全面推广应用 LED 路灯、LED 电子屏；鼓励居民购买或置换混合动力、纯电动等新能源私家车；社区免费提供公用自行车；鼓励社区利用小（微）型风电、太阳能光伏发电、地热利用技术、社区能耗自动监测统计平衡智能系统；鼓励使用环保袋；推广庭院园林种植盆景花卉林木等。其中，可以优先考虑在社区公共区域全面推广应用太阳能灯具、LED 灯、风光互补路灯，通过提供财政补贴支持和引导居民购置或置换新能源私家车、太阳能热水器及其他太阳能家电，鼓励社区利用地源热泵、小（微）型风电、太阳能光伏发电。

（四）低碳能源利用技术需求

努力提高天然气、太阳能、地热能等低碳能源在一次能源消费中的比重，是下城区未来的低碳转型工作重点。低碳能源利用技术的应用广泛与建筑、交通、社区低碳化进程相结合。归纳起来，低碳能源适用技术需求包括：太阳能灯具、太阳能热水器、太阳能中央空调、风光互补灯具、太阳能建筑一体化技术、太阳能屋顶、太阳能光伏发电、太阳能废旧用品回收利用；小（微）型风电；经济适用生物质能发电技术；地源热泵；垃圾发电；地下建筑导光管技术；混合动力、纯电动、生物燃料、天然气等新能源交通工具等。其中，可以优先考虑在目前示范项目基础上推广应用太阳能灯具、太阳能屋顶、太阳能光伏发电、地下建筑导光管、地源热泵等低碳技术及产品，并考虑增加太阳能中央空调改造、太阳能建筑一体化、风电利用、生物质能发电、垃圾发电等清洁能源示范工程，以提升低碳技术应用水平，丰富低碳能源品种。

（五）水环境治理和水资源利用技术需求

综合整治河道，建设灵秀下城，使河面清澈，河岸秀美，市民与河水和谐共处。为此，未来下城区还需要着力分河道、分阶段进行综合整治和生态系统建设，采用物理、化学、生物、生态等多种技术手段进行除臭、清淤，完善排污、排水、排涝、防洪、减灾基础设施和管网建设，立体绿化河道两岸，推广应用净水节水技术、废水净化和资源化利用技术、中水回水再利用技术、水资源循环利用和深度利用技术、雨水收集利用技术、雨污分流技术等。其中，加强排洪排涝管网基础设施建设，雨污分流，水质净化、深度水处理等技术利用是当务之急。

五　低碳适用技术推广应用障碍

推广应用低碳适用技术是下城区面临的迫切需要解决的问题和需要着力开展的工作，但推广应用低碳适用技术也遭遇诸多技术、市场、资金、政策、机制、人才、观念等方面的障碍。主要表现在以下方面。

• 下城区自身低碳适用技术研发能力不足，相关技术研发人才匮乏，研发投资风险较大，导致研发投入偏少；

• 下城区低碳适用技术需求较大，种类丰富，市场技术供给也比较充足，可是技术及产品供求之间缺乏对接渠道；

• 部分低碳服务产业发展滞后，如能源合同管理服务产业、建筑废弃物资源化回收利用产业、太阳能等清洁能源电器用品废弃物回收再利用产业、低碳环保技术研发和服务产业等需要扶持；

● 政府热情推动，积极引导，但是公众反应平淡，主动自觉参与度不高，由于政府难以像监管企业那样行政干预市民的个人生活方式和消费方式，又缺乏有效激励机制和政策，因此难以扭转公众高碳生活方式和消费方式；

● 市民虽乐见低碳环保，但不愿承担"低碳技术""绿色产品"的额外费用支出，而且市场假冒伪劣低碳节能环保产品难以杜绝，部分富裕市民习惯享受，不愿意降低生活质量去践行节能低碳生活方式；

● 新能源汽车等低碳产品配套基础设施不健全，制约其销售规模的扩大；

● 传统技术和服务具有成本优势和便利优势，且诸多低碳新技术及新产品尚不成熟，存在潜在问题；

● 低碳适用技术推广应用财政税费优惠等支持政策缺失；

● 低碳适用技术推广应用资金需求缺口较大，目前配套资金主要依靠财政拨款，资金来源单一；

● 低碳环保相关法规、标准不健全，执行力度不足；

● 下城区能耗和碳排放统计、监测、核查、评价、奖惩等制度组织体系不健全；

● 低碳专业技术人才队伍不足。

六　政策建议

（一）积极搭建低碳技术及产品供求对接平台

未来下城区低碳技术应用将逐步从示范阶段向推广阶段再到普及阶

段过渡，由于不同楼宇、建筑、企业、单位、社区、家庭低碳技术及产品需求不尽相同，经济支付能力也各有差异，但低碳技术及产品需求类别相对集中，足以形成市场需求规模。为满足这些需求，下城区相关职能部门可以通过调动楼宇、企业、社区乃至家庭积极性，申报统计低碳技术及产品需求，再联系业界技术实力强、产品质量过硬、信誉卓著的生产企业，通过交易会、展览会、座谈会等形式，汇聚供求双方技术人才，直接对接供求两端，对于能直接满足需求的，可以尽快供货和安装，对于不能直接满足需求的，将需求技术、特点、产品反馈给企业，由企业加紧研发，生产出可以满足市场需求的低碳产品。

（二）大力支持低碳环保服务业发展

通过提供优惠的财税和其他市政管理政策支持低碳环保服务业发展，包括低碳技术研发、低碳技术产品维修、低碳环保产品废弃处理与回收、建筑废弃物回收再利用、合同能源管理、碳交易和碳资产管理等产业发展。其中，在碳交易和碳资产管理方面，可以鼓励辖区企业积极参与自愿减排市场和跨区域的碳排放交易市场，利用市场交易机制降低降碳成本，同时也可助力企业将减排的环境效益转化为经济效益。

（三）合理制定财政支持政策

低碳技术及产品的示范工程和推广应用需要较大资金投入，下城区可以争取区、市、省及国家财政资金支持。对具体楼宇、企业、社区的支持力度可以与其节能减排的实际效果挂钩，对贫困家庭购置或置换节能家电、太阳能电器产品、新能源私家车等提供适当财政补贴。

（四）努力拓宽投融资平台

下城区可以设立低碳发展基金，拨付一定金额的财政资金，撬动金融资本、企业资本、社会资本、国际组织资本，多渠道筹集资金以满足下城区低碳转型资金需求缺口。同时，引导区内金融机构创新绿色信贷业务，提供优惠利率满足楼宇、企业等微观主体低碳技术研发、项目工程、节能改造等资金需求。

（五）建立健全低碳管理体系

下城区需要逐步建立健全遍及政府、企业、社区和家庭的能耗和碳排放统计、监测、核查、评价、奖惩制度体系和组织体系，建立能耗和碳排放统计台账，完善基础数据库，为制定低碳发展政策提供决策依据。

（六）建设低碳技术人才队伍

研发、推广、应用低碳适用技术需要培育梯队低碳技术人才队伍。主要包括：低碳适用技术研发队伍，其专业性要求最高，负责低碳适用技术的研发创新；低碳适用技术推广队伍，负责将经济实用的低碳技术落到实处，在生产生活中推广应用，属于应用型人才队伍；低碳适用技术需求反馈队伍，是低碳适用技术的具体使用者，在实际应用中会遇到各种问题，需要他们提供反馈，以便未来研发生产更先进、更实用的低碳适用技术。长期内需要培养储备低碳技术研发人才队伍，中短期内需要尽快充实低碳技术推广应用及管理型人才队伍。

（七）其他政策措施

除以上政策措施外，下城区还需要逐步完善低碳环保相关法律法规，加强低碳理念宣传，开展评选典型低碳楼宇、低碳建筑、低碳社区、先进低碳家庭、先锋低碳人物等活动，引导全区市民逐步形成低碳生产生活方式，营造节能减排环保光荣氛围，凝聚各方节能减排智慧和行动力。

第二十章 低碳发展重点任务 与保障措施

根据下城区的低碳发展路线图，未来下城区低碳转型的重点任务主要是产业、建筑、交通、城区碳汇等。为确保这些工作顺利推进，下城区需要在组织、机制、规划、政策、示范、资金、技术、人才及宣传方面为低碳转型重点任务提供保障措施。

一 重点领域低碳发展重点任务

前文分析表明，服务业、交通、建筑、居民生活等领域碳排放是下城区碳排放的主要领域，优化能源结构、提高清洁能源在一次能源消费结构中的比重，是下城区未来成功实现低碳转型的着力重点。因此，未来下城区低碳发展施政重点包括构建高新低碳绿色产业体系及推动产业低碳化发展、既有建筑低碳化及发展低碳绿色建筑、发展低碳交通体系、推广应用清洁能源、培育低碳社区促进市民低碳生活方式形成、增加城区碳汇、完善气候变化灾害风险管理体系、创新低碳管理体制机制（见表 20 - 1）。这些施政着力方向是下城区成功实现低碳转型的必经路径。

表 20-1 下城区未来低碳政策着力重点和政策工具组合

重点领域	政策措施
建　　筑	推广节电技术和太阳能产品应用，尤其加强公共建筑节电管理和清洁能源使用；对既有建筑加快低碳化改造，对新建建筑要求绿色低碳建筑标准；发展绿色建筑、零碳建筑；推广建筑低碳节能材料及技术应用
批发零售住宿餐饮	加强服务业节电、节气、节油管理，推广太阳能、生物质能应用；开展低碳市场、低碳商场、低碳酒店、低碳商店、低碳楼宇评选活动；发挥行业协会引导作用
交　　通	提高车辆油耗技术标准，推广应用节油技术，发展公共交通、新能源汽车、绿色交通工具，鼓励低碳出行
居民生活	增强市民低碳意识，培育低碳生活方式，加强电气智能化管理，鼓励市民节电、节气，推广应用节电、节气产品和技术，开展低碳社区、低碳家庭评选活动
工　　业	促进节电生产，发展新能源产业、低碳绿色高新技术及文化创意产业
能　　源	大力推广使用太阳能和生物质能等可再生能源，增加外购绿色电力比重，大力研发能效技术，推广应用能效产品
碳　　汇	扩大林地面积，美化区内生态环境，从而增加碳汇
其　　他	逐步完善适应气候变化引致自然灾害的灾害风险管理体系，构建低碳管理体系

（一）低碳产业：结构优化促低碳，打造服务业强区

低碳产业发展的重点任务主要是打造服务业强区、产业结构优化升级、产业合理布局，可从以下四点入手。

（1）产业优化升级，构建现代服务业主导的都市经济产业体系。加大产业结构调整力度，淘汰或外迁能耗高、污染大的企业，为发展第三产业和现代服务业腾出空间。促进创新型经济和现代服务业集聚发展，不断提升产业体系的发展层次和发展质量。

（2）楼宇经济引领现代服务业发展。楼宇经济是以商务楼、功能性板块和区域性设施为主要载体，以开发、出租楼宇引进各种企业，带动区域经济发展的新模式，具有低碳耗、低能耗、低污染、高产出的特点。

楼宇经济已成为下城区现代服务业的新亮点和新引擎。下城区重点把支撑现代服务业发展的楼宇经济作为经济发展的新动力，强调"发展低碳产业，建设现代服务业强区"作为低碳发展的特色和优势。

（3）大力推进对传统服务业包括批发零售住宿餐饮业的节能改造，通过提高能源利用效率和优化能源结构，降低二氧化碳排放。具体措施为：通过引进低碳照明新技术、屋顶太阳能光伏技术和太阳能集热等节能技术、地源热泵技术，组织实施"低碳商场"等，推进低碳商场等的建设，带动商场等传统服务产业的降耗、减排再上一个新台阶。

（4）积极发展电子商务、金融、信息服务与软件、文化创意、科技中介、设计服务等低碳产业。依托产业优势，培育下城区低碳支柱产业，形成集总部商务、商业休闲、文化创意、都市工业功能于一体的商业商务核心区。

（二）低碳建筑：节能技术应用，可再生能源推广

低碳建筑针对既有建筑和新建建筑，可从以下四点入手。

（1）大力推进既有建筑节能改造

既有建筑开展节能改造主要从以下四个方面入手：一是组织开展大型公共建筑和公共机构办公建筑空调、采暖、通风、照明、热水等用能系统的节能改造；二是组织有条件的楼宇实施地源热泵空调的节能改造，以及推广使用风能热泵热水器；三是结合庭院改善、危旧房改造等改扩建工程，以建筑门窗、外遮阳、自然通风等为重点，推进既有建筑节能改造；四是做好既有建筑节能改造的调查和统计工作，制定具体改造规划，建立完善的既有建筑节能改造工作机制。

（2）稳步提升新建建筑节能质量及水平

新建建筑大力推行国家"绿色建筑评价标准"，强化绿色建筑评价

标识管理，加强对规划、设计、施工和运行的监管。严格落实建筑节能强制性标准，实行设计环节标准化、施工环节规范化和验收环节闭合化的建筑节能管理模式，规范节能建筑设计标准和图集、施工技术规程、验收规范、运行管理规则，依法推进建筑节能工作。同时根据建筑节能状况，对全区各类建筑进行节能"绿色评级"并颁发相应的节能等级证书，大力推广节能环保型建筑。

（3）推进太阳能为主的可再生能源建筑规模化应用

积极推动太阳能为主的可再生能源在建筑中的应用，通过制定、完善建筑光伏发电上网政策和相关的补贴和资助政策，推广太阳能电池板和太阳能热水器，并重点在楼宇、宾馆（饭店）、公寓、医院、农转居新村等用户推广使用。大力发展可再生能源与建筑一体化，稳步推进太阳能光伏在建筑上的应用，使得可再生能源建筑规模化。

（4）推广建筑节能技术

严格执行国家对新建居住建筑和公共建筑的节能标准，推广建筑节能技术和材料，建成一批低碳、零碳示范建筑，发挥社区建筑节能示范以及雨水回收利用示范作用。加强节水管理，对高耗水行业实行计划用水管理，推广节水型设备和器具，进一步降低公共供水管网漏失率，推进中水回用和雨水收集利用。逐年提高新建住宅全装修的比例，引导和推行简易装修。对于所有新建住宅和房地产市场上销售、出租或在建商品房，要引导开发商事先领取节能等级证书。

（三）低碳交通：优化道路结构，打造智能交通

低碳交通主要是积极落实杭州市"公交优先，低碳出行"总体要求，推进杭州市地铁、公交车、出租车、免费单车、水上巴士"五位一体"城市公交体系，确立城区公共交通在城区交通中的优先地位，

打造低碳化城区交通系统，坚持推进市区两级交通的公交化和低碳化。具体可从以下四点入手。

（1）加快发展城市轨道交通和城际高速铁路，形成立体化的城市交通体系以优化交通运输组织模式。通过打造"大公交"，充分利用区位优势，配合市公交公司有效对接高铁、地铁低碳交通枢纽和公交体系。一方面要实现交通枢纽内"零距离换乘"目标，对社区道路进行交通微循环改造，统一进行交通规划，疏通交通秩序；另一方面要配合市有关部门和单位疏通东站交通枢纽与下城区通道，对各种接驳方式进行有效组合和无缝衔接，实现快速出行的目标。同时，建设高效的交通物流体系，减少迂回运输、重复运输、空车运输，降低碳排放。

（2）优化道路结构，构建自行车和步行慢道系统以完善低碳交通基础设施。一是积极配合、科学规划，加快建设下城区的自行车和步行慢道系统，科学合理地处理私家车停泊过程与自行车、电动自行车行驶过程中争夺路权的问题；二是鼓励家庭、个人使用公共自行车出行，乘坐地铁，多爬楼梯多步行；三是合理分配主次干道、支路网和人行过街设施；四是实施红绿灯设置、单双向道路的合理布局等措施，从而有效地分流车辆，减少汽车尾气的排放，减缓中心城区的交通压力。

（3）加强机动车管理，一方面通过不断提高强制性的汽车燃油效率标准，促进汽车改善燃油效率；另一方面大力发展混合燃料汽车、电动汽车等低碳排放的交通工具。严格执行机动车排放标准，适时扩大市区高污染机动车辆限行范围，鼓励提前淘汰高污染机动车辆，鼓励购买小排量、新能源等环保节能型汽车，落实低碳型交通设备（电动汽车等）发展的相关优惠政策；配合杭州市小汽车限牌政策，减缓汽车总量增速，降低汽车排放。

（4）以信息化为支撑，通过加强交通信息采集系统、信息处理系统以及信息发布系统建设，积极推进智能交通工程，以建立实时、准确、高效的交通综合管理平台。重点推广十字路口"绿波智能交通灯"技术，配合车管所根据不同时段的车流量细分出多套方案，特别是设置"绿波带"，运用"信息化"和"智能化"手段提高通行速度，解决道路交通堵塞，改善环境污染，减少交通事故，提高运输质量，实现节能减碳。

（四）城区碳汇：立体绿化，绿动下城

提高城区绿化面积，增加城区碳汇①。一是出台和推行立体绿化政策意见和技术标准，推动立体绿化走上制度化、规范化轨道；二是积极探索立体绿化和垂直绿化的新方法、新品种，继续做好见缝插绿、破墙透绿、合理播绿、全民植绿，凡有条件的新建建筑应实施屋顶绿化，得出安全许可的高架桥柱、边坡和挡土墙以及河岸驳坎应同步实施绿化覆盖，以提高中心城区立体空间的绿色浓度，降低城区热岛效应；三是在屋顶、露台、天台或阳台上广植花木，铺植绿草，建造园林景观，实施屋顶绿化；四是根据区域特色，在道路、河道优先选择生长适应性强、高固碳、景观美的树种，深化城市绿化，开展义务植树，营造"路在绿中、房在园中、人在景中"的最佳人居环境。

（五）低碳社区②：低碳理念，低碳生活

持续推进低碳社区建设，培养市民逐渐形成低碳生活方式，逐步降低生活排放，挖掘生活排放潜力，可从以下三点入手。

（1）引导社会公众参与"低碳行动"。倡导低碳理念，鼓励居民参

---

① 城区绿化面积变化不大，碳汇功能作用很小，可忽略不计，仅在这里作定性阐述。
② 低碳社区建设的减排潜力已核算在建筑领域及交通领域的减排潜力中，故略。

与一些力所能及的"低碳行动"，推动"低碳社区"建设。提倡低碳物业管理，设立社区物品再生中心，负责社区废弃物分类回收和再利用，监督居民的生活废水、废弃物的违规排放，组织开展社区闲置物品的交换、回购和再出售。推进生活垃圾分类收集，制订低碳社区的评价体系和认定标准。

（2）加强低碳科技知识的普及。积极开展青少年低碳知识普及系列教育活动，定期举办相关讲座、低碳知识竞赛等活动。充分利用社区宣传栏、政府门户网站、宣传册等平台宣传低碳经济、加强群众低碳意识、普及低碳科学技术。举办科技周、低碳日等活动，提高全社会对低碳的认识。全区中小学要根据不同的年级和年龄，开展形式多样、内容活泼的低碳知识讲座和低碳主题活动。

（3）运用各类宣传媒体，让"低碳理念"深入人心。充分发挥新闻媒体的舆论监督和导向作用，大力宣传"节能减碳"的必要性，报道低碳行动，全方位地宣传节能减排政策和先进典型。要着重培养民众的低碳意识，通过各类宣传媒体搭建起良好的平台，积极做好"低碳"宣传。通过向公众介绍低碳的相关知识及如何在日常生活中运用小窍门做到节能节约、减碳减排，使"低碳理念"深入人心。

（六）建立健全灾害风险管理体系

建立健全灾害风险管理体系，主要从建立预警机制、组织管理、物资储备等入手，可分为以下四点。

（1）建立一个可靠的灾害风险信息库。在历史数据，以及通过各种方式（访问、会议、档案文件查找、专家访谈）从各种渠道（环境、危机管理、记账等）和各个地区（广泛研究）所收集信息的基础上，建立灾害风险信息档案库，以备参考，适时建立预警机制。

（2）成立灾难风险管理机构。按照日常运营，设立常设机构，协调和调动各方利益相关者，包括政府部门、企事业单位、高层决策者以及社区居民共同参与对话合作，集体讨论出应对灾害更协调一致的方法，进而实施更有效、更持续的措施。

（3）建立、完善巨灾风险的融资和转移机制。通过利用保险、再保险的风险管理职能改变仅依靠政府转移巨灾风险的机制。

（4）建立动员和储备体系。动员指的是建立引导居民应对灾害行动管理机制，及时有效地帮助居民应对灾害，如重新安置易受灾居民。储备指的是让风险在时间维度上得以分摊。储备战略与个体居民和社区息息相关。如果社区拥有足够的高质量的基础设施，则储备的需求就会大大减小。

（七）构建低碳管理体系

逐步建立健全下城区能耗和碳排放监测、统计、核查、评估和考核的组织体系、制度体系和工作机制。加强基础数据库建设和人才队伍建设。建立科学管理制度和考核制度。设立低碳管理中心，负责管理低碳建设相关日常工作。设立低碳孵化基金，扶持能效技术、可再生能源技术的研发推广应用及相关产业发展。借力杭州智慧城市建设，添加智能管理和技术设备，建设智慧下城，促进节能减排。

二 保障措施与政策建议

下城区已具备良好的低碳发展基础，通过明晰所面临的挑战和机遇，制定切实的发展目标，从重点领域着手，系统科学地推动低碳发展。同时需要从以下八个方面实施保障措施。

（一）加强机构与能力建设，落实组织保障

一是区委、区政府建立健全下城区建设低碳领导小组，实行统一领导、统一指挥、统一协调、统一监督。领导小组下设办公室，具体负责组织落实低碳城区建设的各项工作。二是创新低碳发展，建设低碳发展的管理体系和工作机制。把推进低碳发展的考核与国家可持续发展实验区建设的考核体系结合起来，推进全区经济社会的科学发展和可持续发展。

（二）建立考核机制，落实任务要求

按照国家、浙江省、杭州市统一部署，把低碳发展以积极应对气候变化作为实现可持续发展战略的重要内容，落实到地方和行业发展规划中，把单位地区国民生产总值二氧化碳排放量作为约束性指标纳入下城区国民经济和社会发展中长期规划中，制定低碳城区指标体系、评价体系和专项行动计划，健全干部管理体系和监督实施机制，建立健全相应的统计、监测、考核办法，将低碳发展落到实处。

（三）规划先行，推动低碳行动

高起点、高水平制定和完善规划是低碳发展的基础。明确低碳发展的指导思想、总体目标、基本原则、重点领域、主要任务、工作重点和具体举措。各有关部门要认真制定低碳产业、低碳楼宇、低碳社区等相关专项规划，形成低碳发展规划体系。宏观上，充分发挥规划对产业发展的宏观调控作用、对资源合理开发利用的指导作用、对城市空间布局的引导作用。微观上，鼓励和支持参与低碳行动的单位和个人，通过具体的"低碳行动计划"，引导社会公众低碳出行、低碳消费和低碳生活，增加其防范灾害的意识。

（四）积极政策引导，落实资金支持

一是要加大投入。低碳发展需要政府的引导和投入，鼓励安排专项资金主要用于低碳新政的落实和实施。二是在发挥政府引导和推动作用的同时，要积极发挥市场机制的作用，推进节能减排减碳、低碳技术研发、低碳消费、碳汇培育等方面的体制机制创新。三是要明确节能低碳适用技术需求的重点，切实做好示范推广，而且要适时推陈出新。

（五）低碳试点示范，形成良好氛围

低碳试点是发挥引导作用的最佳途径。选择基础较好的社区、商场、楼宇、超市、家庭等开展低碳试点工作，打响若干个有影响力的"低碳社区""低碳商场""低碳建筑""低碳楼宇"品牌，充分发挥示范带头作用，积累经验。区宣传、教育、科（协）技、环保等部门要精心策划、周密部署，加强对建设低碳城区的宣传，以群众喜闻乐见的形式和方法，大力宣传低碳发展的理念，大力宣传低碳发展的好做法、好经验、好典型。加强低碳知识培训普及，开展低碳行动志愿服务，倡导低碳消费和行为方式，动员全社会力量积极参与低碳发展。

（六）积极推进国际交流，扩大科技领域国际合作

鼓励高校、研究机构和企业开展应对气候变化领域的国际交流与合作，努力组织开展应对极端气候事件的国际合作项目，积极引进适合下城区的国际先进科技成果，并展示中国低碳试点城市中心城区低碳发展成效。借鉴发达国家大都市中心城区低碳发展的成功经验，积极探索参与与国内外相关城市、国际组织和研究机构的合作，有效利用先进的建筑和交通节能技术及可再生能源使用技术，以及低碳社区建设经验等。

本篇参考文献

[1] 段德罡、黄博燕：《中心城区概念辨析》，《现代城市研究》2008 年第 10 期。

[2] 符冠云、白泉、杨宏伟：《美国应对气候变化措施、问题及启示》，《中国经贸导刊》2012 年第 22 期。

[3] 国家发展和改革委员会：《国家发展改革委关于开展低碳省区和低碳城市试点工作的通知》，http://www.sdpc.gov.cn/zcfb/zcfbtz/2010tz/t20100810_ 365264.htm，2010。

[4] 国家发展和改革委员会：《国家发展改革委印发关于开展第二批国家低碳省区和低碳城市试点工作的通知》，http://qhs.ndrc.gov.cn/gzdt/t20121205_ 517419.htm，2012。

[5] 国家发展和改革委员会：《中国应对气候变化的政策与行动》，2008。

[6] 国家发展和改革委员会：《中国应对气候变化的政策与行动》，2009。

[7] 国家发展和改革委员会：《中国应对气候变化的政策与行动》，2010。

[8] 国家发展和改革委员会：《中国应对气候变化的政策与行动》，2011。

[9] 国家发展和改革委员会：《中国应对气候变化的政策与行动》，2012。

[10] 国家发展和改革委员会：《中国应对气候变化的政策与行动》，2013。

[11] 国家发展和改革委员会：《中华人民共和国气候变化初始国家信息通报》，2004。

[12] 国家发展和改革委员会：《中华人民共和国气候变化第二次国家信息通报》，2013。

[13] 国家发展和改革委员会：《国家适应气候变化战略》，2013。

[14] 国家发展和改革委员会：《中国应对气候变化国家方案》，2007。

[15] 国务院：《"十二五"控制温室气体排放工作方案》，http://www.gov.cn/zwgk/2012–01/13/content_ 2043645.htm，2012。

[16] 国务院：《中华人民共和国国民经济和社会发展第十二个五年规划纲要》，http://www.gov.cn/2011lh/content_ 1825838.htm，2011。

[17] 海德堡能源与环境研究所：《中国交通：不同交通方式的能源消耗与排放》，海

德堡能源与环境研究所，2008。

[18] 韩继红、张改景、高月霞、李景广：《基于低碳理念的绿色城区建设思考与实践》，《城市发展研究——第七届国际绿色建筑与建筑节能大会论文集》2011 年增刊。

[19] 杭州市发改委：《杭州市"十二五"规划纲要》，http：//www. hzdpc. gov. cn/fzgh/，2011。

[20] 杭州市人民政府：《"美丽杭州"建设实施纲要（2013～2020 年)》，2013。

[21] 刘念熊、汪静、李嵘：《中国城市住区 CO_2 排放量计算方法》，《清华大学学报》（自然科学版）2009 年第 9 期。

[22] 栾志理、朴锺澈：《从日、韩低碳型生态城市探讨相关生态城规划实践》，《城市规划学刊》2013 年第 2 期。

[23] 潘家华、郑艳：《适应气候变化的分析框架及政策涵义》，《中国人口·资源与环境》2010 年第 20 卷第 10 期。

[24] 潘晓东：《中国低碳城市发展路线图研究》，《中国人口·资源与环境》2010 年第 20 卷第 10 期。

[25] 下城区发改委：《"十二五"低碳城区发展规划》，2011。

[26] 下城区发改委：《杭州市下城区"十二五"低碳城区发展规划》，2011。

[27] 下城区环保分局：《下城区"十二五"规划中期评估》，2013。

[28] 下城区住建局：《2011 年区建设局工作总结》，2012。

[29] 下城区住建局：《2012 年区建设局工作总结》，2013。

[30] 下城区住建局：《2013 年区建设局工作总结》，2014。

[31] 徐宝萍、刘鹏、李宁：《新区规划碳排放评估方法研究与实践》，第八届国际绿色建筑与建筑节能大会论文集，2012。

[32] 俞雅乖、高建慧：《试论城市脆弱性与气候变化适应性城市建设》，《商业时代》2011 年第 14 期。

[33] 张改景：《城区低碳规划碳减排目标制定方法研究与实践》，《城市发展研究》2012 年第 10 期。

[34] 浙江省发改委：《浙江省"十二五"规划纲要》，http：//www. zj. xinhuanet. com/website/2011 - 01/26/content_ 21953098. htm，2011。

[35] 浙江省人民政府：《浙江省人民政府关于印发浙江省应对气候变化方案的通知》，http：//www. zj. gov. cn/art/2010/12/2/art_ 12460_ 7561. html，2010。

[36] 浙江省人民政府：《浙江省应对气候变化方案》，2010。

[37] 浙江省统计局：《浙江省统计年鉴》，http：//www. zj. stats. gov. cn/zjtj2012/

indexch. htm，2012。

[38] 郑艳：《适应型城市：将适应气候变化与气候风险管理纳入城市规划》，《城市发展研究》2012年第1期。

[39] 中国环境与发展国际合作委员会：《中国发展低碳经济途径研究》，中国环境与发展国际合作委员会，2009。

[40] Stern N. , *The Economics of Climate Change：The Stern Review* （Cambridge，UK：Cambridge University Press，2006）.

[41] Stern N. , "Key Elements of a Global Deal on Climate Change"，*The London School of Economics and Political Science*，2008.

[42] "A Greener, Greater New York"，*The City of New York*，http：//nytelecom. vo. llnwd. net/o15/agencies/planyc2030/pdf/planyc_ 2011_ planyc_ full_ report. pdf，2011.

[43] "New Energy Conservation Steering Committee Annual Update"，*The City of New York*，http：//www. nyc. gov/html/dem/downloads/pdf/AnnualUpdate2011_ final. pdf，2011.

[44] "The International Conference on Promoting Low-Carbon Cities"，*Eco Model City Chiyoda*，http：//www. kantei. go. jp/jp/singi/tiiki/tkk2009/38chiyoda_ PM_ Eng. pdf，2009.

后　记

　　中国社会科学院城市发展与环境研究所是国内在气候变化和低碳发展领域的重要研究力量。把握国际国内趋势、开展前沿性研究、帮助中央和地方政府制定因地制宜的应对气候变化和低碳发展的战略是我们的责任与使命。我们的研究成果相继被中央和地方各级政府单位采纳，成为国家、部委以及城市管理者的科学决策参考工具之一。

　　本书是我主持的"十二五"国家科技支撑计划课题"城镇碳排放清单编制方法与决策支持系统研究、开发与示范"（编号：2011BAJ07B07）的主要成果。本书也是我们在系统地界定了低碳经济概念，给出了低碳经济（城市）的评价方法及标准之后的最新研究成果。我从2004年开始关注低碳经济并将其作为重点研究领域，到现在已有10年的时间。弹指一挥间，我已从一名研究骨干，成长为国家级科技支撑课题的主持人，回顾自己学术成长的过程，既有自己的不懈努力，更有领导和老师的提携，以及同事朋友的鼓励与帮助。此次负责一个团队从事国家级别科研项目，既深感荣幸，也深感责任和压力巨大。

　　随着中国城镇化过程的不断加快，城市能源消耗和温室气体排放的不断增加，减少温室气体排放和控制空气污染是很多城市面临的挑战。城市发展方式的转变和发展质量的提升对于我国未来应对气候变化、发展低碳经济具有重要意义。很多城市都在制定低碳发展的蓝图，如何能够在方法层面为城市低碳发展蓝图的制定提供支撑，是课题研究的核心内容。温室气体排放清单是低碳发展路线图制定的基础，而低碳适用技术需求评估则是低碳发展路线图落地的重要一步。三者都有各自的方法学或应用导则，对此需要研究和加以完善。如何把三者有机结合起来，是本研究的着力点所在。

　　本书是在课题研究报告的基础上形成的学术专著，是集体劳动和智慧的结晶，研究团队为课题调研、讨论和写作付出了巨大的努力。研究团队由中国社会科学院城市发展与环境研究所、中国 21 世纪议程管理中心、北京师范大学以及广元市、济源市和杭州市下城区国家可持续发展实验区的地方团队共同组成。

　　本书的研究工作得到了科技部、国家发改委和中国社会科学院的高度重视和支持，很多领导和专家对我们的研究报告给予了中肯的建议和指导。广元市、济源市和杭州市下城区发改委和科技局对于项目完成给予了大力支持。在此向他们表示衷心的感谢。

　　由于研究能力和时间有限，本书难免会有错误或遗漏之处，恳请各位读者批评指正。

庄贵阳

2014 年 12 月 16 日

图书在版编目（CIP）数据

中国城市低碳发展蓝图：集成、创新与应用/庄贵阳等著.
—北京：社会科学文献出版社，2015.5
ISBN 978 - 7 - 5097 - 6714 - 6

Ⅰ.①中…　Ⅱ.①庄…　Ⅲ.①城市 - 节能 - 研究 - 中国
Ⅳ.①TK01

中国版本图书馆 CIP 数据核字（2014）第 262783 号

中国城市低碳发展蓝图：集成、创新与应用

著　　者／庄贵阳 等

出 版 人／谢寿光
项目统筹／恽　薇　蔡莎莎
责任编辑／蔡莎莎　王楠楠

出　　版／社会科学文献出版社·经济与管理出版分社（010）59367226
　　　　　　地址：北京市北三环中路甲 29 号院华龙大厦　邮编：100029
　　　　　　网址：www.ssap.com.cn
发　　行／市场营销中心（010）59367081　59367090
　　　　　　读者服务中心（010）59367028
印　　装／三河市东方印刷有限公司

规　　格／开　本：787mm × 1092mm　1/16
　　　　　　印　张：23　字　数：281 千字
版　　次／2015 年 5 月第 1 版　2015 年 5 月第 1 次印刷
书　　号／ISBN 978 - 7 - 5097 - 6714 - 6
定　　价／89.00 元

本书如有破损、缺页、装订错误，请与本社读者服务中心联系更换

▲▲ 版权所有 翻印必究